国家科学技术学术著作出版基金资助出版

养老设施建筑设计详解 3（下卷）

Design and Interpretation of Elderly Care Facility

周燕珉 等著

中国建筑工业出版社

图书在版编目（CIP）数据

养老设施建筑设计详解 = Design and Interpretation of Elderly Care Facility. 3. 下卷 / 周燕珉等著. —北京：中国建筑工业出版社，2020.9

ISBN 978-7-112-25435-4

Ⅰ.①养… Ⅱ.①周… Ⅲ.①老年人住宅—建筑设计 Ⅳ.①TU241.93

中国版本图书馆CIP数据核字（2020）第170264号

责任编辑：费海玲
责任校对：王 烨

养老设施建筑设计详解 3（下卷）
Design and Interpretation of Elderly Care Facility
周燕珉 等著
*
中国建筑工业出版社出版、发行（北京海淀三里河路9号）
各地新华书店、建筑书店经销
北京雅盈中佳图文设计公司制版
北京富诚彩色印刷有限公司印刷
*
开本：787毫米×1092毫米 1/12 印张：20 字数：355千字
2020年9月第一版 2020年9月第一次印刷
定价：**138.00**元
ISBN 978-7-112-25435-4
（36422）

前 言

2018 年 4 月，我们出版了《养老设施建筑设计详解》的第 1 卷和第 2 卷，将二十余年来在养老设施建筑设计方面的研究成果和实践经验与读者分享。令人可喜的是，图书出版后引发了设计师、开发商、运营方等群体的高度关注和热烈反响，在短短 2 年的时间里，已印刷 3 次，总印数达 1.36 万册。

两年间，我们收到了不少读者的来信和留言。他们普遍对第 1、2 卷内容给予了高度评价，认为这本书实用性很强，正是目前市场上所迫切需要的。一些设计师表示，这本书图文并茂，资料专业翔实，适合作为初学养老设施建筑设计时的手边工具书，做设计时可以边看边学边做。一些地产开发行业的读者表示，这本书有助于他们加深对客户需求的理解，做好前期策划，更好地把控项目设计质量。还有不少养老设施的运营管理者也阅读了这本书，他们表示虽然自己并非建筑相关专业，但书的内容深入浅出，有助于加深他们对设施建筑空间的理解，使他们能够更好地与设计师进行沟通。此外，一些读者反映，在他们的实践当中，清洁间、厨房、员工宿舍等辅助空间，以及养老设施中的医疗空间、认知症老人照料环境等常常是设计的难点，特别希望了解相关知识，期待我们继续著述。

读者们的热情反馈让我们备感荣幸，这既是对我们的肯定，也是对我们的鞭策，给我们继续编写这一系列图书的动力。《养老设施建筑设计详解》前两卷的编写受到时间精力限制，所涵盖的内容有限。对于其中未涉及的空间，我们还需要进行更多、更深入的调研，因此我们将相关内容规划到了下一个出版周期。早在第 1、2 卷完稿后，我们就启动了第 3 卷的策划和编写工作，组织数十人的编写团队，积极开展资料收集和调查研究工作。编写期间，团队定期召开例会，总结交流相关知识，梳理编写思路，分享写作心得体会，在这个过程当中，每个人的综合能力都得到了提升。

编写过程中我们也遇到了不少的困难和挑战。与第 1、2 卷相比，第 3 卷的内容复杂度更高，涉及建筑设计与结构、设备以及运营管理、医疗康复等专业间的配合，编写难度更大。例如，本书第一章所涉及的辅助服务空间大多是平时难以调研到的“后台”空间，它与养老设施的运营管理关系密切，是设计中最关键，也是最容易被忽略的地方。此前，编写团队虽然已经意识到辅助服务空间的重要性，但了解较为有限。为写好这部分内容，我们努力寻找调研条件，到全国各地不同类型的养老设施中进行调研和访谈。在这一过程中，我们得到了很多养老设施管理者和一线工作人员的大力支持，让我们进入“后台”区域，在不影响日常运营的前提下对空间使用现状、员工工作情况进行拍照和记录。一些设施还给我们提供了做义工的机会，使我们通过亲身的体验更加深入地理解了养老设施的运营情况和空间需求。在编写认知症照料环境一节时，我们采用蹲点观察的方式，仔细记录和分析认知症老人的行为特征和空间需求。由于国内相关研究尚处于起步阶段，我们还查阅了大量外文文献，并面向十余位来自建筑设计、运营管理、认知症照护、医疗康复等不同专业背景的专家学者征求意见。在综合多方面资料的基础上，相关内容才得以成型。

写书期间，我们还组织了多次出国考察，赴日本、美国、德国、荷兰、丹麦、瑞士、澳大利亚等国家调研当地优秀的养老项目，并有机会与海外高校知名学者、行业专家、运营公司及设计团队进行面对面的深入交流。这些经历不仅让我们学习到许多先进的设计及服务理念，也使我们对国内外的发展差异及背后原因有了更切身的体会和深刻的认识。编写团队将这些收获和感悟纳入书籍内容中，希望能给国内读者提供多层次的视角。

为保证本书内容质量，编写期间团队成员持续通过实地调研、专家咨询、内部审读等方式反复求证，对全书内容进行了十余轮的推敲、修改和完善，以提升内容的严谨性、准确性、适用性和易读性，避免产生歧义、造成误导。

在本书的编写过程当中，我们经历了突如其来的新冠肺炎疫情。一方面，疫情在国内外养老设施当中蔓延的消息牵动着我们的心，作为养老设施建筑设计的研究者与实践者，我们立刻行动起来，通过建筑设计手段为养老设施的疫情防控贡献力量，期间形成的部分研究成果也纳入了本书当中。另一方面，疫情改变了我们原本的工作状态，也给图书编写工作的开展带来了新的挑战。疫情期间，编写团队充分利用居家办公的时间，积极推进图书编写工作，创新工作方式方法，通过召开线上会议讨论图书稿件，利用网络硬盘共享文件资料，借助云端办公软件实时更新进度，保障了编写工作的顺利进行。从最后的成果来看，疫情不但没有耽误图书编写的进度，反而推动了工作模式的转型升级，提升了编写的质量和效率。通过现代化的通信手段，编写团队成员之间的交流协作变得更加紧密，虽然我们彼此身处不同的空间，但依然能够感受到所有成员团结一心、共同奋斗的精神和力量，相信这段非同寻常的宝贵经历一定会令我们一生难忘。

经过两年多的努力，《养老设施建筑设计详解》第 3 卷终于得以与读者见面。第 3 卷的关注对象依然是面向老年人提供照料服务的设施，更加侧重带有入住功能的全日照料设施。相较于第 1、2 卷，第 3 卷既有传承，又有创新。第 3 卷沿用了“一页一标题”的排版方式，通过图文并茂的形式对内容进行呈现，以保证读者翻到任何一页都能开始阅读，且仅浏览标题和图表即可把握该页的主旨大意。文字表述注重阐明设计思路，提供切实有效的设计建议，以帮助读者“知其然，更知其所以然”。在继承前两卷优良传统的基础上，第 3 卷还充分考虑了最新修编的建筑设计规范要求，在给出的图纸当中对相关技术要点进行了呼应。更加注重设计建议落地的可行性，兼顾各个利益相关方的诉求，统筹考虑建筑局部与整体的关系，关注建筑坪效，提供更多适用于中、小型养老设施的设计案例，以期对实际项目起到更好的指导作用。

全书共 30 余万字、近千张插图，分为上、下两卷。

上卷为“设计篇”，主要探讨了辅助服务空间设计、医疗康复空间设计和室外环境设计方面的相关内容。其中，辅助服务空间是养老设施的后勤中枢，关乎运营服务的质量和效率，但由于设计师对这些空间缺乏充分理解，在方案设计当中常常重视不足，希望本书第一章能够增进读者对辅助服务空间需求的认识。“医养结合”是近年来我国养老设施发展建设的重要趋势，越来越多的养老设施开始提供医疗康复服务，但在相关功能空间的配置与设计方面，尚不具备成熟经验，导致在运营当中出现了诸多不适用的问题，希望本书第二章能够为医养结合型养老设施的设计提供参考。室外环境是养老设施入住老人接触自然的重要渠道，营造适老化的室外环境不但有利于丰富设施的空间层次，而且能够为有益的室外活动创造条件，促进老年人的身心健康，希望本书第三章能够助力建筑师为养老设施打造宜人的室外环境。

下卷为“专题篇”，我们选取了建筑技术、建筑构件、认知症照料环境设计和创新设计理念等四个专题进行了深入具体的讨论。其中，第四章建筑技术专题重点关注以下几个议题：如何做好防火疏散设计确保老年人生命安全，如何组织建筑结构满足养老设施舒适、经济、灵活的空间需求，如何营造宜人的室内物理环境，如何利用智能化设备提升设施运营服务效率、改善老人居住生活品质。第五章建筑构件专题则选取了养老设施当中最为重要的门、窗、扶手等三类建筑构件，对其选型和设计要点进行了深入分析。认知症老人是养老设施的重点服务对象之一，打造适宜的认知症照料环境有助于降低认知症老人的照护难度，改善他们的生活品质，希望本书第六章认知症照料环境设计专题能够为专业认知症照料设施的发展建设提供参考。一些发达国家和地区在养老服务设施建设方面起步较早，在长期的实践当中发展形成了先进的设计理念，本书第七章创新设计理念专题从三个角度对相关理念进行了解读，并对其在建筑空间环境设计方面的具体体现进行了分析。

就此，《养老设施建筑设计详解》系列图书（卷 1、卷 2、卷 3）基本形成了相对完整的养老设施建筑设计知识体系：

背景篇	卷 1 第一章　中国老年建筑的总体情况 卷 1 第二章　中国老年建筑的发展状况与方向
策划篇	卷 1 第三章　项目的全程策划与总体设计
设计篇	卷 1 第四章　场地规划与建筑整体布局 卷 1 第五章　居住空间设计 卷 2 第一章　公共空间设计 卷 3 第一章　辅助服务空间设计 卷 3 第二章　医疗康复空间设计 卷 3 第三章　室外环境设计
专题篇	卷 3 第四章　建筑技术专题 卷 3 第五章　建筑构件专题 卷 3 第六章　认知症照料环境设计专题 卷 3 第七章　创新设计理念专题
案例篇	卷 2 第二章　典型案例分析

受到编写时间的限制，有关养老设施建筑室内设计的相关内容还尚未系统涉及，仅对其中与建筑设计密切相关的部分进行了讨论，如有机会还将继续著述。

近年来，养老设施的发展可谓日新月异，无论是建筑设计水平还是运营服务理念都在快速进步，尽管编写团队已经在内容当中尽可能展现了目前国内外较为先进的设计理念和发展趋势，力求体现前瞻性，但仍难免存在疏漏之处，还望广大读者多多指正，我们将在本系列图书再版时进行修改和完善。

在本书出版之后，编写团队将继续致力于老年建筑空间环境的学术研究和设计实践，为我国老年宜居环境的发展建设和广大老年人的生活福祉贡献力量。

2020 年于清华园

本书著者及工作团队

总撰写人及统稿人：周燕珉　林婧怡　秦　岭

各章统稿人和各节撰写人员名单：

第四章	**建筑技术专题**	**王春彧**
第 1 节	防火疏散避难设计	陈　星
第 2 节	建筑结构设计	张纬伟、王春彧
第 3 节	室内物理环境设计	陈　星、方　芳
第 4 节	智能化系统设计	王春彧
第五章	**建筑构件专题**	**郑远伟**
第 1 节	门	郑远伟
第 2 节	窗	郑远伟
第 3 节	扶手	郑远伟
第六章	**认知症照料环境设计专题**	**李佳婧**
第 1 节	认知症照料环境设计概述	李佳婧
第 2 节	空间模式与整体布局要点	李佳婧
第 3 节	照料单元空间设计要点	李佳婧
第 4 节	通用细节设计要点	李佳婧
第 5 节	认知症花园设计要点	方　芳、李佳婧
第 6 节	霍夫范纳索认知症照料中心设计实例分析	李佳婧、曾卓颖
第 7 节	奥涅克里克认知症照料设施设计实例分析	李佳婧
第 8 节	长友认知症照料中心设计实例分析	李佳婧、曾卓颖
第 9 节	康语轩孙河老年公寓设计实例分析	李佳婧、方　芳

第七章	**创新设计理念专题**	**邱　婷、林婧怡**
第 1 节	延续老年人的既往生活	邱　婷、丁剑书
第 2 节	激发老年人的内心情感	邱　婷
第 3 节	促进老年人与社会融合	丁剑书

相关工作参与人员名单：

版式和封面设计：王墨涵
内容审查与修订：林婧怡、秦　岭、陈　瑜、梁效绯、范子琪、李佳婧、王元明
资　料　收　集：唐大雾、谢佳泾、李　芳、张泽菲、金碧如、马晨浩、伊藤增辉
辅　助　制　图：王墨涵、曾卓颖、张昕艺、范子琪

目 录

第四章 建筑技术专题

第 1 节 防火疏散避难设计 3
养老设施防火疏散避难的特殊性和难点 4
养老设施防火疏散避难的常见问题 6
养老设施防火疏散避难设计的重点 7
重点① 加强防火防烟分隔 8
重点② 优化水平及垂直疏散设计 10
重点③ 设置人员避难场所 12
重点④ 重视消防设施设备选型 14

第 2 节 建筑结构设计 17
养老设施建筑结构设计的特殊性 18
柱网开间的设计要点 20
柱网进深的设计要点 21
高差的常见形式和结构处理方法 22

第 3 节 室内物理环境设计 26
养老设施室内物理环境的特殊性 27
养老设施室内物理环境的常见问题 28
室内热环境的需求特征 29
室内热环境设计要点 30
室内空气环境的需求特征 33
室内空气环境设计要点 34
室内声环境的需求特征 35
室内声环境设计要点 36
室内光环境的需求特征 37
室内光环境设计要点 38

第 4 节 智能化系统设计 45
养老设施采用智能化系统的重要性 46
智能化系统的常见设计问题 47
智能化系统的层级划分 48

智能化系统的设计原则与发展趋势 50
养老设施智能化系统的构成 51
管理安全系统的设计与应用 52
生活照料系统的设计与应用 54
健康娱乐系统的设计与应用 56

第五章 建筑构件专题

第 1 节 门 61
养老设施中门的重要性 62
养老设施中门的特殊性 63
门的常见设计问题 64
门的设计选型思路 66
门的设计选型总体原则 67
门的设计选型关注要点 68
建筑出入口门的设计要点 72
公共空间门的设计要点 73
老人居室门的设计要点 74
老人居室卫生间门的设计要点 76

第 2 节 窗 79
养老设施中窗的重要性 80
养老设施中窗的常见设计问题 82
窗的设计选型要素 84
窗的总体设计原则 87
公共空间窗的设计要点 88
老人居室窗的设计要点 90
窗的设计实例分析
荷兰鹿特丹罗森比赫生命公寓 92

第 3 节 扶手 95
养老设施中扶手的重要性 96

老年人使用扶手的多种方式 97
养老设施中常见的扶手类型 98
养老设施中扶手设置的误区 99
养老设施中扶手设置的问题示例 100
扶手选型和配置的基本思路 101
楼梯、台阶和坡道扶手的设置要点 102
公共走廊扶手的设置要点 103
如厕和盥洗空间扶手的设置要点 104
洗浴空间扶手的设置要点 106
扶手的细节设计要点 107

第六章　认知症照料环境设计专题

第 1 节　认知症照料环境设计概述　111
打造专业的认知症照料环境的必要性 112
认知症老人的能力特征与病症特点 113
认知症照料环境的常见设计问题 114
全球认知症照料理念与空间环境的转变历程 116
认知症照料环境的设计目标 117
认知症照料环境设计的出发点与原则 118

第 2 节　空间模式与整体布局要点　120
认知症照料设施的空间设置模式 121
应对不同程度认知症老人的空间设计策略 123
照料单元的规模设置 124
照料单元的组合布局要点 125

第 3 节　照料单元空间设计要点　127
照料单元的功能空间构成 128
照料单元的空间布局要点 129
餐起活动空间设计要点 130
卫浴空间设计要点 134
居室空间设计要点 137

交通空间设计要点 138
辅助服务空间设计要点 140

第 4 节 通用细节设计要点 143
环境氛围设计要点 144
色彩设计要点 145
标识设计要点 146
设施设备配置要点 148
物理环境设计要点 150

第 5 节 认知症花园设计要点 152
认知症花园的重要性和特殊性 153
认知症花园的常见设计问题 154
认知症花园的设计策略 155
认知症花园设计实例分析 158

第 6 节 霍夫范纳索认知症照料中心设计实例分析 160
项目概况与核心理念 161
空间环境设计特色 162

第 7 节 奥涅克里克认知症照料设施设计实例分析 167
项目概况与核心理念 168
空间环境设计特色 169

第 8 节 长友认知症照料中心设计实例分析 172
项目概况与核心理念 173
标准层公共活动空间设计特点 174
照料单元设计特点 176
照料单元空间实景及设计细节 178

第 9 节 康语轩孙河老年公寓设计实例分析 181
项目概况与核心理念 182
平面功能布局分析 183
空间环境设计特色 184

第七章　创新设计理念专题

第 1 节　延续老年人的既往生活　191

延续老年人既往生活的设计理念　192
弱化带来机构感的空间元素　193
赋予老年人自主布置居室的可能性　194
提供老年人维持独立生活的条件　195
适当保留生活中的“不便之处”　196
创造老年人个体生活选择的可能性　197

第 2 节　激发老年人的内心情感　198

激发老年人内心情感的设计理念　199
增添怀旧元素引发情感共鸣　200
借助设计巧思给老年人创造惊喜　201
趣味化设计引起老年人的好奇心　202
通过多元化途径激发老年人的进取心　204
体贴设计让老年人重拾生活动力　205

第 3 节　促进老年人与社会融合　207

促进老年人与社会融合的设计理念　208
选址临近老人原居和配套成熟地区　210
与周边居民共享活动交往空间　211
创造老年人与其他年龄群体的交往机会　212
为引入城市活动创造条件　214
营造开放友好的对外界面　216
促进老年人与社会融合的设计实例分析
　日本东京有栖之森南麻布设施　217

图片来源　220
参考文献　224
致　谢　226
相关资源　228

第四章　建筑技术专题

在养老设施建筑设计中，为保障老年人生活得安全、舒适，需要特别重视满足结构、物理环境等技术方面的要求。然而，养老设施与其他类型建筑相比，其建筑技术存在特殊性。

本章内容共分为四节，以专题研究的形式，分别探讨养老设施中与建筑技术相关的几大问题：

第一，防火疏散避难设计。养老设施一旦发生火灾事故，人员疏散难度高、伤亡大，消防问题需要引起足够的重视。本节从养老设施防火疏散避难的常见问题出发，探讨空间、设施设备等方面的设计要点。

第二，建筑结构设计。合理的结构设计直接决定了老年人生活的舒适度、员工的工作效率等。本节从柱网设计、化解高差等方面入手，总结养老设施建筑结构的特殊要求。

第三，室内物理环境设计。养老设施中，室内物理环境的舒适度直接影响到老年人的健康。本节从热环境、空气环境、声环境、光环境等方面入手，总结养老设施室内物理环境的需求与设计要点。

第四，智能化系统设计。智能化系统能够提升老年人的生活质量，提高运营服务效率。本节归纳了目前养老设施智能化系统设计的常见问题，探讨智能化系统的空间分布与设计应用。

CHAPTER.4

第 1 节

防火疏散避难设计

养老设施防火疏散避难的特殊性和难点

老年人的身体条件各有不同，增加了疏散避难的复杂性

老年人由于肢体行动能力、视觉、听觉等各项身体机能衰退，其行走速度会变慢，对外界事物的感知能力和反应能力也有所下降。当出现火灾及其他突发事件时，老年人面临的风险比一般成年人更高，很可能因未能及时察觉危险、行动迟缓或未做出正确应对，而导致较为严重的安全事故。养老设施中的大部分居住者都是行动能力有限、需要他人护理的老年人，其或多或少都存在一定程度的身体障碍或认知障碍，且每位老人的身心障碍类型不同，自主疏散能力也各有差异（表 4.1.1）。这些都会大大增加养老设施疏散避难设计的复杂性和难度。

老年人受身心障碍影响而面临的疏散避难问题　　表 4.1.1

身心障碍特点	疏散避难时面临的问题
行动不便	因行走速度慢或难以独立自主行走，疏散时需要借助轮椅、助行器等器具，或需要他人协助（搀扶或推行）
视力下降	受烟雾或光线影响，疏散时难以看清或看到疏散指示标识、安全出口标识，无法辨认疏散行进方向
听力不佳	对应急广播、火灾报警器的声音信号不够敏感或难以听见，导致火灾发生初期不能及时做出应对
认知衰退	无法理解或识别风险信息，疏散时难以自主寻路，容易迷失方向

失能及半失能老年人疏散难度高，协助疏散压力大

养老设施中的失能和半失能的老年人通常不具备自主疏散能力，当需要紧急疏散时，往往要由护理人员通过人力背负或借助轮椅、推床等辅具进行运送。背负疏散对护理人员的身体素质及数量都有较高的要求。而养老设施内的护理人员大多为女性（图 4.1.1），且人员数量有限，人均需要负责照顾多位老年人。这导致背负运送方式的操作性受限，很难在紧急情况下快速、及时地完成全部老年人的疏散，因此难以在实际疏散中大量采用。相较而言，利用轮椅、推床等辅具来运送老年人可节省护理人员的体力，但也存在疏散速度慢、耗时长等问题。此外，使用辅具推送老年人也会占据更多的疏散宽度和空间（图 4.1.2），可能会给其他人员的疏散带来不便，或造成疏散路径的堵塞，影响整体的疏散效率。

图 4.1.1　养老设施中的护理人员以女性为主，且人均要照料多位老年人，不适合采用背负运送方式协助老年人疏散

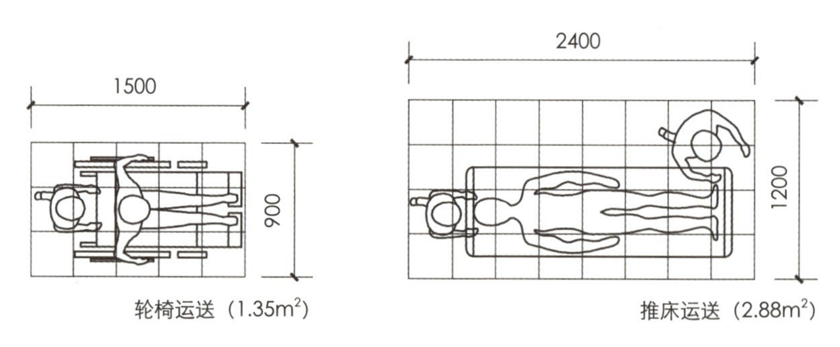

图 4.1.2　采用轮椅及推床疏散占据的空间尺寸

养老设施的建筑消防要求高

防火规范对养老设施的设计要求严格

养老设施中人员的疏散难度高，一旦发生火灾事故，很容易形成较大的危害或造成严重的人员伤亡。近年来，养老设施的消防安全问题一直备受各方关注，相关的设计规范也在不断修订，对养老设施的防火疏散避难设计提出了更高的要求。例如中国现行的《建筑设计防火规范》(2018年局部修订版）对养老设施的建筑高度、防火分隔、用房规模、消防设施配置等都做出了更为细致的规定（表4.1.2）。

消防审查和检查需要和相关部门进行多次沟通

由于各地区的发展状况不同，消防要求会有一定差异，且不同地区的消防审查及验收等工作也有较大区别。养老设施的建设方与运营方往往需要与当地有关部门进行多次的沟通和协调，进行多轮的方案调整，才能通过消防审批和每年的消防检查。

改造项目消防达标难度大、成本高

中国养老设施中改造项目占比正在逐渐增多，特别是一些小型社区养老设施，许多都是利用各类闲置用房改造而来。以北京为例，根据2016年北京市居家养老服务设施普查调研数据可知，社区养老服务相关设施（含入住类设施）改建占比已超过50%。这些既有建筑原先大多为办公、商业或宾馆等用房，其硬件条件并不完全满足养老设施的消防要求，需要进行一定的改造（图4.1.3）。然而，目前中国的防火规范主要是从新建项目的视角进行规定，对于改造项目可能遇到的制约因素并没有给予灵活性的考虑，一些条文要求的达标方式较为单一，缺乏适应性。这导致许多项目为了符合某一特定的设计做法，使项目的改造成本大幅增加，给运营方带来很大压力。

中国现行防火规范中养老设施相关要求摘选　表4.1.2

内容	具体条文
建筑高度	5.3.1A 独立建造的一、二级耐火等级的老年人照料设施的**建筑高度不宜大于32m，不应大于54m**；独立建造的三级耐火等级老年人照料设施，不应超过2层
用房规模	5.4.4B 当老年人照料设施中的老年人公共活动用房、康复与医疗用房**设置在地下、半地下时，应设置在地下一层，每间用房的面积不应大于200m²且使用人数不应大于30人**。老年人照料设施中的老年人公共活动用房、康复与医疗用房**设置在地上四层及以上时，每间用房的建筑面积不应大于200m²且使用人数不大于30人**
连廊	5.5.13A 建筑高度大于32m的老年人照料设施，**宜在32m以上部分增设能连通老年人居室和公共活动场所的连廊**，各层连廊应直接与疏散楼梯、安全出口或室外避难场地连通
防烟楼梯间	5.5.13A 建筑高度大于24m的老年人照料设施，其室内疏散楼梯**应采用防烟楼梯间**
消防电梯	7.3.1 5层及以上且总建筑面积大于3000m²（包括设置在其他建筑内五层及以上楼层）的老年人照料设施**应设置消防电梯**
自动灭火系统	8.3.4 老年人照料设施**应设置自动灭火系统**，并宜采用自动喷水灭火系统

注：本表仅摘选了部分重点条文，完整内容可参见《建筑设计防火规范》GB 50016—2014（2018年版）。

图4.1.3 某待改造的养老设施项目，房间内需要增设烟感、喷淋等消防设备

养老设施防火疏散避难的常见问题

▶ 防火门被迫常开，无法起到防火分隔作用

调研时发现，一些养老设施的常闭防火门设置在了老年人或护理人员频繁通行的路径上，每次经过时都要开启防火门。为了减少通行时的麻烦和不便，很多常闭防火门都“被迫”保持长期开启的状态（图 4.1.4）。在火灾发生时很可能无法及时关闭，从而难以起到有效的防火分隔作用，导致烟气和火势迅速蔓延。

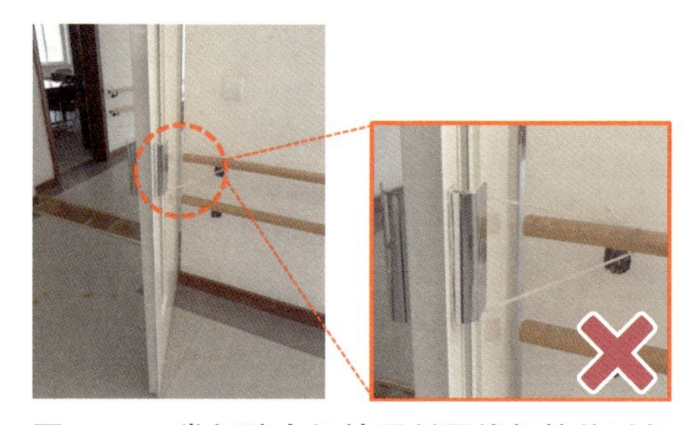

图 4.1.4　常闭防火门被强制用线绳拉住以保持开启，在发生火灾时无法关闭

▶ 走廊中存在通行障碍，影响正常疏散

▷ 疏散通道摆放物品影响疏散宽度

很多养老项目为了节约公摊面积，都会以规范中的最低标准来确定走廊宽度，认为这样便可满足疏散需求。然而养老设施在实际投入运营后，常会在公共走廊放置一些座椅、书架等家具供老年人使用，这些物品会占用走廊的有效净宽（图 4.1.5）。若走廊的宽度不足，则会给实际的疏散造成阻碍。

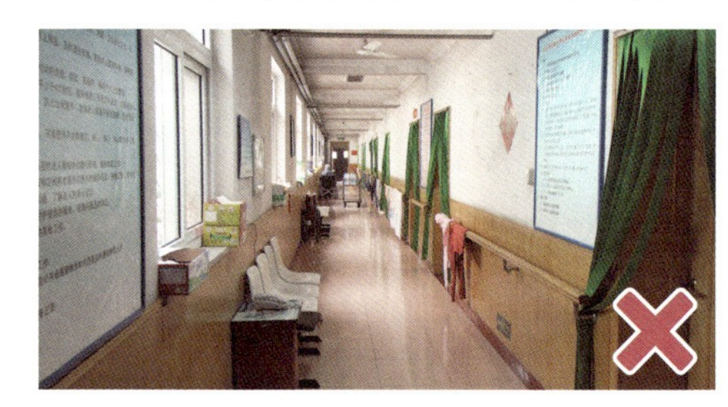

图 4.1.5　较窄的走廊中摆放了家具，影响疏散宽度

▷ 疏散走廊被外开门阻挡

部分养老设施的老年人居室门朝向走廊开启，侵占了一部分走廊空间，影响了疏散宽度（图 4.1.6）。有些养老设施的走廊虽然足够宽（居室门扇开启后剩余的疏散宽度也能满足规范要求），但居室门前未作内凹处理，在紧急疏散时，如果居室门突然开启，仍然可能会碰撞或阻挡逃生人流，造成不必要的伤害。

图 4.1.6　走廊中外开的居室门容易阻挡疏散人流

▷ 疏散必经路径上存在高差

有些养老设施的室内疏散路径上存在局部高差。虽然设有坡道过渡，但受条件限制坡度较陡，大部分使用轮椅的老年人仍然需要工作人员推行才能通过。这会严重影响疏散速度，降低疏散效率，并可能导致老年人不能及时疏散到安全空间。

▶ 建筑外窗设置防护网，影响救援

一些养老设施的运营方为了防止老年人从窗户坠落，经常会在窗外全面加装安全防护网（图 4.1.7）。但当火灾发生后需要从外窗施救时，消防员则必须锯断防护网才能施救，这加大了救援的难度，消耗了宝贵的营救时间，并有可能造成救援时机的延误。

图 4.1.7　居室外窗的防护网会影响外部救援

养老设施防火疏散避难设计的重点

养老设施防火疏散避难设计的四个重点

如前所述，中国的《建筑设计防火规范》已经对养老设施的防火疏散避难要求设立了一定的标准。在实际设计时除了满足规范要求之外，还应该从老年人身心特点的特殊性出发，结合养老设施的实际运营需求进行更有针对性的设计。基于国内实际项目的设计经验以及对国外防火规范的研究，我们总结了养老设施防火疏散设计应重点考虑的四方面内容（表 4.1.3）。

养老设施防火疏散避难设计应把握的四个重点　　表 4.1.3

重点		具体内容
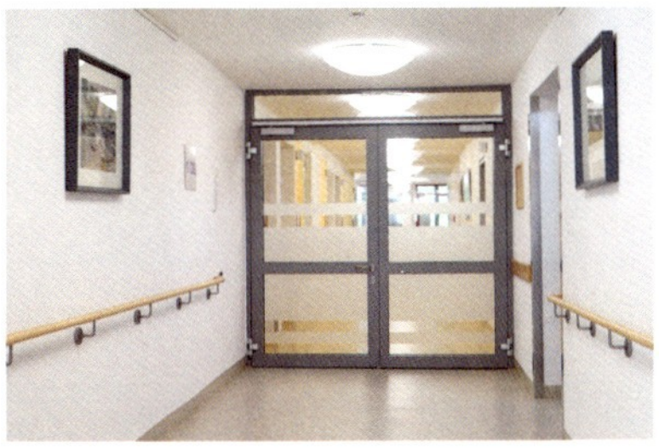	① 加强防火防烟分隔	考虑到老年人行动及反应速度相对较慢、自行疏散能力有限等特点，应注意加强同层及楼层间的防火防烟分隔设计，以便在火灾发生时尽可能减缓火势及烟气的蔓延，为疏散或转移老年人至安全区域争取更多的时间
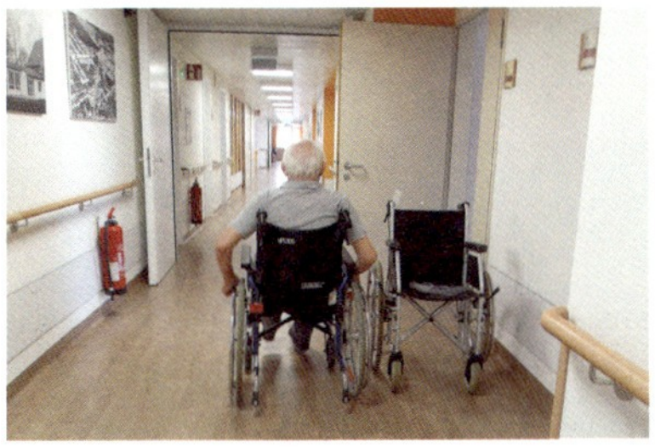	② 优化水平及垂直疏散设计	由于养老设施中的老年人在疏散时可能会用到轮椅辅具，养老设施的水平疏散通道应确保畅通无障碍，以便老年人快速及安全地通过；垂直疏散设施设计也应充分考虑运送担架及轮椅的需求。同时还应注意疏散通道、安全出口的标识设计，以确保老年人能够看清和识别
	③ 设置人员避难场所	考虑失能或卧床老年人难以自主疏散，由护理员协助疏散也较为困难等因素，养老设施有必要设置一些室内避难场所。当火灾发生时，护理人员可先将老年人及时、就近地疏散并隔离到相对安全的区域，以等待后续救援
	④ 重视消防设施设备选型	由于养老设施中的人员大多为老年人或女性（护理人员），在消防设施设备选型时，应考虑这些人员的身心特征和设施运营管理的特点，有针对性地配置适宜、有效的报警、灭火和疏散引导设备（例如轻型的消防设备和更明晰的标识）

重点①　加强防火防烟分隔

▶ 对防火、防烟分区进行二次分隔

目前国内规范中对养老设施防火分区的面积划分标准与一般建筑无异。当火灾发生时，如果养老设施的防火或防烟分区面积过大，疏散避难的难度就会增加，安全风险也更高。若能够将现有的防火或防烟分区进行二次分隔，细分成几个规模适宜且可以阻隔火势及烟气的区域，就能够为老年人的疏散避难争取更多的时间。

▷ 在防火分区内再次划分“保护区域”

养老设施的每个楼层（特别是老人集中居住的标准层）可划分出多个小规模的“保护区域”（图 4.1.8）。当其中一个区域失火时，可以将此区域的老年人转移到就近的保护区域，达到缩短疏散距离，提高避难效率的效果。不同的保护区域之间可用常开式防火门分隔（图 4.1.9），既保证了平时人员通行的方便性，又可在火灾时起到分隔防护作用。

▷ 对防烟分区内的开放区域再次进行防烟分隔

可通过设置挡烟垂壁对同一防烟分区做出进一步划分以避免烟气在开放的功能空间迅速扩散（图 4.1.10）。如图 4.1.11 所示，某养老设施标准层的单元起居厅（A）、活动区（B）都采用开放的设计形式，并且与走廊（C）和走廊（D）直接连通。各个区域交接处的顶棚上都设有挡烟垂壁，这样既保证了空间的开敞性，便于平日开展各项活动，又能在火灾时减缓烟气蔓延。

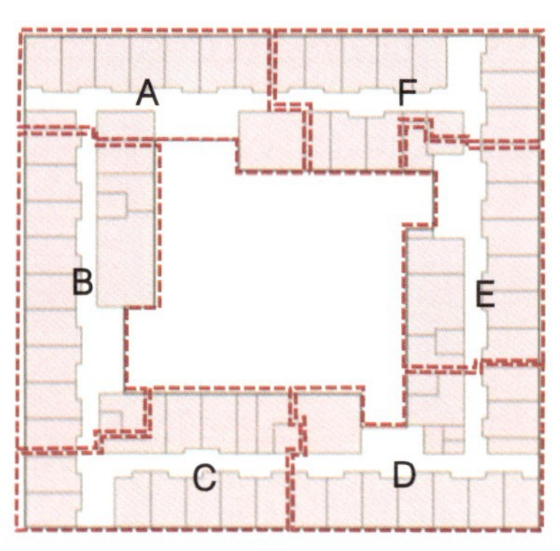

保护区域

图 4.1.8　德国某养老设施中每个标准层划分了 6 个保护区域

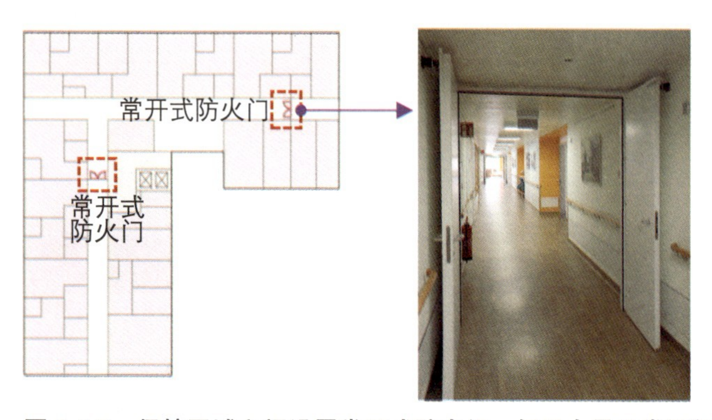

图 4.1.9　保护区域之间设置常开式防火门，便于人员日常通行

图 4.1.10　各空间的顶棚交接处设有挡烟垂壁，可减缓烟气蔓延

居室　助浴　卫　清洁　后勤　卫　单元起居厅 A　居室　居室

走廊 C　D 走廊

居室　居室　居室　居室　居室　B 活动区　居室　居室

挡烟垂壁

图 4.1.11　某养老设施标准层的开放区域之间增设防烟分隔的示意图

加强电梯防烟

电梯井道是建筑中常见的竖向贯通空间，如果烟气进入井道，会在电梯移动形成的活塞效应之下，从低处被抽到高处，沿着电梯门缝扩散而出，蔓延到更高楼层。养老设施中的电梯通常与标准层的公共起居厅等主要活动空间直接连通，应重视电梯的防烟问题，尽量减少火灾时烟气蔓延至公共空间对老人疏散避难造成的影响。

设置可封闭的电梯厅

设置封闭的电梯厅能够有效避免烟气扩散至公共区域。考虑到电梯在养老设施中的使用比较频繁，建议采用常开式防火门（图 4.1.12）。若采用常闭式防火门，则不便于使用轮椅或助行器械的老年人通行，并且也会影响护理人员对电梯使用状况的观察。此外，也可考虑同时设置防火卷帘和防火门，以保证日常通行的顺畅（图 4.1.13）。

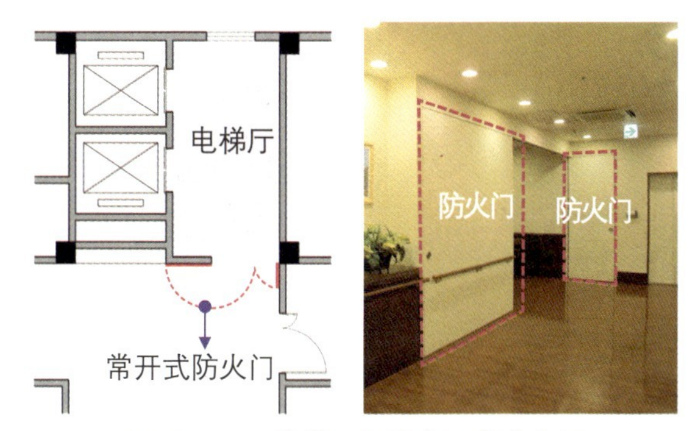

图 4.1.12　电梯厅设置常开式防火门

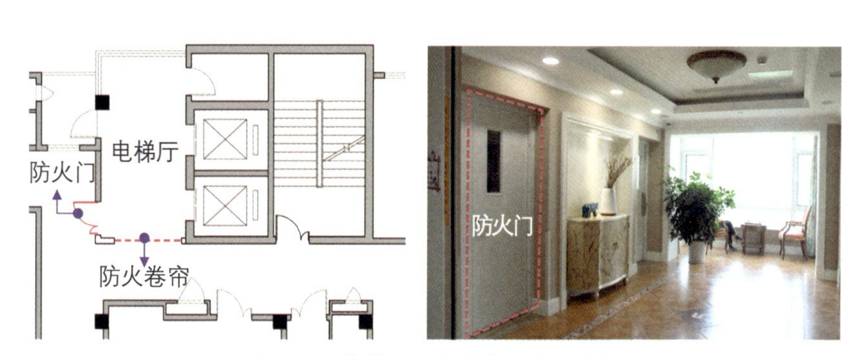

图 4.1.13　电梯厅设置防火卷帘和防火门

设置挡烟垂壁

火灾时烟气会上升到室内空间顶部并沿顶棚流动，可在电梯门附近的顶棚设置挡烟垂壁来阻挡烟气进入电梯梯井（图 4.1.14）。这样既保证了电梯前方的日常通行畅通，又具有一定的防烟性能。

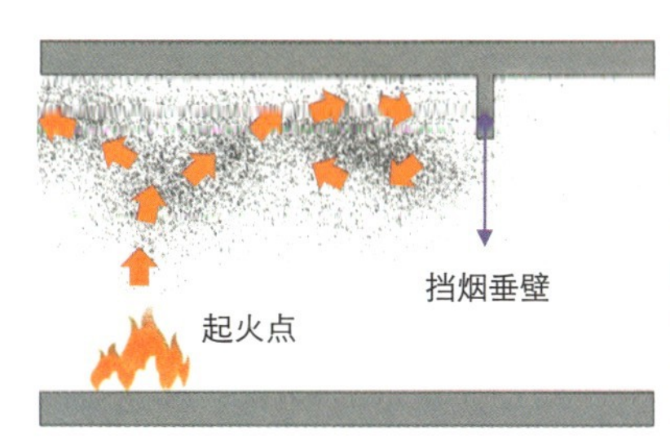

图 4.1.14　电梯门附近的顶棚设置挡烟垂壁

设置可封闭电梯的防火门

一些国外养老设施在电梯门洞口处设置了专门的防火门，平日防火门收于电梯门一侧，当火灾发生时，防火门可自动关闭，将烟气隔绝在电梯外（图 4.1.15）。

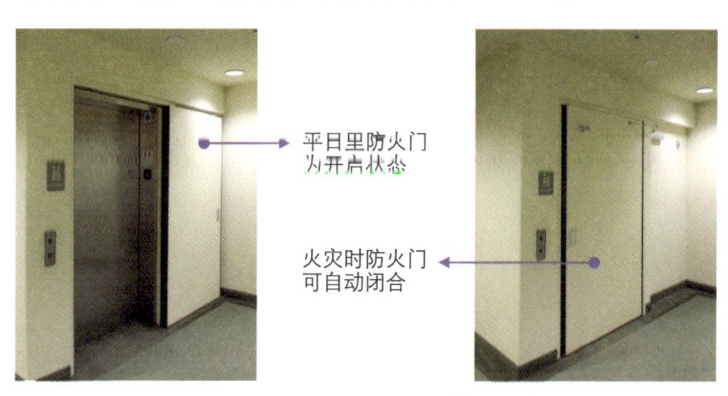

图 4.1.15　电梯门外设置防火门

重点②　优化水平及垂直疏散设计

水平疏散的优化设计要点

保证走廊的有效疏散宽度

考虑到养老设施的走廊通常会作为老年人休息、聊天的空间，并放置一些桌椅等家具。有时走廊中还会临时停放轮椅、助行器等辅具。在设计走廊时应注意留足宽度，并确保家具、辅具的摆放不会影响疏散人流。如图 4.1.16 和图 4.1.17 所示，可将收纳空间与座椅等设施巧妙地融入走廊的整体设计当中，避免占用走廊，影响疏散宽度。

图 4.1.16　走廊设置收纳壁柜，避免辅具、设备占据走廊空间

图 4.1.17　结合走廊窗台设置休息坐台，避免占用疏散宽度

疏散必经的走廊地面应平整无高差

在紧急疏散过程中，地面上的高差很容易被老年人忽略而导致其跌倒。例如建筑变形缝经常会导致地面出现凸起（图 4.1.18），走廊地面材料交接处也容易出现微小高差，非常容易绊倒老人。设计时要妥善处理，保证地面平整。

一些养老设施因结构或分期建设等原因，在不同的室内空间之间会出现较大的高差。即便设置了坡道，也会给老年人的疏散造成极大不便（图 4.1.19）。因此，设计时应避免疏散必经路径上出现较大高差。

图 4.1.18　变形缝导致地面不平整，容易造成老人跌倒

图 4.1.19　疏散路径上存在较大高差，不利于人员疏散

增加室外连廊辅助疏散

为提高火灾发生时的人员疏散效率，可以通过设置连通的室外连廊，形成一条室外逃生通道，让老年人水平疏散到相对安全的室外区域，再通过楼梯及其他垂直疏散设施逃生（图 4.1.20）。连廊与室外直接相通，有利于救援，也可避免室内烟气对人造成伤害。室外逃生通道需要保证连续和通畅，地面上不应出现突出的坎或高差，同时还应注意避免空调室外机设备阻碍疏散人流。

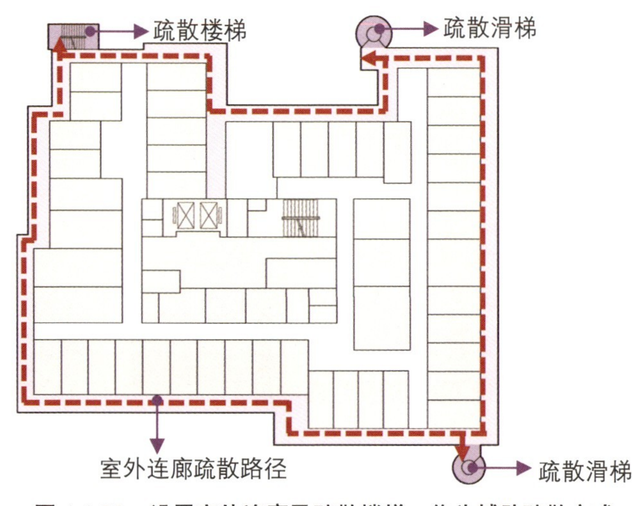

图 4.1.20　设置室外连廊及疏散楼梯，作为辅助疏散方式

垂直疏散的优化设计要点

疏散楼梯的位置应容易寻找

在紧急疏散时人们因处于紧张、害怕的心理状态，通常会依靠直觉来选择路线，例如会奔向光亮处和更为开放的空间。如果垂直疏散设施或安全出口附近较为开敞、明亮，则会对人流产生明显的引导作用。设计养老设施时可将疏散楼梯布置在单元起居厅附近（图 4.1.21）。单元起居厅作为老年人日常活动的主要空间，具有面积大、光线好的特征，能够吸引疏散人流。平日里老年人常能看到和路过疏散楼梯安全出口，关键时刻也更容易想到其位置。此外，单元起居厅附近空间宽裕，也便于轮椅、助行器和担架进行回转腾挪。

疏散楼梯平台长度可适当增加

设计疏散楼梯时，应注意适当扩大楼梯平台的空间。由于部分失能老人无法自行疏散，需要救援人员使用担架运送，为保证担架的通行和转弯顺畅，疏散楼梯宽度不应小于 1200mm，休息平台深度宜达到 1500mm（图 4.1.22）。国外相关规范中会建议将楼梯平台一角作为使用轮椅者的临时避难等候区。此时楼梯平台深度需进一步扩大，以确保轮椅暂避区域不会影响正常疏散人流的通过（图 4.1.23）。

采用具备消防电梯功能的客用电梯，用于人员疏散

条件允许时，可将养老设施中的普通客、货电梯按照消防电梯的标准进行配置，以便在火灾发生时用于运送失能老人。注意消防电梯要设置封闭前室，其前室门建议采用常开式防火门，以便老年人日常通过（图 4.1.24）。

旋转滑梯可作为辅助疏散设施

日本一些养老设施会采用旋转滑梯作为辅助的垂直疏散措施。其滑行下降的方式适合行动能力弱的老年人，且占地面积小，是对其他疏散方式的有益补充。可考虑在层数不高的养老设施中设置，或专门为养老设施低楼层人数较多的公共空间配置。设计时宜在旋转滑梯的滑道旁边同时设置楼梯踏步，便于工作人员在紧急情况下上下通行或辅助老年人滑行（图 4.1.25）。

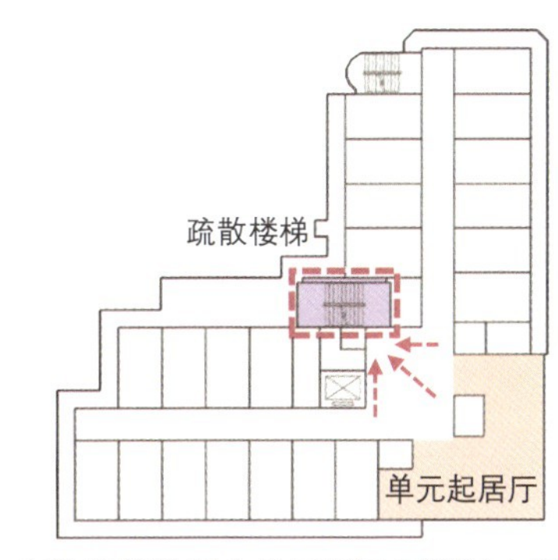

图 4.1.21 疏散楼梯设置在单元起居厅附近有助于老年人寻找

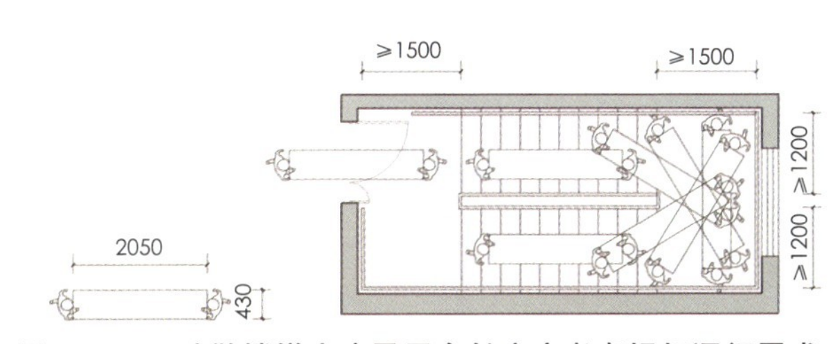

图 4.1.22 疏散楼梯宽度及平台长度应考虑担架通行需求

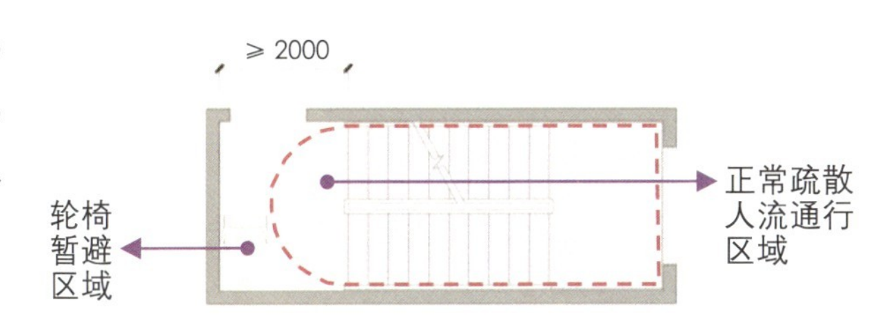

图 4.1.23 疏散楼梯平台可设置轮椅暂避区域

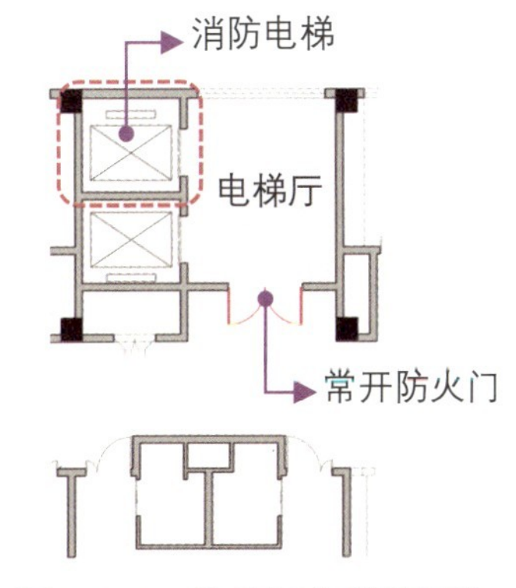

图 4.1.24 将普通电梯按照消防电梯标准配置，用于疏散老年人

图 4.1.25 可配置旋转梯作为辅助疏散设施

重点③　设置人员避难场所

人员避难场所的作用及设计要点

在火灾发生时，养老设施可能没有足够的人力来协助所有老年人同时疏散至室外。为了保证老年人的安全，可通过设置避难间作为室内避难场所，将老年人转移于此临时躲避，为救援争取时间。避难间在设计上需要注意以下要点（图 4.1.26）。

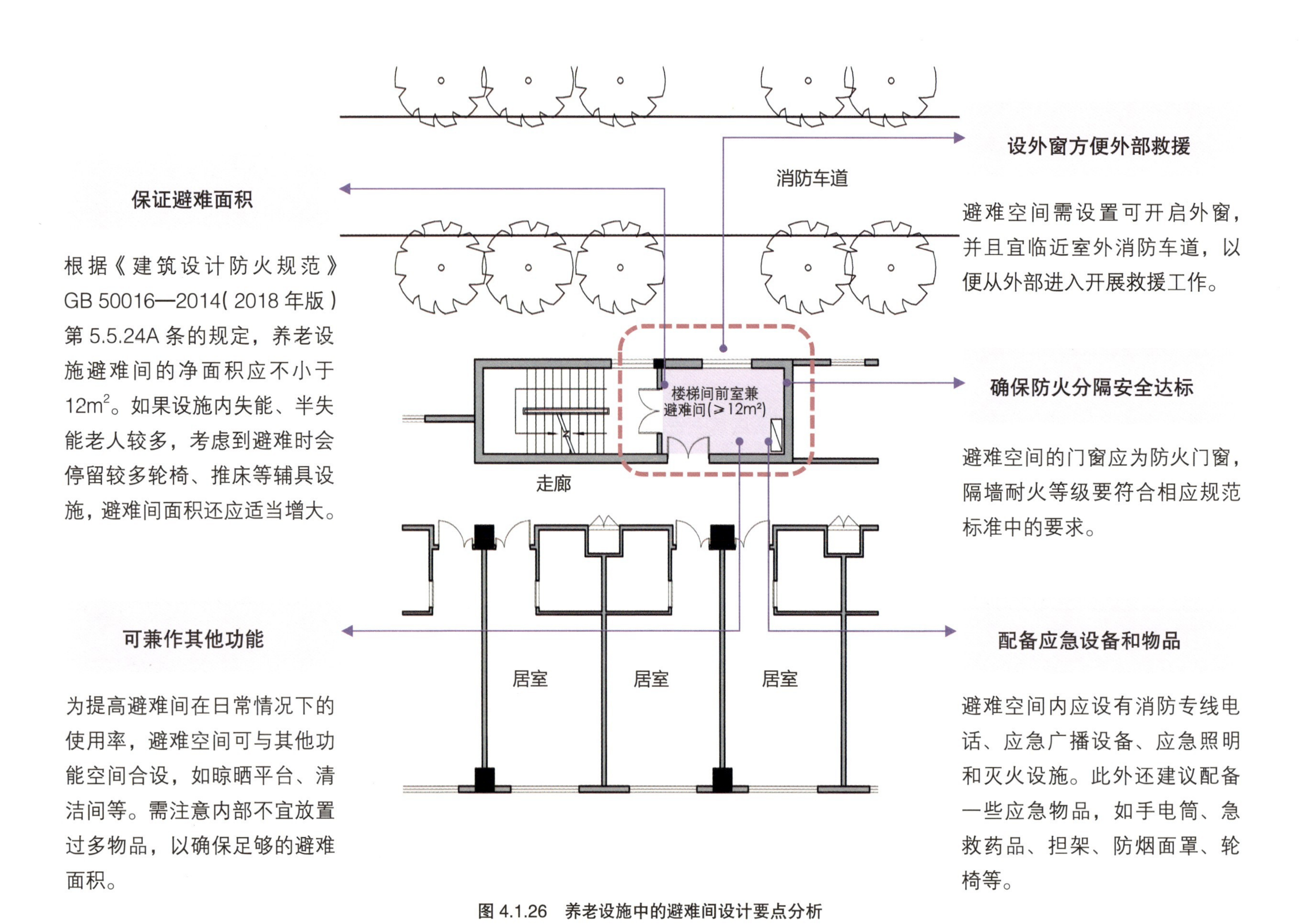

图 4.1.26　养老设施中的避难间设计要点分析

避难空间与其他功能空间合设的形式及特点分析

为了提高养老设施用房使用率，避难空间通常会与其他空间合设。表 4.1.4 列出了几种常见的避难空间形式，并对其优、缺点进行了分析，供设计时参考。

避难空间与其他功能空间合设的常见形式及特点分析　　表 4.1.4

常见形式	设计示例	优点	缺点
公共活动用房兼作避难空间	避难间	老年人经常使用公共活动空间，较为熟悉进出路线和房间内的情况，疏散避难时便于寻找； 公共活动空间面积一般较大，能够同时容纳多人避难	公共活动用房一般面积较大，防火分隔成本较高
辅助用房兼作避难空间	避难间	办公室、洗衣间、清洁间等辅助用房面积小，设置防火分隔（如墙、防火门、防火窗等）的成本低于公共活动用房，是一种比较经济的方式	辅助用房内可能会放置较多的家具设备，减小了有效的避难面积
室外平台兼作避难空间	避难平台	建筑的室外平台用作避难空间，有利于烟气消散，消防救援人员也更容易发现被困人员，作为火灾时的避难空间很有效，平时还可兼有晾晒功能	在气候寒冷地区，室外避难的方式不适合体弱的老年人
楼电梯前室兼作避难空间	避难间　避难间	消防电梯或疏散楼梯的前室本身具有一定的防护性，将其用作避难空间可降低设置防火分隔的成本，较为经济	由于疏散楼梯是火灾时疏散的主要通道，避难人员容易干扰到正常疏散动线，需注意开门的位置，留出适宜的避难位置

重点④　重视消防设施设备选型

消防设施设备的选型应具有针对性

目前国内大部分养老设施通常仅按照国家相关规范要求，配置最基本消防设施设备，如普通的消火栓、灭火器等。虽然配备这些设施设备已能够满足一般的消防要求，但若能考虑到养老设施防火疏散避难的特殊性，根据老年人的身体特征和实际的运营特点来选配一些更有针对性的设施设备，则可对养老设施的消防起到更大助益。

设置自动排烟窗，利于火灾早期及时排烟

养老设施的工作人员在火灾发生初期既要对老年人进行疏散，又要对火势做前期扑救，往往没有时间手动开启相应的外窗进行自然排烟。可考虑设置与火灾报警联动的自动排烟窗（图 4.1.27）。在火灾初期便可自动开启，有效削弱烟雾对逃生形成的视觉障碍及对人体呼吸系统造成的损害，以确保老年人安全疏散。自动排烟窗的位置建议设在人员密集的公共空间和走廊，以便能将快速蔓延的烟气及时排出。

手动开关设置在低位，便于人员操作，平时可收起，紧急状况下可按压打开

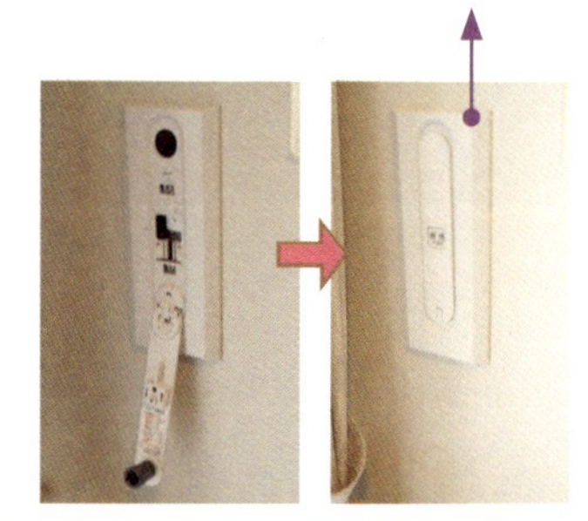

图 4.1.27　自动排烟窗可在火灾初期电动开启，也可通过手动开关打开

采用轻量化灭火设备，便于力量弱者使用

由于养老设施内女性工作人员居多，灭火设备应采用轻量化的形式。例如，可配置轻便、易操作的消防软管卷盘（图 4.1.28），以供力量小的女性以及非专业人员在发现火情的初期及时灭火使用。

图 4.1.28
配置轻便的消防软管卷盘，易于力量小的女性护理人员使用

配置多元化火灾报警装置，为不同障碍者提供警示

养老设施内除安装警铃、消防广播器、烟雾报警器等，还可配置发光警示灯及其他多种报警装置（图 4.1.29），以便在火灾发生时从视觉、听觉等多个层面，为有不同障碍的老年人及时有效地传递警示信息。

图 4.1.29　在老年人居室内设置发光警示灯，出现紧急情况时，闪烁的灯光可让听力不佳的老年人及时察觉险情

乘坐轮椅的老年人可从楼梯疏散

养老设施配置电动爬楼梯椅不仅能在平日里帮助乘坐轮椅的老年人上下楼梯，在火灾时，也可以利用其对老年人进行疏散（图 4.1.30）。

设置地面疏散引导灯，准确引导疏散方向

安装在地面上的“光点引导灯”在大型或布局复杂的养老设施中，对引导人员疏散能起到明显作用（图 4.1.31）。火灾时由于烟雾上升会使顶棚附近的灯和标志模糊不清，而在地面上的发光点（指示灯）不容易被烟气遮盖，更易于老人看清和辨识。此外，还可以通过“光点控制设备”对疏散路径上光点的开、关进行选择和控制，指引老人朝正确的方向逃生。

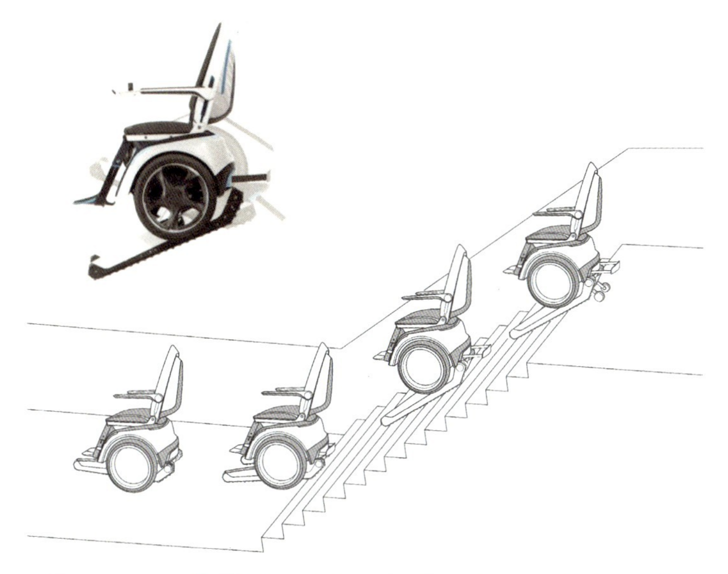

图 4.1.30 利用爬楼梯轮椅辅助行动不便的老年人从楼梯疏散

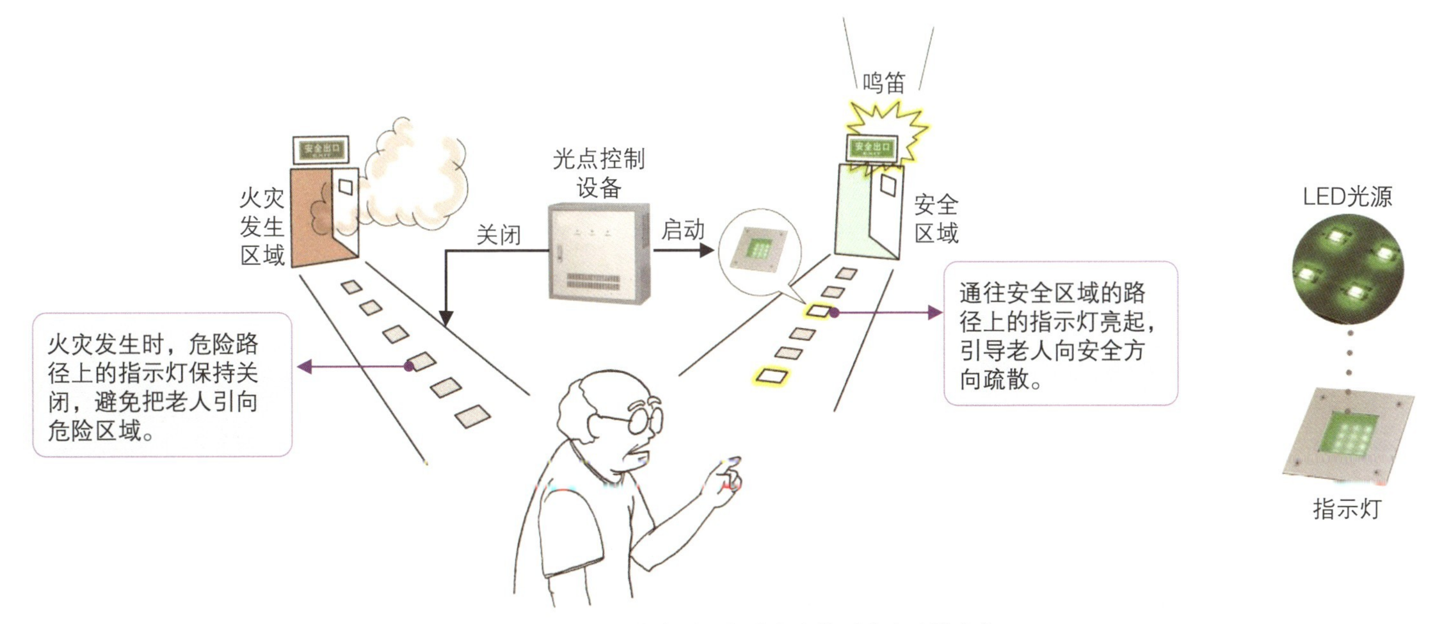

图 4.1.31 利用光点引导灯为老人指引安全疏散方向

WET
PISO

第 2 节

建筑结构设计

养老设施建筑结构设计的特殊性

养老设施建筑结构设计的特殊之处

养老设施的建筑结构设计可在一定程度上参考酒店、公寓等建筑的经验，但在此基础上，还需考虑一些特殊的使用需求。例如，养老设施往往需要以楼层或组团为单位，为老年人提供集中照料服务，这就要求设施的标准层除了需要设置老人居室外，还需要设置供本楼层或本组团老年人活动和就餐的公共起居厅；养老设施经常需要举办大型的集体活动，所以需要设置多功能厅等大型的室内活动空间；运营过程中，入住老人的身体状况可能会不断变化，设施定位也可能出现调整，这就要求建筑空间能够具有一定的灵活性，以便通过改造满足新的使用需求。上述这些要求都需要在建筑结构设计阶段进行合理的规划。

养老设施建筑结构的特殊设计要求

▷ 注重室内层高舒适性

养老设施照料单元的公共空间通常为集中式的空调系统，相关的管线设备需要布置在吊顶当中，占用一定的层高（图 4.2.1）。尤其是对于面积较大的公共起居厅而言，如果建筑层高预留不足，净高被压低，会令老年人感到非常压抑。因此，在养老设施的设计当中，应为居住楼层预留相对充裕的层高。实践经验表明，在中央空调和地板采暖的条件下，可以将养老设施标准的层高设置在 3500~3800mm，具体尺寸根据梁高决定。条件有限时，因为走廊处通过管线较多，特别是梁下空调风道占用层高空间较大，所以此时层高也不得低于 3300mm。

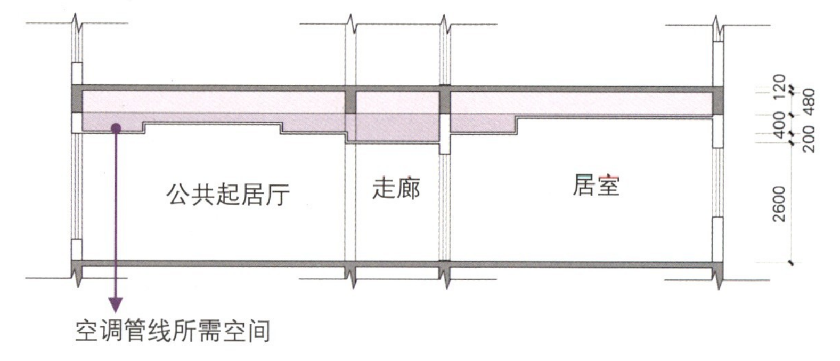

图 4.2.1　常见养老设施中管线设备的位置

▷ 便于灵活改造

在养老设施的运营过程中，入住老人的年龄构成和身体状况可能会发生变化，建筑空间需要进行相应的调整，以便更好地满足照护要求。因此，养老设施建筑的结构设计应具有一定的灵活性，为日后的改造提供可能。例如，一些最初收住高龄自理老人的养老设施，运营一段时间后必然会面临老年人身体机能衰退，需要更多护理的情况，如果结构设计预留了一定的灵活性，就可以通过简单的改造提供照料单元所需的公共起居厅、护理站和后勤服务用房，满足护理服务需求（图 4.2.2）。

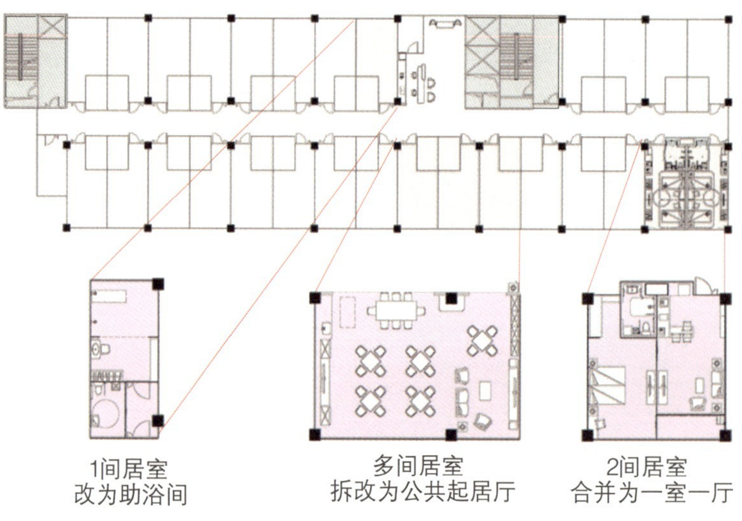

图 4.2.2　框架结构的养老设施标准层平面灵活改造示例

▷ 设置无柱大空间

为丰富老年人的生活，养老设施当中需要经常举办演出、讲座、联欢会等大型集体活动，由入住老人、家属、护理人员和志愿者共同参加。由于活动类型多样、参与人数较多，为灵活满足使用需求，通常需要设置内部无柱的大空间，如多功能厅。

为了符合防火疏散要求，多功能厅等大型活动空间需要设置在建筑的 1~3 层[1]，优先考虑设置内外部交通条件都较为便利的首层。由于面积大、空间结构跨度长、室内净高要求高，无柱大空间通常难以设置在上部有标准层房间的结构下方，而是与主体建筑脱开，相对独立设置，或设置在主体建筑的裙房中。下面对养老设施建筑中多功能厅的两种结构布置方式进行讨论。

方式①　多功能厅与主体建筑脱开，独立设置

采用独立设置方式时，多功能厅能够实现独立进出运营，必要时能够在不影响入住老人生活的情况下对外开放，更好地利用空间、融入社区（图 4.2.3）。

方式②　多功能厅设置在建筑裙房部分

相比于独立设置，在裙房布置多功能厅更为节地。但将多功能厅布置在二层或三层时，会对垂直交通和人员疏散构成较大的压力，要事先进行计算和安排（图 4.2.4）。

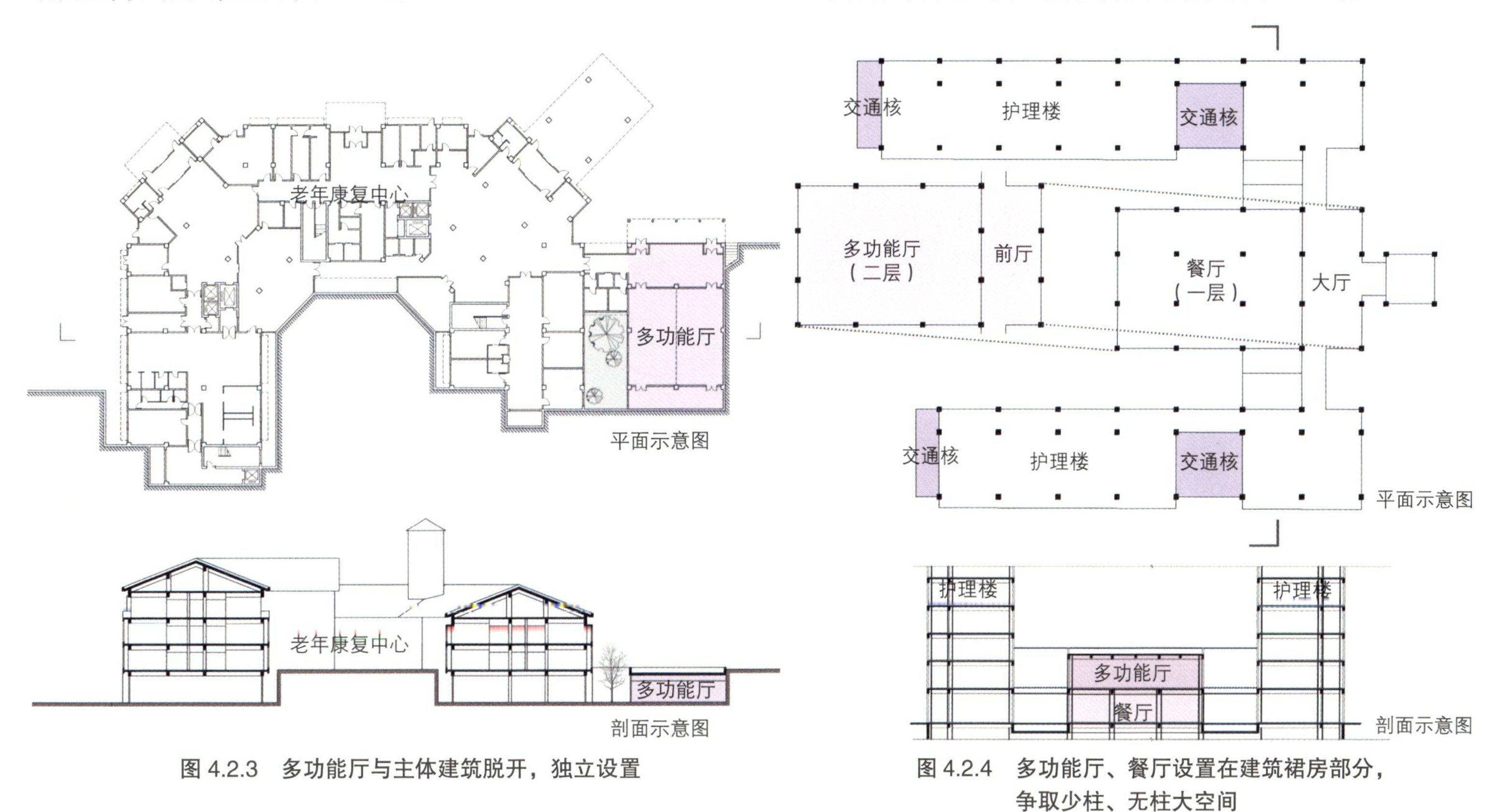

图 4.2.3　多功能厅与主体建筑脱开，独立设置

图 4.2.4　多功能厅、餐厅设置在建筑裙房部分，争取少柱、无柱大空间

1　根据《建筑设计防火规范》，建筑内的会议厅、多功能厅等人员密集的场所，宜布置在首层、二层或三层。

柱网开间的设计要点

▶ 柱网开间尺寸受哪些因素影响？

▷ 居室面宽

通常情况下，养老设施中单开间居室的面宽通常以 3700~3900mm 为宜，两个居室对应一个柱网开间（图 4.2.5a）；双开间居室的面宽通常在 6600~8400mm 不等，一个套房对应一个柱网开间（图 4.2.5b）。

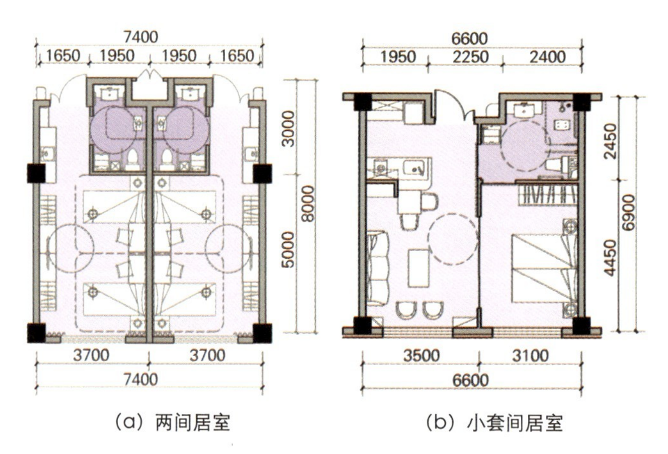

（a）两间居室　（b）小套间居室

图 4.2.5　对应一个柱网开间的居室平面布置示意

▷ 地下车库排布

养老设施建筑的地上部分对应到地下空间通常会涉及地下车库的排布。一个普通小汽车停车位的宽度约为 2400mm，如果柱网开间净距离与 2400mm 的倍数差距较大，那么就容易造成地下空间利用不充分的情况（图 4.2.6a）。7800m 的柱网开间可以容纳三个停车位，是一个地下空间利用较为高效的尺寸（图 4.2.6b）。

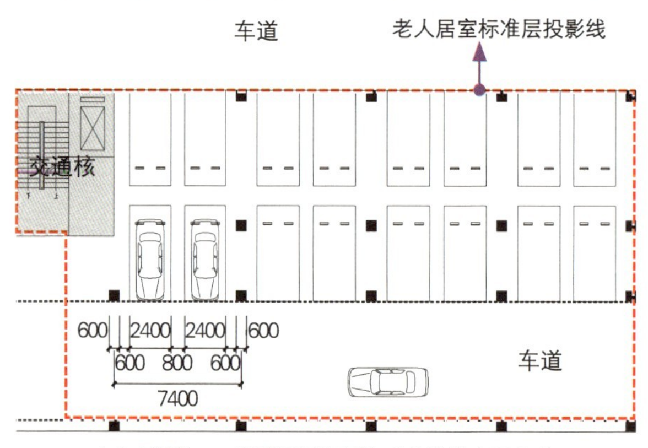

（a）7400mm 柱网开间容易造成车位排布不充分

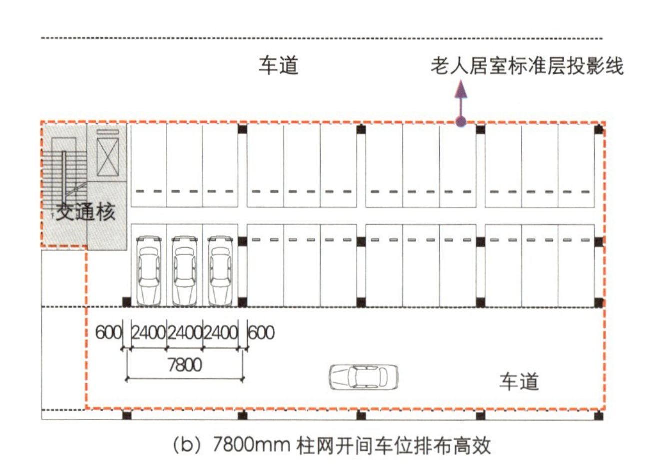

（b）7800mm 柱网开间车位排布高效

图 4.2.6　不同柱网开间尺寸对车位排布的影响

▶ 柱网开间尺寸的确定思路

在确定养老设施柱网开间尺寸时，需综合考虑居室面宽尺寸和地下车库的空间利用效率，平衡好得房率与地下车位数量。当二者存在冲突时，建议优先保证设施整体的居室和床位数量，避免因过分追求地下车位数量而影响地上老年人生活空间的利用效率。

柱网进深的设计要点

柱网进深尺寸受哪些因素影响？

房间排布方式

对于廊式平面布局的养老设施而言，居室排布方式主要包括走廊单侧排布和走廊两侧排布两种，对应着不同的进深和柱网布置方案。例如，对于走廊两侧排布居室的设施而言，通常在进深方向会布置三跨，四排柱子（图 4.2.7）。

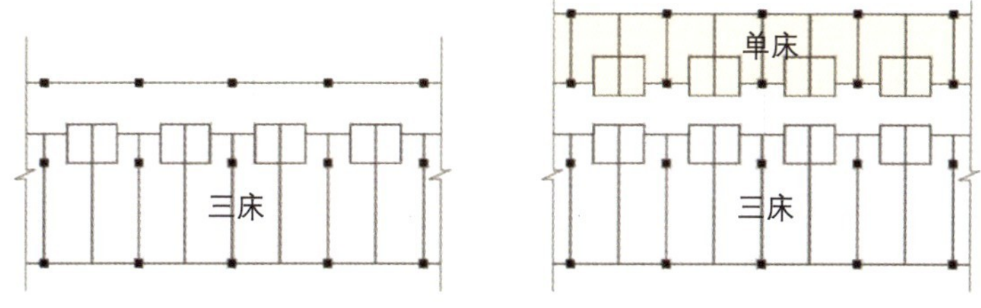

图 4.2.7 走廊单侧排布、两侧排布居室的柱网布置方式示意

老人居室进深

柱网进深尺寸的确定与老人居室大小具有紧密的联系。对于单人居室，由于整个居室进深不大，柱网一个跨度的进深与整个居室的进深一致；而对于双人间或三人间，整个居室进深较大，柱网一个跨度的进深则与居室的卧室部分一致较为合理（图 4.2.8）。

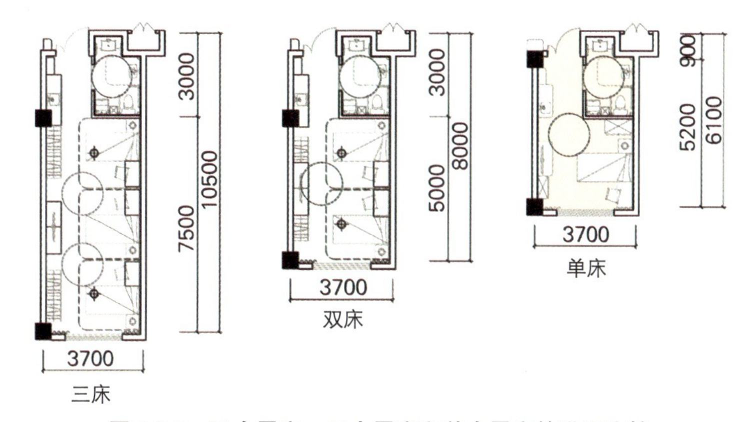

图 4.2.8 三人居室、双人居室和单人居室的进深比较

走廊层高

设计养老设施的走廊时，需要保证设备管线尤其是风道从梁下通过时，能在吊顶下方留有舒适的室内净高。对于走廊两侧排布居室的设施，中间两排柱子既要在进深方向的跨度尽量均匀、避免梁高过高以保证层高舒适性，也要在位置上避免对竖向管井的影响。

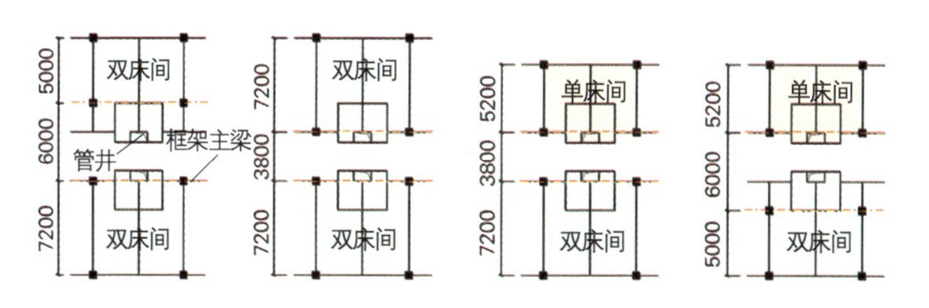

（a）双床间或单床间情况

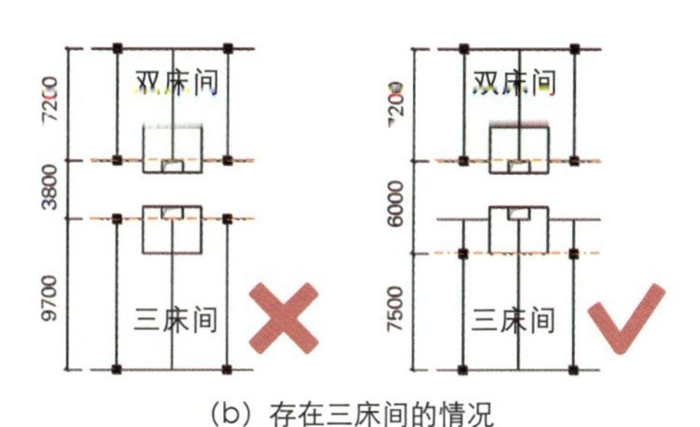

（b）存在三床间的情况

图 4.2.9 内廊式平面柱网布置示意

柱网进深尺寸的确定思路

当走廊两侧分别设置单人居室或双人居室时，无论进深方向中间一跨的柱子设置在走廊一侧还是卫生间内侧，跨度均可控制在合理范围内。前者的优点是跨度小，梁高矮，吊顶下方能够留出更高的净高；后者的优点是跨度较为均匀，整体性更好（图 4.2.9a）。

当走廊两侧设置有三人居室时，如将中间一跨柱子设置在走廊一侧，那么两边的柱跨跨度进深会过大。对于这种情况，更适合采用相对均匀的柱跨布置方案，将中间一跨的柱子设置在卫生间内侧（图 4.2.9b）。

高差的常见形式和结构处理方法

养老设施高差处理的重要性

在养老设施当中，妥善处理高差是实现无障碍通行的重要前提，也是结构设计需要着重考虑的问题。但在调研中发现，有些养老设施由于种种原因，在建成后出现了一些难以补救的高差，给建筑空间的利用和设施的日常运营造成了不便。下面总结了养老设施中容易产生高差的几种典型情况，并从结构设计的角度探讨针对性的处理方法，供读者参考。

养老设施建筑高差的常见形式和处理方法

形式①　地形坡度带来的高差

一些养老设施用地的地形具有一定起伏，在设计时需要进行针对性的处理。对于高差较小的情况，可通过平整场地的方式予以解决，但对于高差较大的场地，处理好建筑与地形的关系则较为困难，尤其是在分期建设时问题更为突出。例如，图 4.2.10 某养老设施分三期建设，各期建筑单体顺应地势而建，导致一二期建筑间存在 600mm 左右的高差，为保证室内无障碍通行，在内部不得不采用坡道相连。但即便采用了 1 ： 12 的轮椅坡道，在实际使用当中也存在每日上下推行较为吃力、通行空间占地较多等问题，给老年人日常生活和护理工作带来了一定的困难。

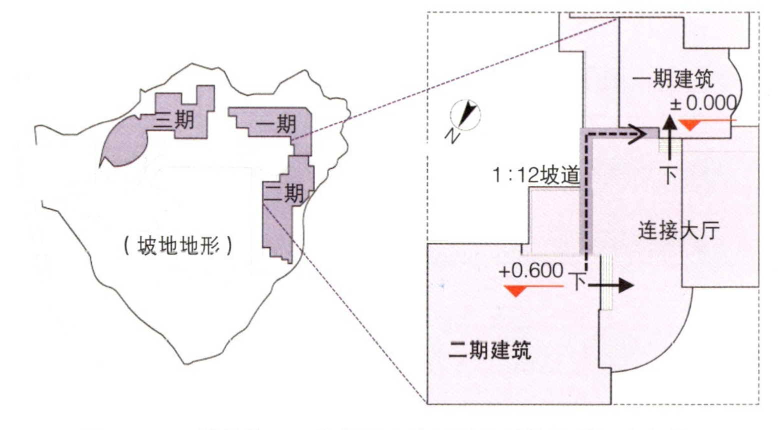

图 4.2.10　某设施一二期首层连接处用较长的坡道解决高差

处理方法：

统一不同建筑同一楼层的室内标高，将高差集中处理

在地形较为复杂、坡度较大的场地中，当养老设施的不同建筑单体需要保持紧密的交通联系时，建议统一建筑各楼层的室内标高。一些高差可通过在室外环境找坡过渡，或用提升机设备解决，以保证建筑室内各个空间和室内外出入口的顺畅通行（图 4.2.11）。需要注意的是，主入口处的高差也不宜过大，以保证老人日常进出的便利。

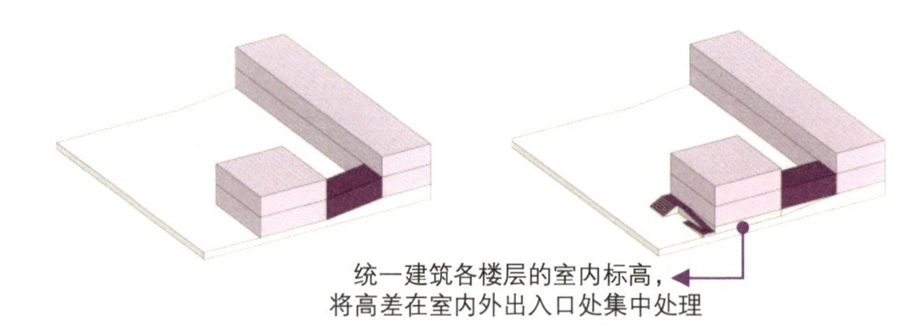

图 4.2.11　场地坡度较大时，将高差集中处理

▷ 形式②　不同层高空间相连带来的高差

养老设施中公共空间和居住空间的层高是不同的，特别是使用人数较多的公共餐厅、多功能厅等，层高通常需要高一些。但在一些设施中，二者往往需要设置在同一楼层，这样位于其上方的楼层就会出现高差。例如在图 4.2.12 所示的养老设施中，七层的护理楼与两层的公共餐厅相邻，并在首层和二层连通。但由于护理楼一般居室的层高与公共餐厅部分相差了 1200mm，不得不在二层交界处设置了长达 15m 的无障碍坡道进行连接。坡道为老人的室内通行带来了不便，大多数居住在护理楼二层的老年人仍会选择坐电梯到一楼用餐，或再换乘另一部电梯到达餐厅二楼，路线较为曲折，导致公共餐厅二层部分的使用率相对较低。

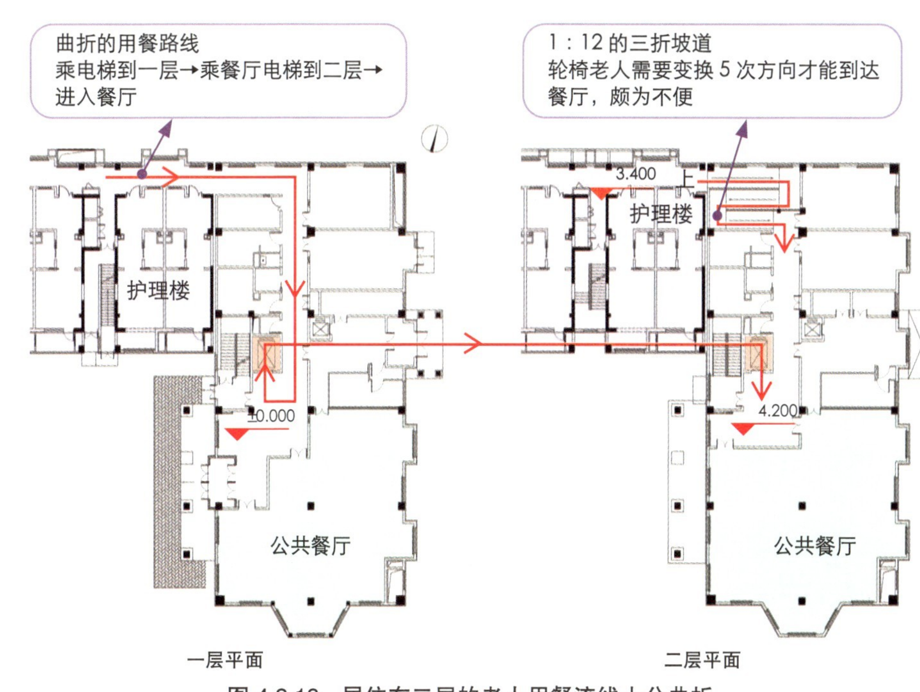

图 4.2.12　居住在二层的老人用餐流线十分曲折

处理方法：层高取高值或设置两层通高空间

餐厅、多功能厅等大型公共空间室内净高要求高且结构构件和设施设备占用的吊顶高度比较高，所以层高要求往往高于居住空间（规范中室内最低净高参见表 4.2.1）。有时公共空间和居住空间需要同时出现在非顶层，为避免给上层带来室内高差，一般将层高统一取高值（图 4.2.13）；当小房间的层高与公共大空间的层高差别较大时，可直接将大空间设为二层通高，再通过吊顶修正室内净高。总之，设计中要优先保证各层的水平通行无高差。

各类空间层高需求表　　表 4.2.1

	公共空间	交通空间	居室空间	服务空间
空间范围	门厅、餐厅、多功能厅	公共走道	老人居室	办公室、护理站等
室间净高 /mm	宜≥2600（饮食建筑规范）	应≥2100（旅馆建筑规范）	应≥2400（照料设施规范）	应≥2500（办公建筑规范）

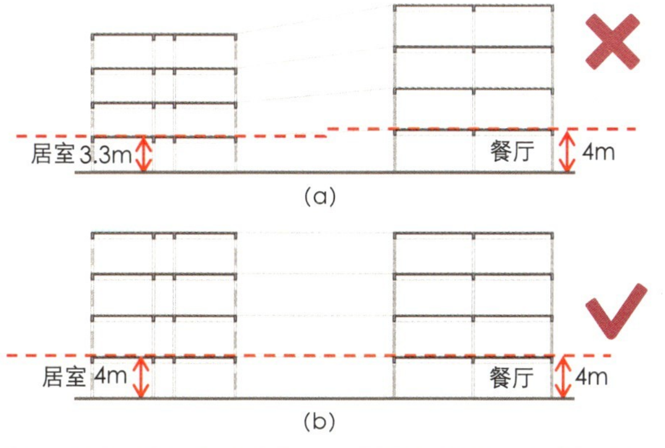

图 4.2.13　同层室内净高要求不同的空间，层高处理方法优劣比较

▷ 形式③　屋顶花园出入口处的高差

屋顶花园是许多养老设施所需要的，特别是在用地较为紧张的大城市，有的设施即使在最初因为各种原因未把屋顶露台做成能够上人的花园，后期也会根据需求将其进行改造。但由于之前将同一楼层的露台和室内楼面结构板设计在了同一标高上，室外屋面的保温层、防水层和找坡等构造厚度大于室内地面，导致室内外完成面出现了较大的高差。改造为屋顶花园时，就不得不设置台阶或坡道加以连接。然而，设计之初也并没有考虑台阶和坡道的位置，这样高差处理起来就非常困难，使得即使做了屋顶花园，可达性也较差（图 4.2.14）。

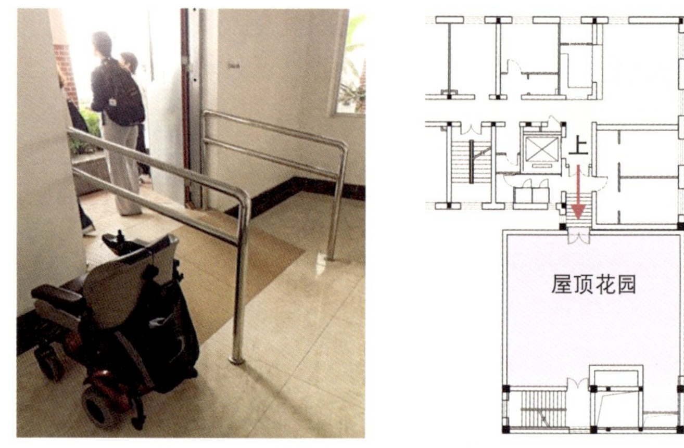

图 4.2.14　屋顶花园出入口补设的坡道

处理方法 a：

通过升降楼板，找平室内外地面完成面

新建设施可通过提升室内部分的结构板，或降低室外部分的结构板来平衡室内外地面完成面的标高，实现室内外地面的平进平出。需要注意的是，降板一侧需保证降板后的下部室内净高依然能够满足正常使用需求，若屋顶花园下层层高已经较为紧张，可考虑适当提升该层整层的层高（图 4.2.15）。

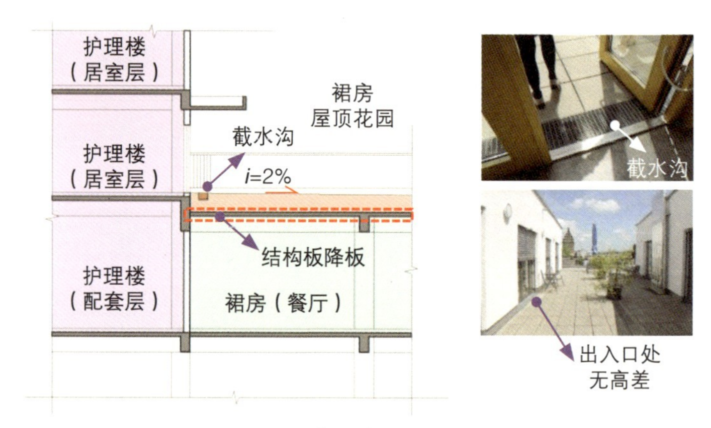

图 4.2.15　屋顶花园出入口处理方法示意

处理方法 b：

通过平衡护理楼与裙房和层高，找平室内外完成面

当裙房屋顶设置为花园时，可充分利用裙房与主体建筑结构相对独立的特点。如图 4.2.16 所示，将 3 层护理层与 2 层裙楼的高度平衡好，并适当降低裙房顶层的屋面高度，为屋面构造留出空间，以找平室内空间与屋顶花园完成面的高度关系。需要注意的是，在保证屋顶花园无障碍出入的同时，还需要考虑室内外交界处的防、排水问题，在室内外交界处设置截水沟，并合理组织排水方向。

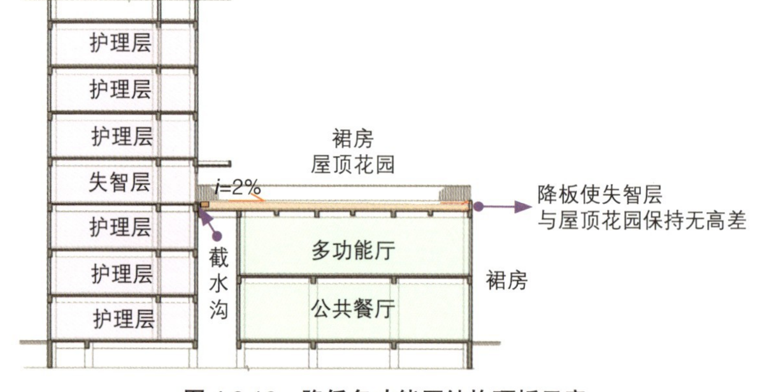

图 4.2.16　降低多功能厅结构顶板示意

无法消除高差时的处理方法

在一些实际项目中，受到既有建筑拆改困难等各种条件限制，可能无法通过结构设计与改造完全消除高差。设计时应尽可能避免将对无障碍通行要求较高的空间布置在相应的区域，必要时可设坡道、引入提升设备解决。

将无法消除高差的部分布置为后勤服务空间

当有部分空间确实消除高差困难时，可将其设置为老年人不需要到达的辅助功能空间，如员工办公室，从而减小高差的不利影响。但注意一些需推车进出的空间如厨房、大型物品仓库等仍然不能设置在标高变化的位置。

通过换乘电梯的方式解决高差问题

当位于不同标高的建筑空间均为老年人频繁使用的空间时，可通过分别设置电梯的方式将这些空间与标高统一的楼层（如建筑首层）相连接，以便老年人通过换乘电梯的方式往返于这些空间。

预留足够空间设置坡道

有些建筑因日照、立面造型等要求会产生退台，一般希望利用此做成屋顶花园，但 1：12 坡度的坡道所需的空间较大，而屋顶花园的出入口常常紧临居室、楼梯，室内没有设置坡道空间的条件。这时应在室外设置足够长度的坡道解决，并要处理好雨水倒灌的问题（图 4.2.17）。

借助小型提升设备

对于既有建筑改造项目，当设置坡道确有困难时，还可以借助提升设备解决高差（图 4.2.18）。但这在人流量较大的场所如主入口会导致人员滞留等待，加大护理员推进推出的工作量，存在局限性。

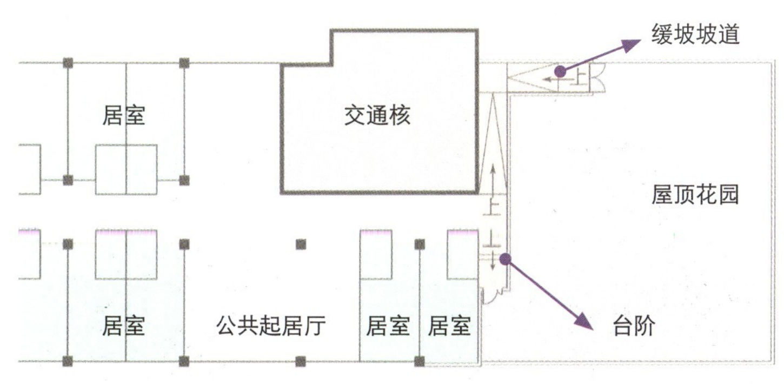

图 4.2.17　通过室外设置坡道进出屋顶花园

图 4.2.18　小型提升设备可以解决高差

第 3 节

室内物理环境设计

养老设施室内物理环境的特殊性

室内物理环境的四个主要方面

本节所述的室内物理环境主要由室内热环境、室内空气环境、室内声环境和室内光环境四方面构成。其中，室内热环境的影响因素主要包括室内的温度、湿度和通风状况，室内空气环境主要指室内的空气质量，室内声环境涉及噪声的控制和混响时间的控制，而室内光环境则包括自然采光和人工照明两个方面。

为什么要重视养老设施的室内物理环境设计？

养老设施中入住的老年人大多行动不便或者长期卧床，大部分的时间都在室内度过，室内环境的安全、舒适对于他们来说十分重要。养老设施的适老化不仅体现在功能配置和设施设备上，还体现在物理环境方面，需要根据老年人的身体特点和生活习惯，营造舒适宜人的室内物理环境（图 4.3.1）。良好的室内物理环境不仅可以满足老年人的生活需求，还能够增加居住的满意度，提升设施吸引力，也有利于提高员工的工作效率，降低工作强度。

图 4.3.1　养老设施中舒适宜人的室内物理环境

养老设施室内物理环境的设计需求特征

① 需要考虑老年人对室内环境多元化、精细化的调控需求

随着年龄的增长，老年人对室内物理环境的适应能力会大幅下降，对环境的变化会更加敏感，且不同老年人的需求差异较大，需要能达到精细化的调控水平和个人自主调控来满足个性化的需求。

② 需要满足运营方在节能降本、便于操作和维护等方面的需求

养老设施的运营成本中能耗占比较大，空间设计需在保证室内物理环境达到舒适的基础上尽可能节约能源，设施设备的选型也应更注重操作的简便性和易维护性。

③ 需要处理好设备选型、空间造型与室内物理环境可调节等多方面关系

与普通住宅相比，养老设施采用的环境调节设备类型更为多样、系统更加复杂，需要处理好空间与设备之间的关系。

养老设施室内物理环境的常见问题

室内物理环境常见问题

在实地调研中发现，室内物理环境在很多养老项目中并没有被重视起来，特别是设计之初仅按照规范基本要求进行设计，忽略了老年人的差异和日常运营管理的成本需求，产生了很多问题。

室内空间温差大

对于采用单面走廊形式的养老设施来说，走道有一侧直接面向室外，热环境不稳定，容易受到室外温度的影响，如果没有设置空调，在夏天的时候会十分闷热。当老年人从有空调的房间进入走道时，由于瞬时温度变化很大，体感会非常不舒适，甚至会引发高血压、心脑血管等疾病。

室内通风不佳

部分养老设施入住老人多，人员密集。当通风不佳时，二氧化碳浓度过高，人体散发的气味聚集，造成室内异味明显，空气品质较差。

室内噪声大

养老设施的中庭空间往往是噪声传播的主要区域，特别是当公共活动区和居住区上下贯通时，活动区的噪声会影响到老年人在居住区的休息（图 4.3.2）。

一些养老设施的公共空间为追求“豪华”，采用高档的瓷砖或石材作为墙面和地面的装饰材料，且没有采取必要的吸声措施，导致环境噪声大、混响时间长，老年人说话时难以听清对方的声音，加大交流的困难。

人工照明设计不合理

有些养老设施公共走廊的照明没有进行分区设计，出现“一开全开、一关全关”的情况。管理方在运营过程中考虑到节省电费，白天会关闭公共走廊的灯具，一方面使走廊较暗，另一方面会造成端窗的亮光与走廊的昏暗形成强烈的明暗对比，产生刺眼的眩光，给老年人通行带来安全隐患（图 4.3.3）。

调研时常看到，在老人居室中设计人员采用惯常思路在卧室、公共浴室等空间的床头、浴床正上方设置筒灯。老年人在床上躺卧开启上方照明灯具时，光源直射卧姿老年人的眼部，使老年人感到极度不适（图 4.3.4）。

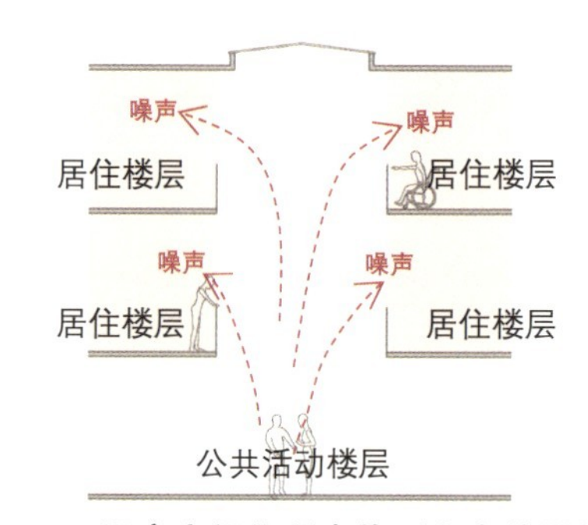

图 4.3.2　通高空间将噪声传到上方的居住楼层

图 4.3.3　端窗的亮光与昏暗的走廊内部形成强烈对比，造成眩光

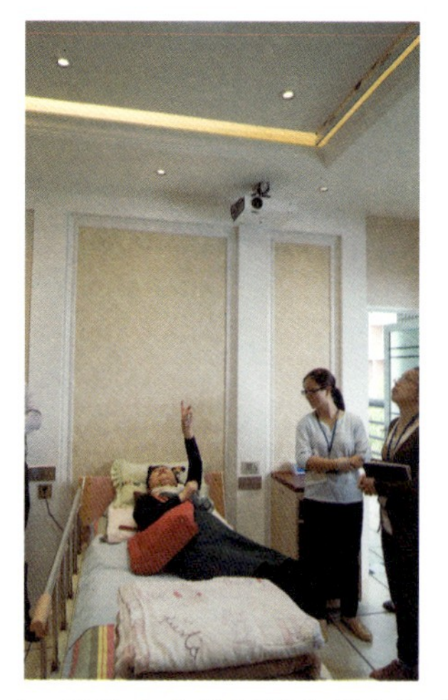

图 4.3.4　床头上方的灯具直射老年人眼部

室内热环境的需求特征

老年人对室内热环境的感知特征

老年人对温度的感知特点

老年人新陈代谢减慢，体温调节能力下降，身体的产热和散热能力都不如年轻人，对外界温度适应能力逐渐降低。比如，很多老年人靠近寒冷的墙壁会感到强烈的冷感，对门窗缝隙渗透的冷风也非常敏感。而对于患有呼吸道疾病、心脑血管疾病的老年人来说，在温度急剧变化的环境中则会加剧其相关症状。因此，很多老年人对冷风非常在意，在盛夏时也不愿意开空调，觉得直吹冷风容易得病，更喜欢使用风速柔和的电风扇降温（图 4.3.5）。

老年人对湿度的感知特点

老年人腺体分泌减少，呼吸道和皮肤容易受到湿度的影响，过于干燥或潮湿的环境都会引发其呼吸系统疾病和不良的皮肤反应。此外，老年人由于肌力减退，肺活量减少，耗氧量增加，当空气湿度大时，就会感到憋闷，呼吸不畅。调研中发现，养老设施中很多老年人都会将房门打开，让室内更多地通风换气（图 4.3.6）。

图 4.3.5 养老设施中的老年人居室使用电扇辅助调节室内温度

养老设施室内热环境的需求

保持室内温、湿度适中

室内需要保持相对稳定的温、湿度，例如夏季从温度高的走廊进入空调房时，应注意内外温度的平缓过渡，不宜出现温度突变的情况。

房间温度可灵活调节

老年人对冷热环境的反应很敏感，且个体差异大。养老设施内的居住用房需要可灵活调节室内温度、湿度和风速，应尽量让老人根据自身需要进行调节。

保持室内通风顺畅

室内空气流速大小对老年人的体感温度有着直接的影响，合理的空气流速控制是与温度控制同等重要的。此外，流动空气能够保证空气的含氧量，使老年人在房间中不会感到憋闷，还可以排走室内的异味。但在实际项目中，很多养老设施为追求增加床位数，将能够对外开窗的区域都布置了居室，当居室门都关闭时（如晚间），因缺少空气对流，常导致室内空气不佳。

兼顾舒适度与节能要求

能耗是养老设施运营过程中很大的一项成本，因此设计时既要保持室内环境舒适，又要兼顾设施设备的能耗，尽量保持好两者的平衡。

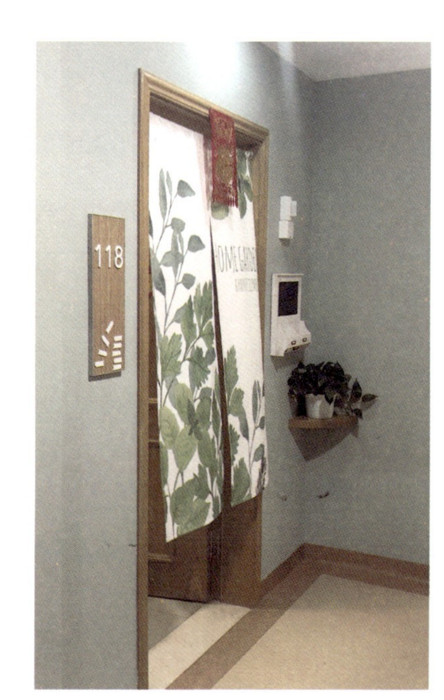

图 4.3.6 养老设施居室门常开保持通风，并设置门帘保证隐私

室内热环境设计要点①

空调与采暖

采用多种空调系统相结合

空调系统一般分为集中空调、半集中空调、分散式空调三种，每种类型各有所长，不同的系统适合不同的使用场景。由于养老设施内的用房类型比较多，面积有大有小，并且其中很多用房都需要灵活独立调节温度。空调系统配置时需要综合考虑效率、能耗和自主调节的问题。当养老设施规模较大时，可采用三种类型相结合的方式（表 4.3.1）。

北京某大型养老设施空调组合方式　　表 4.3.1

区域	空调系统形式	备注
护理单元、居室、活动室、走廊	半集中空调（风机盘管＋新风系统）	每个空间可独立控制温度
大堂、大型多功能厅	集中空调（全空气系统）	大空间内人员多，需要更强的送风量和换气量
湿式垃圾用房	分散式空调（分体式空调）	减少交叉污染

采用地板采暖保证室内供热均匀度

冬季需要采暖的地区，按传统做法一般将暖气（散热器）安装在室内靠近外窗的位置，主要是因为外窗是热量散失最严重的部位，但这样的布置方式会存在室内供热不够均匀的问题。此外，老年人血液循环慢，脚部和膝关节都是怕冷的部位，室内供暖如果从地面上升，会更符合老年人的身体特点。近年来室内采用地板辐射采暖（下文简称“地暖”）可以有效解决上述问题，在条件允许的情况下，可优先作为养老设施的供热方式。

TIPS：老年人居室地暖设备的布置建议

地暖铺设区域的布置建议

老年人居室内的主要生活空间都需要铺设地暖，但卫生间可不设置地暖，而采用普通暖气的形式。因为卫生间面积小，地暖优势不明显，而且卫生间管线、地面防水工艺要求高，地暖的维修成本会比较高。而对于内走廊布局的养老设施，走廊被两侧房间包裹在中间，热环境稳定，也可不铺设地暖（图 4.3.7）。

分集水器的位置选择建议

一般地暖分集器的位置会设置在老年人居室内部，若居室空间比较局促，没有合适的空间放置分集水器，建议可将其设置在居室门口，用低柜遮蔽（图 4.3.8）。柜子台面也可供老年人开门入户时临时放置物品用。台面上还可以摆设装饰物或者绿植等，美化走廊空间。

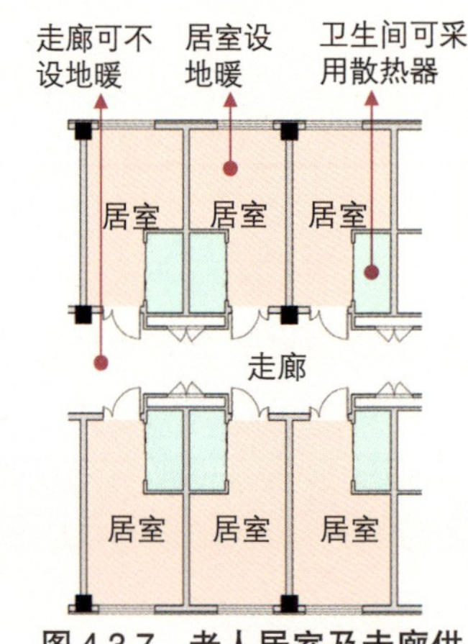

图 4.3.7　老人居室及走廊供暖设置示意图

图 4.3.8　分集水器结合门口柜子设计

室内热环境设计要点②

通风换气

利用交通空间促进室内空气流动

交通空间是联系各类用房的纽带，加强交通空间的通风，就可以带动老年人居室、公共活动室等用房的空气流动。如德国某养老设施项目中，“回形”平面的四个角部都与走道连通，并设置外窗，保证室内空气流动（图 4.3.9）。

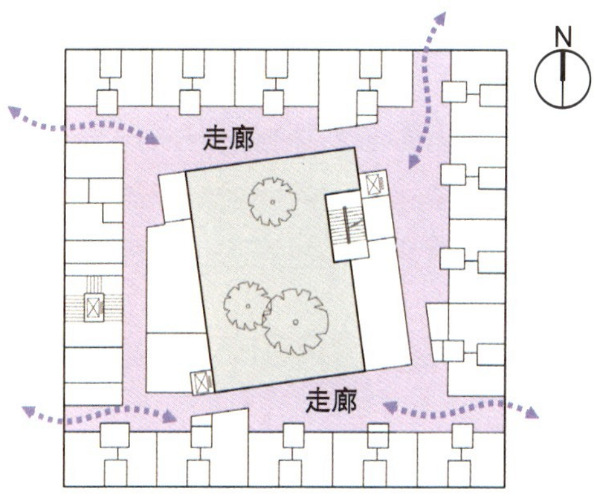

图 4.3.9　平面走廊尽端开窗促进空气流动

使用电风扇加强房间内部空气流动

养老设施可以在老年人居室内或者公共空间设置电风扇来加强室内空气流动，并且电扇也比空调更加节约能源。此外，吊扇还可以结合灯具设计，同时满足照明和装饰功能。即使用集中空调，老年人也更喜欢使用电风扇来帮助室内空气流动，避免冷风直吹。

通过户门设计促进居室与交通空间的通风

加强居室和交通空间的联系，有利于交通空间带动室内通风。即使在内走廊的平面布局中，也可以达到空气对流通风的效果，常见的方法有：

- **户门上方设高窗**：夜间老年人就寝的时候，如果需要通风可打开户门上方的高窗和外窗形成对流通风，保持夜间室内空气的流动。这种方法在南方地区更为常用，其对室内净高有一定要求（图 4.3.10）。
- **户门外设置纱门、百叶门等**：白天老年人习惯将房门打开通风，可设置纱门或百叶门，保证通风，又防止蚊虫进入。
- **户门带有开启扇**：在门扇上设置可开启的小门扇，形成通风门，虽然一体性好，但增加了门扇的工艺复杂度。

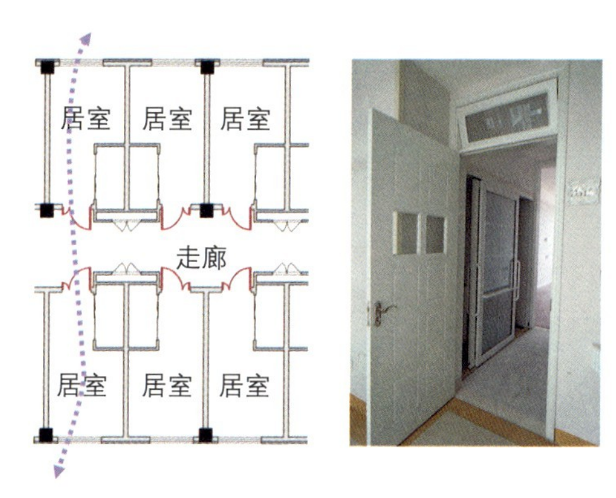

图 4.3.10　内走廊布局可通过在户门上方设置高窗来保证通风

TIPS：公共卫生间、污洗间平面位置要避免气流倒灌

以北京为例，某设施的卫生间位于平面转角处，当夏季卫生间开窗通风时，气流容易通过卫生间的外窗和公共区域的开窗形成对流，将卫生间的味道带入其他区域（图 4.3.11）。在设计时应避免将卫生间设计在容易产生气流倒灌的位置，并要通过设置机械排风设备保持室内负压。

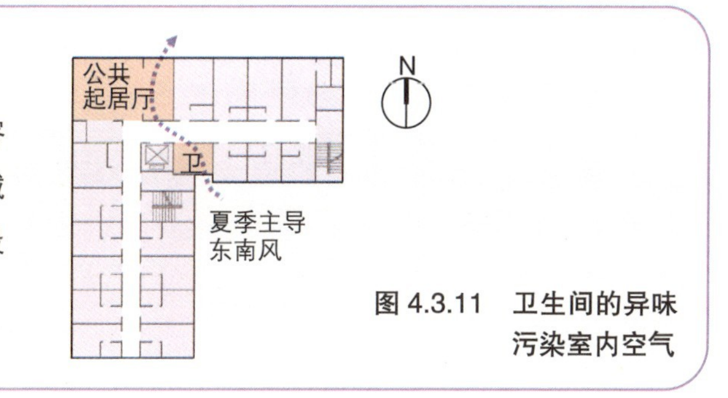

图 4.3.11　卫生间的异味污染室内空气

室内热环境设计要点③

湿度调节

利用装饰材料调节湿度

一些墙面的装饰材料对维持室内适宜湿度具有一定作用。例如硅藻泥涂料不仅可以净化空气中的部分有害物质，还可以调节室内的湿度。当室内环境干燥时，硅藻泥会释放水分；当室内环境过于潮湿的时候，其又会吸收水分，从而达到调节室内湿度的效果。但硅藻泥涂料的施工工艺相对复杂，墙面弄脏后，清理有难度，其防水性能也比较差，因此建议在没有水的位置适度使用。

通过自然通风调节室内湿度

当室内湿度大于室外时，可以依靠自然通风，降低室内外湿度差。例如，养老设施中的助浴间、清洁间等潮湿的房间最好能够设置外窗，自然通风可以防止室内湿度过高以及发霉生菌。

通过设备调节室内湿度

当无法通过自然通风有效调节室内湿度时（如房间没有外窗、室外污染或室外湿度过大等情况），也可使用专用设备来改善室内环境。例如，可以使用分布式的调节设备如加湿器、除湿机（图 4.3.12）。在成本允许的情况下，也可以在风机盘管中增加智能加湿段，实现加湿智能控制，减少分布式加湿设备存在的管理复杂和漏电、绊脚等安全隐患。

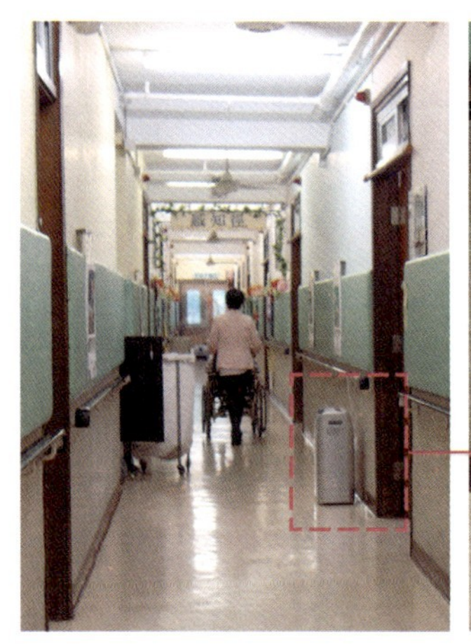

图 4.3.12　南方某养老设施走廊里的除湿机

TIPS：辅助服务空间的防潮需求

库房要注重除湿

养老设施中的库房也需要重视除湿问题，图 4.3.13 中物品库房间设计时未设置空调机或排风设备，后期运营时只能采用电风扇和除湿机来避免物品发霉。

助浴间更衣室地面需要速干

养老设施的助浴间更衣室湿度大，并且地面经常会有水渍，容易导致老年人进入时滑倒。很多设施中会在更衣室加装电风扇（图 4.3.14），工作人员在助浴结束后，用电风扇迅速吹干地面，避免老年人因地面湿滑而摔倒。

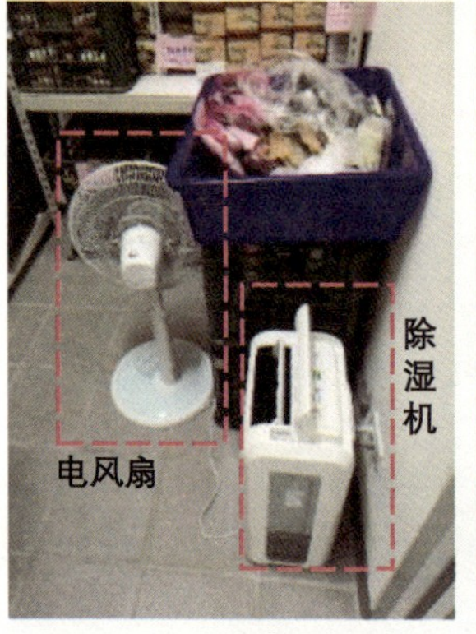

图 4.3.13　某南方养老设施库房内的除湿器和电扇

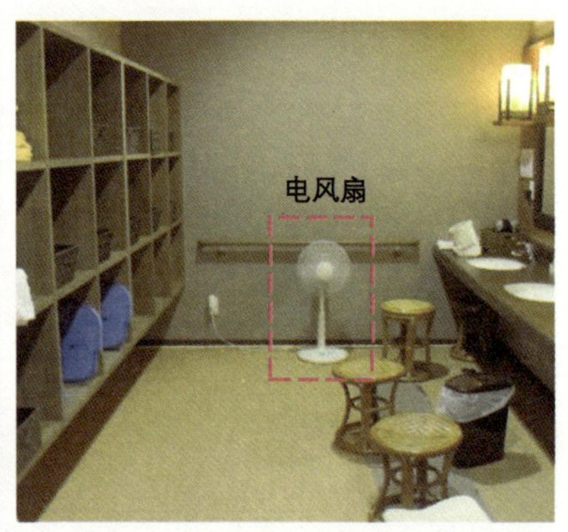

图 4.3.14　助浴间更衣室放置了电扇，以便快速吹干地面

室内空气环境的需求特征

老年人对室内空气质量的需求特征

老年人对空气好坏的敏感度要高于普通成年人，对空气质量的要求高。根据相关研究资料显示，空气污染物对老年人呼吸道系统疾病和心血管疾病的患病率有着显著的影响，容易引发或加剧哮喘、肺炎等疾病，不良的空气环境会对老年人的健康造成很大危害。

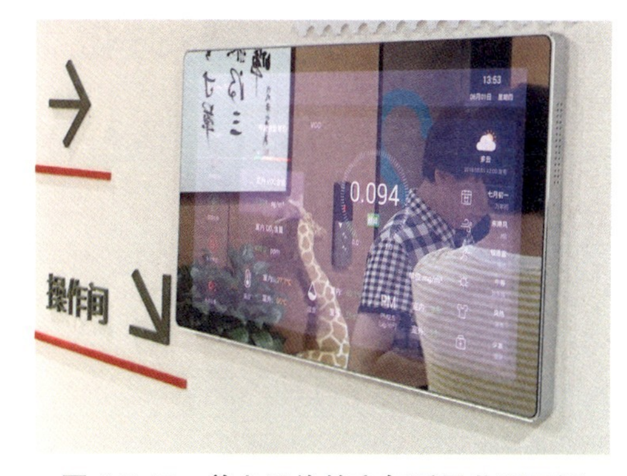

图 4.3.15　养老设施的空气质量监测面板

养老设施室内空气环境的需求

监控室内空气质量

建议在老年人的居住空间安装环境传感器，提供温度、湿度、$PM_{2.5}$、二氧化碳和 VOC 等参数的监测（图 4.3.15），实现环境数字化管理，了解老年人的居住空间环境现状，联动新风、净化、空调等设备设施，做好环境品质管理。

净化空气中的污染物质

室内的空气污染来自多方面，如从室外环境渗透进来的 $PM_{2.5}$ 颗粒物、臭氧等以及室内建材、家具挥发的甲醛、VOC 等污染物。养老设施内人员相对密集，老年人在室内生活的时间占比多，而且其自身免疫力较差，属于易感人群。因此室内空气质量需要引起重视。养老设施对室内空气洁净度的控制，是保持老年人健康的基本需要（图 4.3.16）。

图 4.3.16　养老设施餐厅内设置空气净化器，清除空气中的有害物质

去除室内异味

一进到养老设施，能不能闻到“异味”，经常会被作为判断设施服务质量优劣的重要评价指标。特别是护理型的设施，室内经常闻到“老人味”，这主要是由于老年人的消化、泌尿、皮肤等器官组织机能的减退，或因患有一些慢性病和长期服药，而使身体容易散发出一些特殊的气味。此外，护理员在为卧床老人清理排泄物时也容易使房间内产生强烈的不良气味（图 4.3.17）。如何将养老设施特有的“异味”快速净化或者排走需要引起重视。

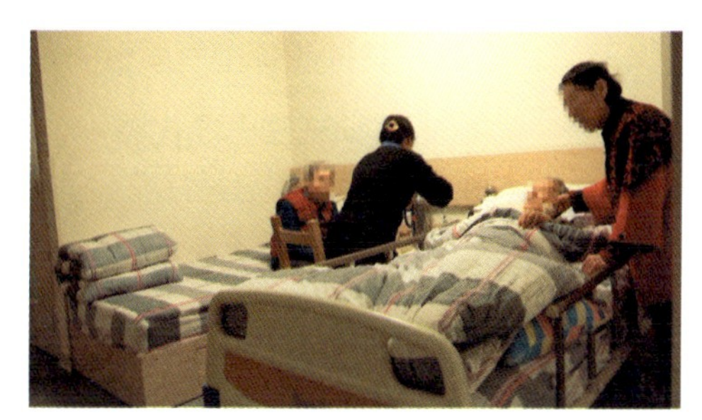

图 4.3.17　护理员为卧床老人清理排泄物，容易使房间内产生异味

防止病毒交叉感染

养老设施中老年人居住集中，许多老年人免疫力较弱，常患有多种慢性病，如果被病毒感染，往往情况比较严重。特别是今后在疫情常态化防控需求下，养老设施的消毒除菌要求显得尤为重要。

室内空气环境设计要点

▶ 加强室内外空气交换和净化

养老设施除了可以通过自然通风改善室内空气质量外，在不宜自然通风的情况下（如室外空气重度污染），还可以使用新风设备对室内空气进行交换和净化，从而改善室内空气品质。室内新风设备宜结合入住情况分区域灵活控制，或根据老年人生活习惯分室控制。一般有如下几种常见的新风系统：

▷ 楼层设置水平式新风系统

水平式新风系统的机组设置在每层的新风机房内，负责本层的新风供给（图 4.3.18）。其新风量大，净化能力强，并且养老设施的护理单元通常为同层水平管理，因此也能适应管理的需求。但是水平式新风系统的机房需要的面积较大，管道长，容易产生交叉感染。此外，对走道的层高也有一定要求。

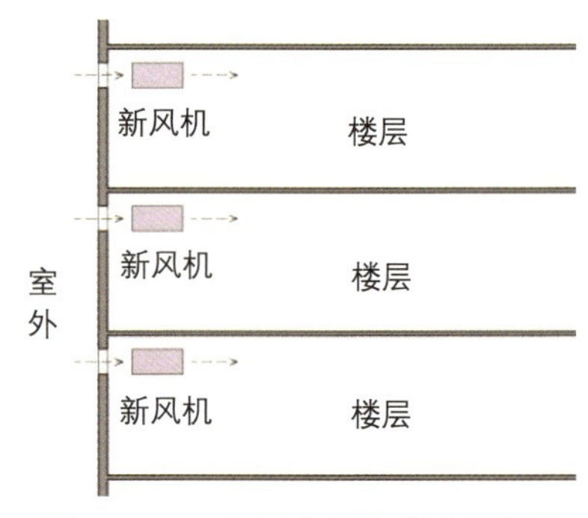

图 4.3.18　水平式新风系统示意图

▷ 房间单独安装吊顶式全热交换机

全热交换机安装在用房的吊顶内部，每户独立运转（图 4.3.19）。其优势是管道短，可以避免交叉感染；净化效果好，空气循环效率高。由于其管线不占用走道上部空间，因此对走道层高要求不高。室外空气经过热交换后，进入室内的新鲜空气不会过冷或者过热，可以节约室内空调能耗。

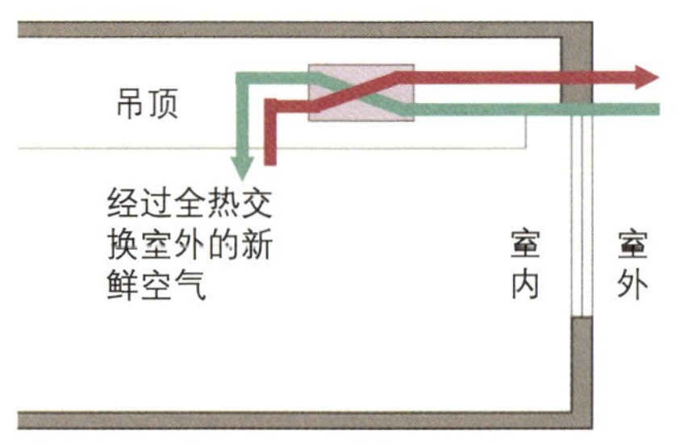

图 4.3.19　吊顶式全热交换机示意图

▷ 选择窗、墙式新风设备

窗、墙式新风设备是在室内一侧用设备向房间内送新风（图 4.3.20），在另一侧通过设备向室外排出空气，从而满足室内新风换气的需要。此类设备比较适合追求低造价，或受到原有条件限制的改造类养老项目。窗、墙式新风设备安装简单，造价低。但是适用的有效面积小，净化效率低，由于直接将室外温度的空气引入室内，空调能耗较大。此外，有些窗式新风设备尺寸较大，还会影响外窗的采光面积。

图 4.3.20　墙式新风设备

TIPS：其他改善空气质量的方式

● **配置移动式空气净化器**

移动式净化器，成本低、位置灵活，可以根据需要来布置。但放置于地面可能会形成障碍，要注意其摆放和收纳的空间，以及合理设置插座，避免老年人磕绊。

● **配置抗菌除味的饰面材料**

室内墙面的装饰材料也可以净化室内空气，老年人居室的墙面可选用硅藻泥涂料、除味抗菌壁纸等，这些材料都可以辅助净化室内空气。

室内声环境的需求特征

老年人的听觉特征

随着年龄增长，老年人会出现一定程度的听觉衰退，早期以对高频声音的听觉衰退为主。而日常语言交流中的高频声音内容占比大，因此会经常出现听不清、听不懂的情况，影响老年人与他人的正常沟通。此外，根据相关研究资料显示，很多老年人听力会出现重振现象[1]，当音量小时会听不到，音量大又会觉得吵，在噪声大的室内环境中言语交流困难。

图 4.3.21　一些老年人喜欢热闹的环境

养老设施室内声环境的需求

空间需要动静分区

有些老年人喜欢热闹的场合，和大家一起活动（图 4.3.21），但也有部分老年人喜欢一个人安静地阅读看报（图 4.3.22）。养老设施的公共空间要做到动、静分区，让老年人可以根据自己的需求自由选择。

图 4.3.22　一些老年人喜欢安静的环境

室内需要减少噪声

室内噪声对老年人的心理和生理都会产生不良影响，减少噪声有利于减少负面情绪和缓解头晕、失眠等症状。此外，降低噪声还有利于老年人听清他人说话的声音，促进日常交流。特别是对于那些有听力障碍，需要佩戴助听器老年人来说，减少噪声更加重要，因为大部分助听器会放大周边所有声音，包括刺耳的噪声，让老年人无法忍受。

老年人需要给予积极的声音刺激

除了隔绝和降低噪声，养老设施还需要引入老年人喜爱的声音，过于安静的环境，会让老年人产生孤独感。自然界（鸟鸣、水流等）的声音（图 4.3.23、图 4.3.24）、人们交流谈话的声音、优美的音乐等都可以给予老年人积极的声音刺激。

图 4.3.23　养老设施内养的小鸟

图 4.3.24　养老设施内的流水景观装置

1　重振现象：耳蜗病变时，声强在某一强度值之上进一步增加却能引起响度的异常增大，称为响度重振现象，简称重振现象。

室内声环境设计要点

利用隔断将大面积空间进行分隔，降低噪声

在面积较大的公共餐厅中，可以通过设置小隔断的方式，将大空间进行分隔（图 4.3.25），这样可以适当阻挡和吸收噪声，营造出相对安静的区域，供老年人选用。

注重通高空间的隔声，防止噪声扩散

若养老设施的居住楼层和娱乐活动楼层在竖向有连通的时候，噪声会从通高空间传入居住单元部分，干扰居住楼层老年人休息。建议在居住楼层设置隔声措施，如玻璃隔断，控制噪声的传播（图 4.3.26）。

通过软装部品降低室内噪声

- 在室内铺设地毯，可以减小撞击声，降低室内噪声。但地毯维护复杂，成本高，很多养老设施没有条件使用。
- 布艺家具、绿植也具有吸收和阻挡噪声的作用，通过室内软装的摆设，不仅美化了空间，也能改善室内声环境（图 4.3.27）。

利用悬挂反射板提高音量

高频声音在空间比较高的餐厅或者大厅中衰减严重，影响正常的语言交流。可在顶棚悬挂反射板（图 4.3.28），局部降低室内净高，加强空间内的声音反射，减少声音衰减，增强老年人对语音的感知。

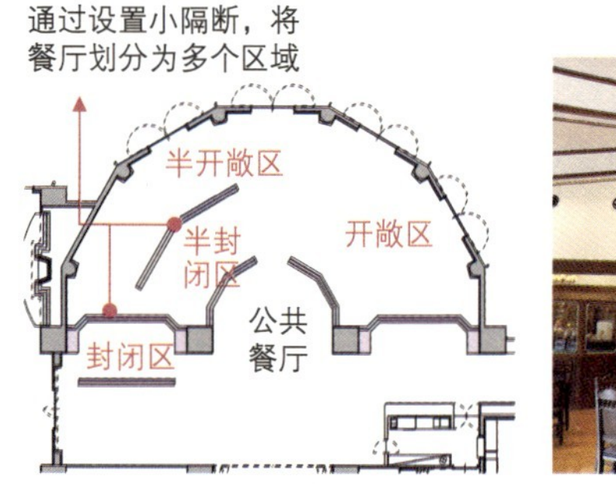

图 4.3.25　某养老设施内大餐厅被分隔成多个区域

图 4.3.26　某养老设施居住楼层的通高空间用玻璃隔断分隔

图 4.3.27　阅览室采用绿植隔断营造安静的空间

图 4.3.28　养老设施餐厅室内悬吊反射板

TIPS：提高居室门的降噪性能

户门的隔声能力的关键在于门扇材料和构造，以及门扇周围的缝隙。可通过在门缝处增加密封胶条的方式（图 4.3.29），填充缝隙，阻挡声音的传播。此外胶条还可以降低开关门的声音，减少护理人员出入时发出的声响，避免打扰老年人休息。

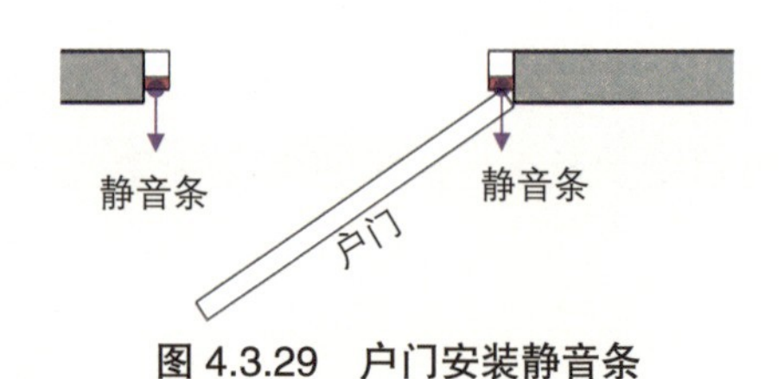

图 4.3.29　户门安装静音条

室内光环境的需求特征

▶ 老年人的视觉特征

随着年龄的增长，老年人的眼部会产生一系列生理性变化，例如瞳孔变小、晶状体弹性减退、眼部肌肉调节能力下降等，从而出现“老花眼”、视野缩小、适应光线能力减退、色彩识别能力变差等问题。与年轻人相比，老年人需要更高的亮度来看清环境及物品，同时又对强烈的光线非常敏感，从眩光的影响中恢复的时间也要比年轻人长得多。除此之外，老年人的眼部也常出现一些病理性的变化，例如白内障、青光眼、黄斑变性等。这些因素均会造成老年人的视觉能力急剧下降，对其日常行动及生活产生很大影响。

图 4.3.30　充足的自然光有助于老人保持昼夜节律平衡

▶ 养老设施室内光环境的需求

▷ 引入充足的自然光

老年人常常面临跌倒、入睡困难、情绪波动等问题，需要接触更多的自然光，来帮助其改善身心状况。研究表明，自然光能促进人体内维生素 D 的合成，缓解老年人因骨质疏松而出现的肌力下降，从而降低跌倒风险。同时，自然光的强度、光谱及周期变化有助于老年人建立规律的生物钟，缓解夜间失眠（图 4.3.30）。特别是对于出现睡眠障碍、昼夜节律紊乱的认知症老人，更需要在白天接受充足的自然光，这能帮助他们调节昼夜节律，改善睡眠质量，并减少负面情绪的产生。另外，考虑到降低运营成本，室内空间需要通过自然采光来增加白天室内的光照水平，减少人工照明的用电量，从而节约能耗。因此，设计时需要注意引入充足的自然光。

图 4.3.31　养老设施应设置充足、均匀、高质量的照明

▷ 提供实用、有效的人工照明

如前所述，老年人的视觉特征决定了其对室内照明有更高的要求。养老设施应提供充足、均匀、高质量的照明，使室内光环境符合老年人的需求特点，保障其日常生活的安全性和舒适性（图 4.3.31）。与此同时，养老设施的照明设计还应充分考虑日常运营管理及维护的要求。在照明形式、灯具选型方面注重实用性、易维护性和节能性，以满足功能为出发点，避免采用“华而不实”的照明形式（图 4.3.32）。

图 4.3.32　养老设施采用复杂的装饰性照明营造空间特色感，纷乱的光线不仅让老人产生不适，还造成用电浪费

室内光环境设计要点①

确保良好照度

确保各空间的照度充足、均匀

调研发现，国内养老设施普遍存在照明状况不佳的情形。一些公共活动空间、交通空间虽然设置了照明灯具，但却存在照度不足或不均匀的问题，空间显得较为昏暗，给老人的活动造成不便和安全隐患。研究表明，老年人居住环境中的光照水平相比年轻人要提高 50%。一般来说，室内环境光照度宜为 300lx[1]。老年人主要居住、活动及通行的室内空间，照度应适当提高。

保证交通空间的良好照明

老年人日常使用的楼梯、消防楼梯以及出入口等容易产生高差处，都应有充足的照明，并应保证光线均匀分布，确保门槛、踏步及坡道都有良好的可见性，避免因出现阴影或暗区，造成老年人绊倒。

调研时发现，一些楼梯间仅在休息平台处设置了照明灯具，难以照亮台阶（图 4.3.33），且容易因老年人通行时自身遮挡而产生阴影。建议在楼梯平台和梯段部位分别设置照明，以保证均匀的照度，消除阴影（图 4.3.34）。同时，还应为重要的标识（消防应急标识、引导标识、楼层门号等）提供照明，以确保引导作用。

注意公共卫生间照明的均匀性

许多设有厕位隔间的公共卫生间，将照明设置在隔间外，隔间门关闭后，内部光线不足，十分昏暗，给老人如厕带来不便和安全隐患（图 4.3.35）。应为每个隔间提供单独的照明，保证老年人如厕所需的足够照度（图 4.3.36）。

图 4.3.33　楼梯间仅在平台处设有顶部照明，难以照亮梯段

图 4.3.34　楼梯间平台及梯段均设有照明灯具，保证均匀的照度分布

图 4.3.35　公共卫生间的照明被厕位隔板遮挡，造成隔间内光线不足

图 4.3.36　厕位隔间内单独设置照明灯具，确保老人看清如厕区域

1　参考自 FIGUEIRO M G. Lighting the Way： A Key to Independence：Home Designers，Architects & Boilders[M]. Lighting Research Center，2011.

室内光环境设计要点②

避免眩光

▶ 尽可能消除或减少眩光

与年轻人相比，老年人对眩光更为敏感，更容易因刺眼的强光而产生严重不适，且需要更长的时间恢复。在养老设施室内光环境的设计中应重视眩光的问题，尽量加以消除和减弱。

▷ 减少走廊端窗的眩光

一些老年人照料设施的公共走廊两侧布置了老人居室，仅在走廊端头设有采光窗，造成走廊空间亮度分布不够均匀。特别是当走廊较长、东西向端头窗存在阳光直射时，走廊端头部位与内部空间之间更容易形成强烈的明暗对比，并产生严重的眩光。老年人白天朝走廊端头通行时，会因刺眼的亮光而感到不适，不敢抬头且看不清走廊两侧及地面（图 4.3.37）。为了减少走廊端头与内部空间的明暗对比，应注意对端头窗采取适当的遮阳措施，如利用窗帘、百叶帘等控制进光量，以减少亮度和眩光（图 4.3.38）。

图 4.3.37　走廊端头的窗与内部空间形成强烈的明暗对比，造成眩光

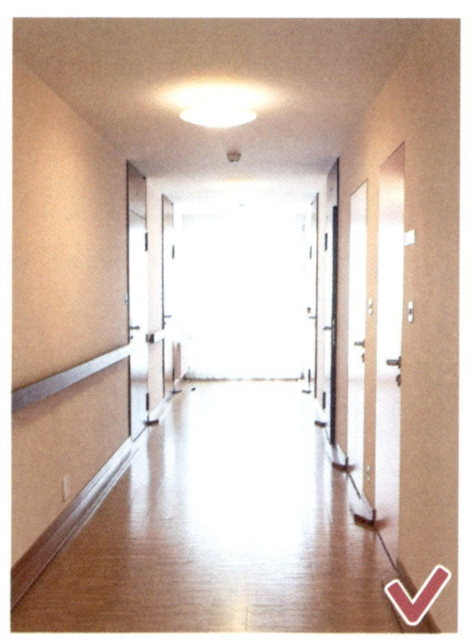

图 4.3.38　采用窗帘控制进光量，并提供补充照明，减少窗与走廊内部空间的亮度差异

▷ 采用恰当的灯具形式，避免光源直射入眼

老人居室睡眠区、公共浴室洗浴区、康复室按摩区，以及理发室洗头区的顶棚照明需注意避免对卧姿老年人造成眩光。在选择灯具形式时，不宜选用直射入眼的点光源（图 4.3.39）也不应使用光源直接裸露的灯具，要注意隐藏光源或将灯具安装在老年人视野范围外。在调研中发现，部分养老设施为了营造华丽的氛围环境，在老人居室睡眠区安装带透明遮光罩或裸露光源的装饰型灯具，产生眩光，给老年人眼部造成不适（图 4.3.40）。

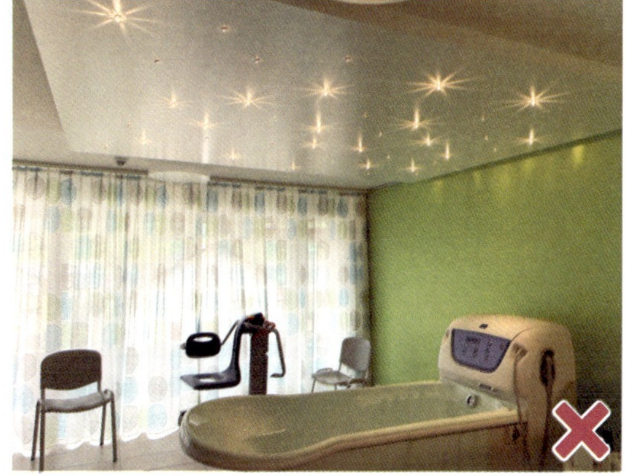

图 4.3.39　浴床上方星星灯不利于老年人躺浴

图 4.3.40　老年人卧室水晶吊灯和床头顶灯直射入眼产生眩光

室内光环境设计要点③

提供任务照明

▶ 提供适宜的任务照明

养老设施各空间中除了要提供良好的整体环境照明，还应根据实际需求设置适当的任务照明[1]。任务照明的照度要适当高于环境照明，以满足阅读、书写、手工等精细视觉任务以及梳洗、查找药品等日常生活的需求。设计时应从每项视觉任务的特点出发，考虑其发生的区域，所需的照明范围及亮度，从而配置合理、有效的照明灯具。

▷ 床头附近须设置专门的照明

在日常生活中，老年人有非常多的活动需要在床边或床上进行，如吃药、阅读等。当老年人卧床时，需要喂饭、清洗脸部和口腔等护理服务。为了满足这些活动或服务需求，床头附近应设置照明灯具。建议采用可调节高度和角度的灯具形式。照明的开关也应能单独控制，其开关位置及形式要易于老年人使用（图 4.3.41）。不宜采用占据床头柜过多面积的伞形台灯（图 4.3.42），固定式的床头壁灯也可能会因床的摆放位置变动而起不到作用，更不宜在床头房顶上方设射灯作为床头任务照明，容易产生眩光（图 4.3.43）。

图 4.3.41　可调臂的灯具便于灵活使用

图 4.3.42　伞形台灯无法调节光源角度

图 4.3.43　顶棚的射灯产生强烈的眩光

▷ 卫生间镜前区域应采用适当的照明形式

调研发现，部分养老设施在洗脸池正上方设置筒灯作为镜前灯，导致老年人站在水池前时面部产生强烈阴影，使老人更觉得自己面容不佳，产生不自信的感觉（图 4.3.44）。镜前灯宜安装在镜子上方或上部两侧，避开人站立时平视的范围。应选用带有遮光板的灯具，均匀照亮老年人面部。当镜前灯设在镜子上方时，灯具应安装在垂直于镜面以视线为轴的 60° 立体角以外，类似太阳光的角度（图 4.3.45）。当镜前灯设置在镜子的两侧时，两灯之间需要有一定的距离，以免光源离人眼过近造成眩光。同时还应注意避免灯具离镜子过近，光源反射到镜子中形成反射眩光。

图 4.3.44　当筒灯设置在水池上方时，容易因为身体遮挡而产生阴影

镜前灯安装在人视线60°范围以外

60°

图 4.3.45　上方镜前灯在人视线范围以外能更好地照亮脸部且不会产生眩光

1　任务照明（task lighting）：指为特定目的或任务提供的照明光源。

▷ 阅读、书画及手工活动区应提供专门的任务照明

养老设施的多功能厅、组团餐起空间、活动室等是老人开展阅读、书画、手工等活动的公共空间，仅设置环境照明有时并不能提供充足的亮度（图 4.3.46），还应在桌面、台面、沙发附近配置一些照明灯具，以满足更精细化的视觉任务需求。

例如：在活动室桌子上方采用高度可伸缩、位置可移动的悬吊式轨道灯，以根据不同的活动需求灵活调节照明位置，照亮相应的桌面使用区域（图 4.3.47）。书桌、沙发、座椅附近则可配置落地灯、台灯等，以便老人读书看报时使用，也有助于老人在围坐交谈时看清彼此的面孔（图 4.3.48）。落地灯或台灯光源高度要高于老年人坐姿时的视线高度，以免因自身遮挡而产生阴影，影响阅读。

要对光源进行有效的遮挡，避免裸露光源产生眩光，同时，还应避免灯光在桌面或纸张表面形成反射眩光。建议选择便于灵活移动和调节亮度的灯具，以适应每个老年人的使用需求。

图 4.3.46　书画室缺少任务照明且环境照明不足，老年人难以看清细节

图 4.3.47　桌面上方设有可移动、可升降的吊灯提供了良好任务照明

▷ 台面操作区应配置良好的照明

老人居室备餐区的台面经常涉及洗切水果、刷杯碟、找钥匙等动作，可在台面的上方安装灯具，以照亮水池和操作台面。如有吊柜，可在吊柜下方设置任务照明，选用带防护罩的灯具以防止老年人直接看到光源（图 4.3.49）。同时，在护理站、服务台、配药间等工作人员使用的区域也应设置任务照明，便于工作人员进行记录、查找资料、分配药品等。

图 4.3.48　沙发及座椅区设置落地灯，使交谈氛围更具温馨感

图 4.3.49　吊柜下方的灯带为操作台面提供良好的任务照明

室内光环境设计要点④

考虑夜间照明与过渡照明

▶ 老人居室应设置夜间照明，保证起夜时的安全

老人起夜时所需的夜间照明照度应能保证老人看清从床边到卫生间的路径，避免发生磕绊导致摔倒。夜间照明可设于低处，以便照亮地面区域，同时需避免光源直射人眼（图 4.3.50）。卫生间内也可设置低照度的夜灯，保证老年人看清坐便器与洗手池等设施。其位置可设置在较高处（例如设置在距地 2m 左右，高于老年人站立时的视线），以整体照亮卫生间内部（图 4.3.51）。

夜间照明的光源颜色建议采用暖色，避免采用蓝光、白光、绿光等亮眼光线，尽量减少对睡眠状态的干扰，保证老年人安全如厕。夜灯开关位置应方便老年人在床上时就可以轻松地开启，或者在起床时由运动传感器激活。

图 4.3.50　床边的低照度夜灯为老年人起夜穿拖鞋提供照明

图 4.3.51　安装在高处的夜灯通过柔和的光线照亮卫生间坐便器周边

▶ 设施出入口等过渡空间应注意光照水平的平缓过渡

老年人的明暗适应能力减弱，在室内外出入口、门廊、电梯出入口等容易出现空间内外照度变化的位置，应注意控制合理的照明水平，使相邻空间的光照能平缓过渡，以便老年人更好地适应明暗变化。

室内外出入口处的光线明暗变化是最为强烈的。白天，室外的光线亮度可能是室内亮度的 1000 倍[1]。夜晚，室内因开启照明而变得相对明亮，室外则相对黑暗。在设施出入口处的门厅、门斗及雨篷区域设置一定的照明有助于亮度的平缓过渡（图 4.3.52）。由于白天与夜晚的室内外亮度有差异，室内外过渡处所需提供的照度也会有所不同。照明灯具的照度应可调节，以便在白天提供相对高的亮度，晚上则提供相对低的亮度。

(a) 白天

(b) 夜晚

图 4.3.52
门厅、门斗及雨篷区的照明使室内外亮度变化相对平缓

1　参考自 Lighting and the Visual Environment for Seniors and the Low Vision Population: ANSI/IES RP-28-16[S]. New York:　Illuminating Engineering Society of North America, 2016: 25.

室内光环境设计要点⑤

注意照明效果，确保灵活可控

▶ 注意光源的色温和显色性，营造真实、舒适的照明效果

在公共餐厅、公共起居厅等老年人日常就餐及活动的空间，应采用高显色性的光源，以便让老年人更好地感知和识别空间环境和物品。

公共活动空间采用良好显色性的光源可使老人在开展游戏、手工活动时更容易识别色彩及图案。就餐空间采用适宜色温及显色性的光源，有助于呈现餐食的新鲜颜色，促进老人食欲（图 4.3.53）。不应采用色温过冷或过暖的光源，以免造成菜品颜色失真，使老人难以看清和分辨（图 4.3.54）。卫生间的光源也应有良好的显色性，便于老年人清楚观察脸部、身体以及排泄物的状况。

图 4.3.53
公共餐厅照明色温合理，显色性较好，创造温馨的就餐氛围

图 4.3.54
公共餐厅光源颜色不佳，显色性差，不利于促进老人食欲

▶ 应确保照明灵活可控，满足不同的使用及管理需求

养老设施中的多功能活动室、组团起居厅和走廊等公共空间的环境照明应能灵活控制和调节，以适应不同时段和场景下的使用及管理需求。例如，白天走廊中具有自然采光时，往往不需要人工照明，或只需开启部分灯具作为补充照明；到了晚间，则需开启更多的灯具以确保充足的照度；夜间老年人休息后，走廊照度可适当调低，以降低能耗（图 4.3.55）。

另外，组团起居厅的照明也应满足不同时段的使用需求。白天远离窗侧的空间应增补一定的照明，特别是桌面照度要均匀，促进老年人参与各项活动。到了晚间则应能适当调低照度，营造更为安静的环境氛围，以使老人情绪安定、缓和，有助于昼夜节律的平衡。

养老设施中有一些较大的活动空间会分隔成不同的区域各自独立使用，这些公共活动空间的照明也应能分区或分组进行控制和调节，以适应相应的照明需求。

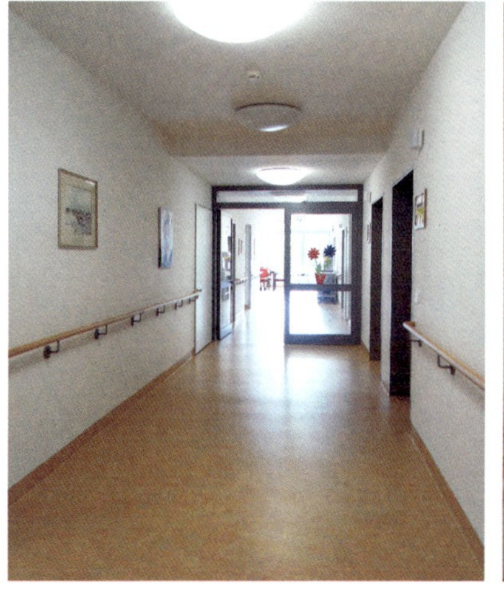

图 4.3.55　走廊的照明灯具可间隔开启，满足不同的照度需求

第 4 节

智能化系统设计

养老设施采用智能化系统的重要性

什么是养老设施的智能化系统？

近年来，定位手环、离床监测器等智能化设备已经越来越广泛地应用于养老设施。然而，目前大多数设备都局限于“单品智能”，未实现协调与联动，缺少整体性、系统性的设计与搭建。

养老设施的智能化系统是利用计算机、通信网络、自动控制等软、硬件技术，实现信息管理、安全防范、环境控制、照料护理、健康娱乐等服务的电子系统。

本节重点讨论的是养老设施中智能化系统的构成、分类、设备组成，以及智能化系统与建筑空间、运营服务的协同设计要点，具体包括相关用房如何布置、需预留何种空间、不同设备如何选择正确的安装位置、室内细节的设计有哪些要点等问题。

采用智能化系统的重要意义

保障老年人安全健康

通过智能化系统，养老设施员工能够实时监控入住老人的身体健康和生命安全状况，识别潜在风险，及时发出警报，有效避免因人为疏忽而造成的意外情况。

提升老年人生活品质

智能化系统可以辅助老年人进行文化娱乐、运动健身、康复训练等活动，为老年人提供多样化的社交形式，丰富老年人的精神文化生活，提升居住品质。

提升运营服务效率

通过引入智能化系统，养老设施可以有效提升护理服务质量、减轻员工压力负担，为提高运营服务效率提供有效的解决方案。图 4.4.1 所示是一种养老设施智能化管理控制平台的展示界面，员工通过它能够一目了然地掌握设施和老年人的实时状态。

近年来，中国针对养老设施智能化系统出台了一系列政策与规范标准。其中，《老年人照料设施建筑设计标准》中已明确要求养老设施设置智能化系统，涉及信息设施系统、公共安全系统、温度监测与调控系统和照护及健康管理平台；《养老服务智能化系统技术标准》进一步对各类养老服务设施中智能化系统的功能构成、系统架构、安装施工、运营维护等方面提出了综合性的建议。

随着信息技术的快速发展进步，实现系统性的智能化已成为养老设施未来发展的必然趋势。因此在建筑设计中，应积极引入智能化系统，并为相应的设施设备预留好空间和技术条件。

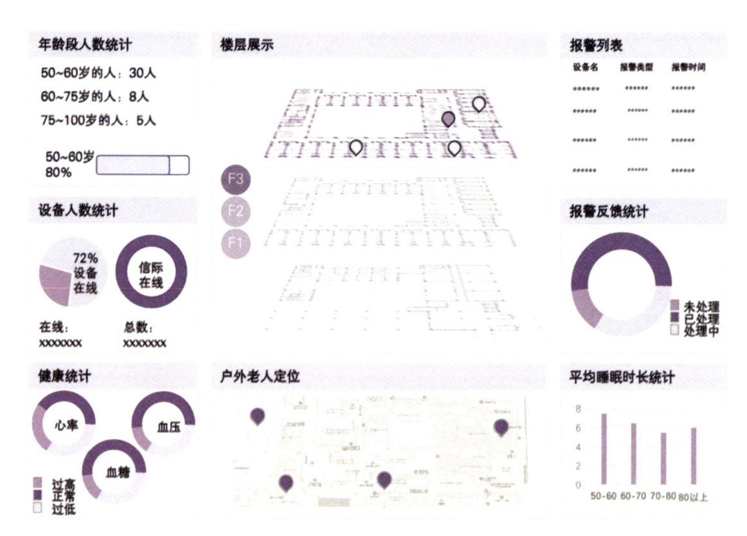

图 4.4.1　养老设施智能化管理控制平台实例

智能化系统的常见设计问题

▶ 操作方式不符合老年人的认知和生活习惯

一些养老设施单纯“照搬”了适合年轻人的普通智能化设备，然而，由于老年人有自己的认知和生活习惯，将学习成本较高的智能设备强加于他们很可能适得其反。例如，国内某旅居养老设施配备的智能坐便器采用了感应式冲水的技术，感应开关位置很难让老年人找到。此外，因开关布置在靠近洗手池一侧，老年人洗手时容易误触。这种对智能化设备的误用不但浪费水资源，而且意外的冲水声还容易对老年人造成惊吓（图 4.4.2）。

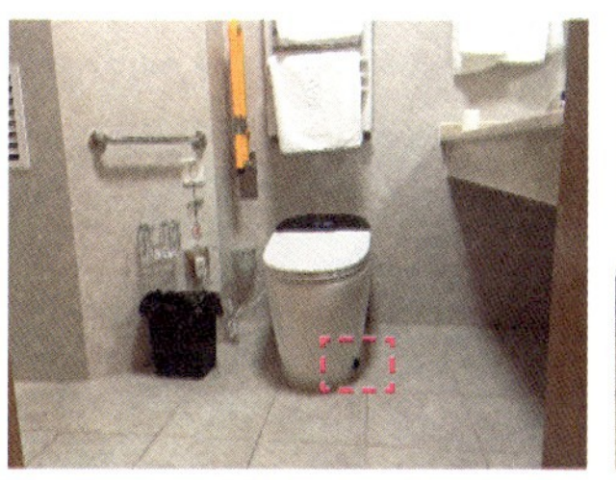

图 4.4.2　智能坐便器感应开关老年人难以找到且容易误触

▶ 集成式面板选项过于复杂

由于各项身体机能的衰退，老年人在操作较为复杂的设备控制面板时往往会遇到较大的困难。调研时发现，部分养老设施采用了集成式的开关面板，看似融合了多种功能，但大多数老年人都很难看清和记住上面按钮与功能的对应关系，导致每次使用时都是对智力的考验（图 4.4.3）。

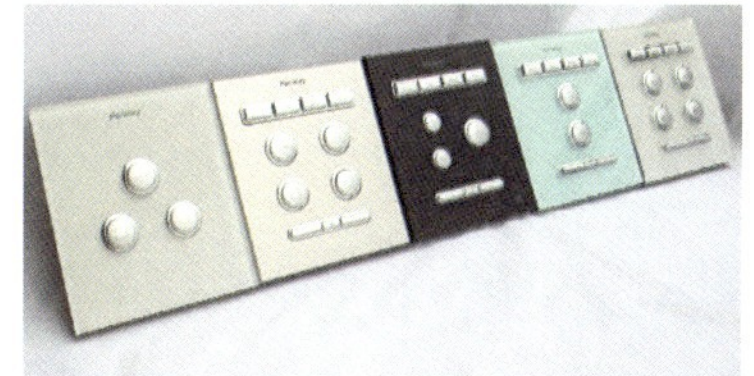

图 4.4.3　部分设施采用的开关面板过于复杂，老年人操作困难

▶ 监控设施设备暴露老年人隐私

在一些设施当中，为方便员工查看，同时兼具展示功能，将智能监控设备的显示屏幕安装在了门厅这种较为公共的空间当中，使老年人的身份信息、健康状况、监控画面等暴露在外，侵犯了老年人的隐私，并且容易造成安全隐患（图 4.4.4）。

图 4.4.4　某设施智能信息屏幕安装在大厅，老年人的隐私被泄露

▶ 自动控制设备展示性大于实用性

目前市场上养老智能化系统“重技术、轻需求”的现象仍然存在，无论是设备厂商还是养老设施在使用智能化设备时都更倾向于展示亮点，用作“噱头”，但实际使用频率很低。例如，我们在调研中了解到，一些养老设施在老人居室当中采用了可以自动控制开闭的窗帘，不少自理老人在使用后均表示“不太适应”，原本手拉一下能够轻松解决的事情，现在为了开个窗帘还得找遥控器，这种自动控制反而让人觉得麻烦（图 4.4.5）。

图 4.4.5　需要手机操控的智能自动窗帘

智能化系统的层级划分

智能化系统的层级结构

根据养老设施建筑单元化、组团化的空间结构特点，其中的智能化系统通常划分为三个层级，即对应整个养老设施建筑的中央控制端，对应每个功能分区的分布控制端，以及对应每个具体功能空间或个人的终端，其层级关系如图 4.4.6 所示。

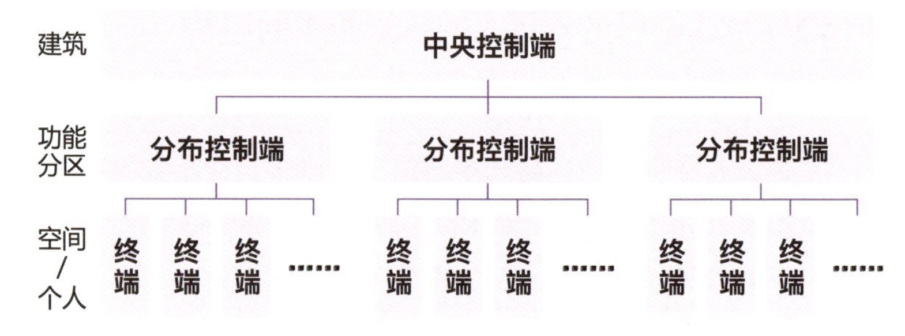

图 4.4.6　养老设施智能化系统的层级关系

各层级智能化系统的形式、功能与位置分布

在养老设施的建筑空间当中，智能化系统的上述三个层级分别体现为中控室、分控台和设备终端，其形式、功能和位置分布特征如下（图 4.4.7）。

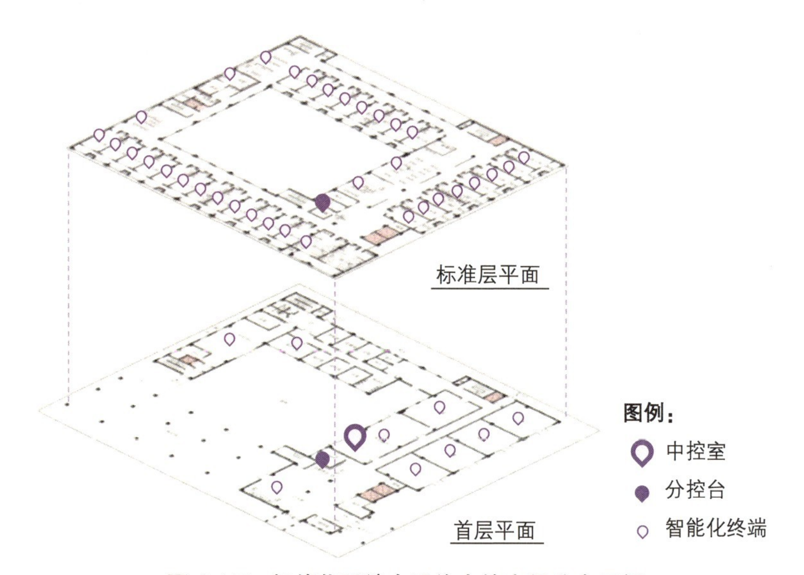

图 4.4.7　智能化系统在设施中的空间分布示例

中控室

形式： 集中安放网络信息、资源能源、安防消防等各类中央控制系统主机、操作面板和监控屏幕等设施设备的独立房间，需要全天 24 小时有人值守。

对于空间紧张的小微设施，可利用移动控制设备取代专用房间，或通过远程控制手段利用一间中控室实现多家设施的统一控制，以节约空间和人力。

功能： 对设施内的智能化系统进行总体控制、实时监测，并作出统一部署，具体涉及消防和安防系统的监控、网络信息设备的管理与维护、资源能源系统的调节与控制、老年人和员工的各项数据指标监测等。

位置： 宜位于建筑首层或地下一层靠外墙的部位，疏散门直接面向室外或安全出口[1]。通常与员工值班办公用房相邻设置，以方便员工间的沟通联系和相互支持（图 4.4.8）。

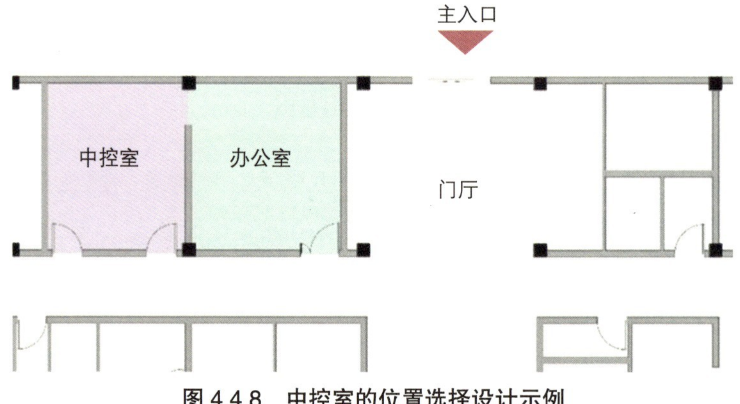

图 4.4.8　中控室的位置选择设计示例

1 《建筑设计防火规范》GB 50016—2014（2018 年版）第 8.1.7 条对消防控制室的设置规定。

▷ 分控台

形式：通常为分设在各个服务分区当中的固定式控制面板。

有时也采用移动设备作为载体，由员工随身携带，与固定设备联动，便于随时随地进行控制操作，提高响应速度和服务效率。

功能：上传本控制分区的信息，下达中控室的要求。对本控制分区内的各类设备终端如空调机组、照明灯具、监控探头、呼叫器等进行控制、管理和应答。

位置：分控台宜与各个照料单元、楼层或功能分区当中的服务台或护理站结合设置，以方便员工直接控制本服务分区当中的各类设备终端，增强区域环境的可控性和服务需求响应的及时性（图 4.4.9）。

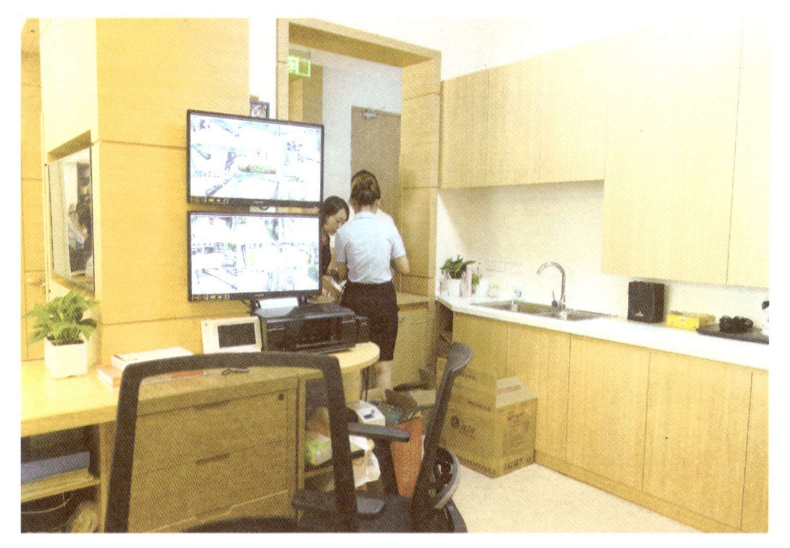

图 4.4.9　某养老设施的分控台

▷ 设备终端

形式：通常为具有控制、感应、记录、交互等功能的电子设备，根据其与建筑空间之间的关系大致可分为三类：

① **固定安装类：**典型案例包括操控开关、固定式呼叫器、监控摄像头、红外感应灯、智能床垫等。

② **随身穿戴类：**典型案例包括随身式呼叫器、定位手环、智能腕表、门禁卡片等。

③ **移动交互类：**典型案例包括护理机器人、陪伴机器人、体感游戏设备等。

功能：控制设施设备、感应环境变化、采集分析数据，与老年人进行交流和互动。

位置：除固定安装类设备需要在空间界面预留强弱电点位外，其余设备终端的使用基本不受位置影响（图 4.4.10）。

智能床垫
离床感应器

便携求助
呼叫按钮

可视电话
终端

防走失
感应手环

多媒体
娱乐终端

多功能
便携式呼叫器

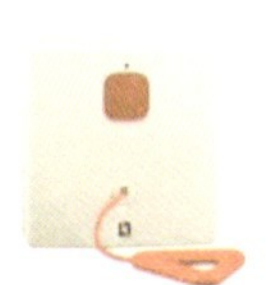

固定式
呼叫器

红外线
运动探测器

图 4.4.10　智能化设备终端举例

智能化系统的设计原则与发展趋势

智能化系统的设计原则

安全可靠

智能化系统设计需关注入住老人、员工、来访者等人员的人身安全、财产安全、隐私安全，以及设施设备的运行安全和信息安全，确保没有安全漏洞和安全隐患。

重视系统的可靠性，避免设备故障、停电、断网等突发情况对老年人的日常生活和设施的运营服务造成严重影响。

注重实用

在为养老设施引入智能化系统时应注重设施设备的实用性，切实发挥其在保护老年人安全健康、改善老年人生活质量和提高设施运营服务效率等方面的作用，为养老设施创造价值。避免仅仅作为宣传噱头和展示道具，造成资金和资源的浪费。

易于使用

智能化系统的设计应易于老年人和员工学习掌握使用方法，快速上手进行操作。避免采用学习成本过高、操作流程过于复杂、理解难度较大的技术路线，以免影响学习和使用的积极性。

设施设备的选型应充分考虑老年人的身心特点，选用具有标识清晰醒目、按键简洁明确等适老化设计特征的产品。

便于改造

养老设施建筑的设计寿命通常为 50~70 年，但高新技术的更新迭代周期约为 2~3 年，为保证设施当中的智能化系统能够跟上时代进步，设计时应留有日后升级改造的余地，以保证在需要时能够方便地对相关软硬件设施进行更新。

智能化系统的发展趋势

过去的几十年里，国内外养老设施智能化系统先后经历了“中央控制”和“分布式感应”的发展阶段，在这一过程当中，无论是决策的智能化程度还是控制的自动化程度都得到了显著的提升。随着“万物互联”时代的到来，养老设施的智能化系统将迎来又一次迭代，借助物联网、区块链、大数据、云计算、虚拟现实和人工智能等技术，实现从单品智能到系统智能的变革（图 4.4.11）。

“中央控制”阶段

- 半智能
- 手动操作
- 人工控制与决策

通过建立中央控制系统，并将其与各类设备终端相连，实现对多样化设备的整合控制。

“分布式感应”阶段

- 单品智能
- 半自动操作
- 传感器控制与决策

通过引入传感器设备，并将其与控制系统相连，实现了对部分控制需求的自动识别与实时响应。

“万物互联”阶段

- 系统智能
- 全自动操作
- 人工智能系统控制与决策

通过引入人工智能算法，利用大数据实现对当下情况的智能判断与决策，给出最恰当的解决方案。

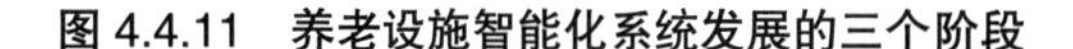

图 4.4.11　养老设施智能化系统发展的三个阶段

养老设施智能化系统的构成

基于使用者需求的养老设施智能化系统构成方式

根据使用者需求，可知养老设施智能化系统的分类方式并不唯一。本节从养老设施建筑中的三类主要使用人群——管理者、护理员和老年人的使用需求出发，将智能化系统划分成了管理安全、生活照料、健康娱乐三个子系统（表 4.4.1）。

养老设施智能化系统的三个子系统　　表 4.4.1

子系统名称	管理安全系统	生活照料系统	健康娱乐系统
设置目的	实现对老年人和设施信息的管理，保障老年人及各个空间的实时安全	提高护理效率，提升护理质量；降低建筑能耗，保证环境舒适	辅助老年人进行活动，提供针对性的娱乐内容，提升老年人生活品质
主要用途	**管理监控**：通过大数据信息系统，对设施入住老人的信息进行管理；通过电子门禁、智能巡更等设备，判断设施内是否有人入侵，以保证财产与生命安全 **防灾报警**：通过各类传感装置收集设施内的环境监测信息，及时判断火灾等危险情况的发生，并进行报警和控制防灾设备的自动开关	**物理环境控制**：通过分散的传感装置和集中的控制开关相结合，对设施内空调及其他设备进行智能调控，提供给老年人舒适的居住环境同时避免能源的浪费 **智能照料辅助**：通过手动呼叫和自动监测等设备，掌握每位老年人日常生活和体征情况，及时了解老年人的护理需求和健康状态，提升护理质量，同时减轻护理员的工作压力，提高护理效率	**运动康复辅助**：通过多样的健康运动设备，保证老年人的锻炼活动；通过智能传感装置，对老年人的运动过程进行监测与指导，辅助老年人的康复训练 **多媒体娱乐**：通过有线多媒体、无线互联网、人工智能、虚拟现实等技术和终端，满足老年人的精神文化需求，丰富老年人的生活体验
典型应用场景	 管理监控与防灾报警设备	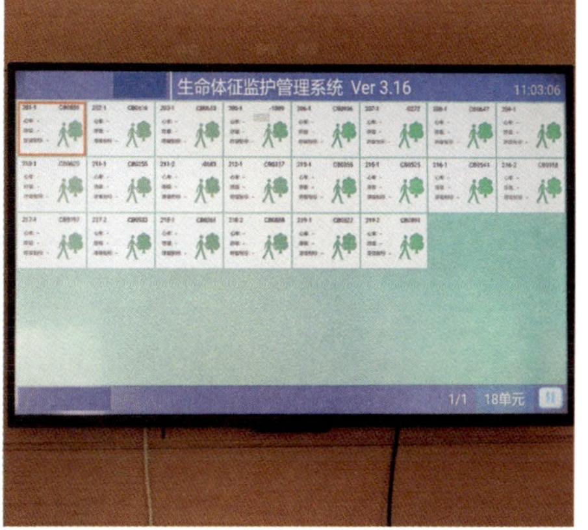 智能照料辅助系统	 运动康复辅助设备

管理安全系统的设计与应用

管理监控系统的特点

养老设施的管理监控系统设计应注意老年人的身心特点和不同护理程度的需求特征，例如电子门禁的高度应便于使用轮椅的老年人触及，重度护理区的视频监控设备应实现更加全面的覆盖。

视频监控系统应合理布置与选型

视频监控系统由前端摄像机、后台管理软件及显示设备组成，可对养老设施中的主要公共区域进行视频监控。前端摄像机通常布置在走廊、出入口、电梯轿厢、起居厅、活动室等老年人经常活动的空间当中。监控画面可显示在中控室（图 4.4.12）、分控台或移动设备的屏幕上，以方便员工随时随地掌握设施内各个空间的情况，及时发现和处置问题（表 4.4.2）。

视频监控终端布置要点　　表 4.4.2

监控终端安装位置	前端摄像机选型建议	布置要点
出入口、电梯轿厢、公共走廊等	醒目的摄像头：带来威慑性与安全感	公共空间无死角 注意维护、平稳运行
公共起居厅、餐厅、活动室等	隐蔽的摄像头：削弱监视感	重度护理区重点监控 轻度护理区适度监控 注意老年人的隐私保护

图 4.4.12　国内某养老设施的监控室设计实例

电子门禁系统应便于老年人操作

智能电子门禁系统能够识别来访者身份，控制门的关闭与开启，有效避免陌生人随意进入，保障出入安全，提高建筑的管理效率。在养老设施当中设置电子门禁设备时，应留意操作面板的安装高度，使自主行走的老年人和使用轮椅的老年人都能方便使用。操作面板设计应考虑适老化，并提供局部重点照明，以便于老年人看清文字和按键（图 4.4.13，表 4.4.3）。

电子门禁设备布置要点　　表 4.4.3

门禁设备安装位置	门禁设备的识别方式	布置要点
建筑出入口、组团出入口、老人居室，以及不希望老年人日常使用的交通空间和后勤空间	密码或口令 刷卡、智能手环 指纹或人脸识别	安装在适宜高度 提供重点照明 形式清晰醒目

图 4.4.13　某养老设施入户门禁设备的设计实例

▶ 养老设施防灾报警系统的特点

在火灾、地震等灾害发生时，运用防灾报警系统，养老设施能够更早地发现和报告灾情，及时采取处置措施，启动应急防灾设备、通知抢险救灾单位、抑制灾害恶化蔓延，保证生命财产安全。因此，为养老设施设计一套合理、高效的智能化防灾报警系统至关重要。

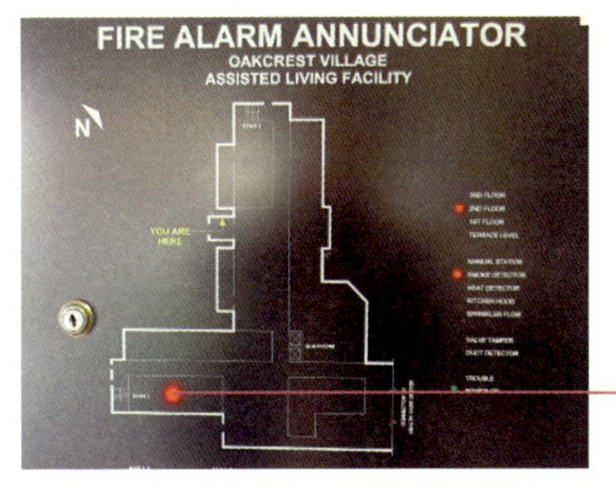

图 4.4.14 火灾报警指示面板

▶ 组成防灾报警系统的智能化设备实例分析

▷ 火灾报警指示面板

在养老设施的主要交通空间设置指示面板（图 4.4.14），当发生火灾时，面板平面图上对应起火地点的指示灯会亮起，提醒人员选择远离起火地点的路线进行疏散。

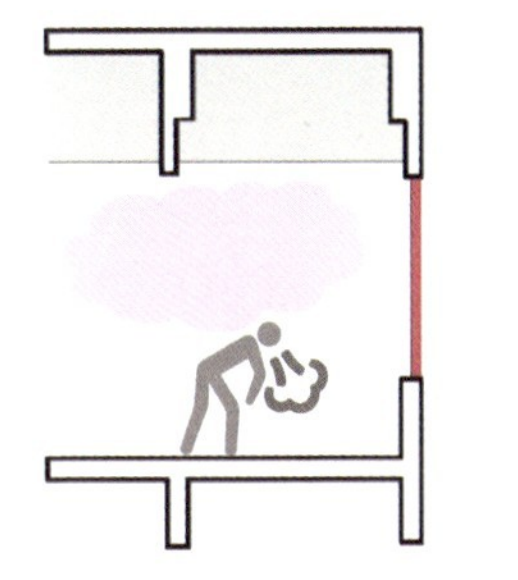
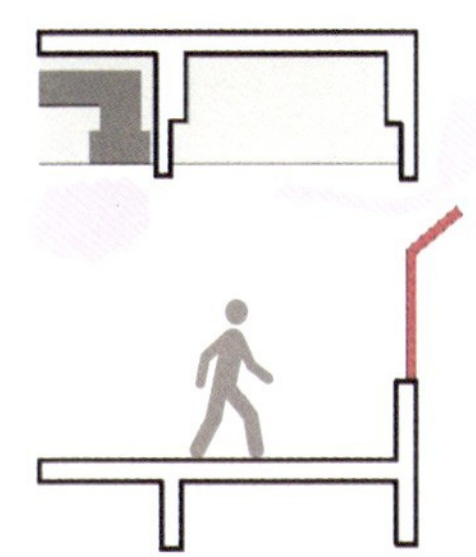

图 4.4.15 感应器联动控制器启动机械排烟或打开自动排烟窗

▷ 自动排烟窗

当发生火灾时，自动排烟窗的探测器可以联动控制器，将上方窗扇开启，以及时将烟气排出室外，避免人为操作不及时（图 4.4.15）。

▷ 自动开闭的防火门

磁吸式开关防火门，可以自动控制开闭。平日里保持开启，当火灾发生时可自动关闭，及时阻止烟气扩散（图 4.4.16）。

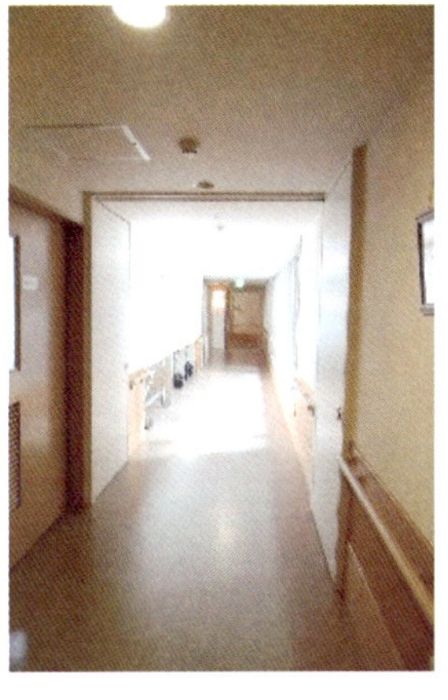

图 4.4.16 可实现自动开闭的防火门

TIPS：防灾报警设备应注意防止认知症老人误触

安装在墙面上的智能防灾报警系统按钮高度通常设置在 1500mm 左右，这样比较方便附近人员在发生紧急情况时及时触碰进行报警。但与此同时，也还需要避免发生认知症老人误触的情况。设计时可使用带有磁性的透明亚克力盖子将按钮罩住，报警时需要先打开盖子再按下按钮，这样即可有效避免误报（图 4.4.17）。

图 4.4.17 日本某设施消防报警按钮，用透明盒子罩住防止误触

生活照料系统的设计与应用

生活照料系统的工作架构

信息收集装置		定位装置		本地控制响应平台		远程平台
固定式呼叫器 佩戴式呼叫器 佩戴式生命体征仪 离床、尿湿检测器 摔倒报警装置 ……	⇨	各个居室 主要入口 走廊空间	⇨	中控室：对老年人的照料状态进行统一监控，集中分析、处理老年人的相关数剧 分控台：收集本组团内老年人的照料状态数据，上传到中央控制室，并对中央控制室下达的指令进行响应 设备终端：供护理人员通过平板电脑或智能手机上的应用程序随时掌握入住老人的状态并采取必要措施	⇨	远程监测平台 远程医疗平台 家属终端

图 4.4.18　生活照料系统工作架构示意图

生活照料系统的工作原理

图 4.4.19，图 4.4.20 以老年人安全状态的实时监测为例，展示了生活照料系统应用前后的工作状态。

▷ 及时发布危险情况预警

通过对老年人身体和活动状况进行分析，发现潜在安全隐患，及时采取必要的应对措施，预防危险事故发生。

▷ 第一时间发送报警信息

在危险情况发生时，系统能够在第一时间向护理人员的终端发出报警信息，极大缩短响应时间。

▷ 高效处置危险事故

智能化系统能够在发现危险事故后立即采取必要的处置措施，或给出推荐的处置方案，提高危险情况的处置效率。

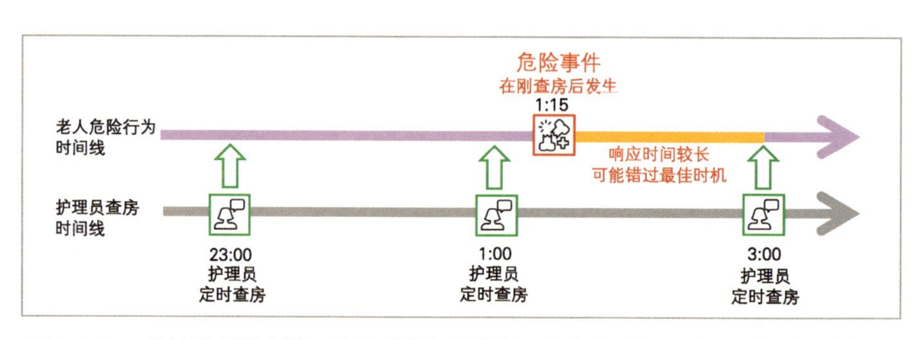

图 4.4.19　传统护理模式护理员定时查房可能出现响应不及时，错过最佳时间的情况

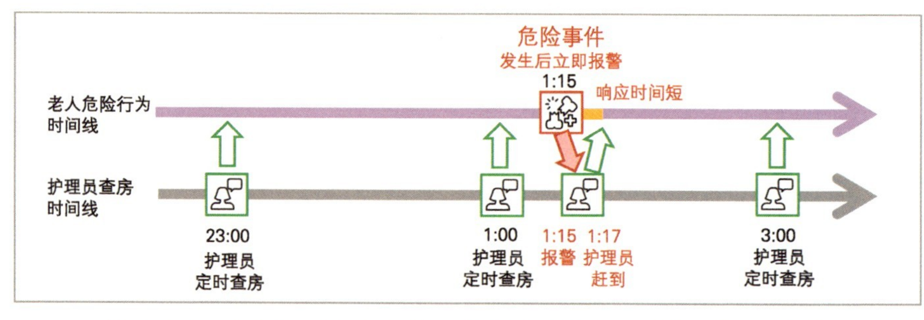

图 4.4.20　智能化系统可以减轻护理员查房压力，更快响应危险事件

传感器设备的设计要点

呼叫器的选型要点

呼叫器是养老设施当中应用最为广泛的生活照料设备，其选型应与空间特征相匹配。在老人居室、公共卫生间、电梯轿厢等面积较小或无线网络信号不佳的空间内，宜采用固定式的呼叫器，保证设备的可及、可靠；而在无线网络信号良好且面积较大的室内外空间，则建议采用固定式呼叫器与穿戴式呼叫器相结合的设备配置策略，以方便老年人在任何位置都可实现呼叫。

智能照明设备的设计要点

智能照明设备可通过传感器实现灯具开关的自动控制，养老设施当中最常见的智能照明设备是老人居室内的感应夜灯，考虑到老年人对光线明暗变化较为敏感，设计时需特别注意以下要点：

- 夜灯的安装位置和照亮范围应注意避免影响老年人睡眠。
- 卫生间同时设置常亮的夜灯和感应灯，既能避免其中一个灯失灵带来安全隐患，又可以缓解明暗变化带给老年人的视觉刺激（图 4.4.21）。
- 根据老年人需求选择适宜亮度的夜灯，以提高照明舒适度。

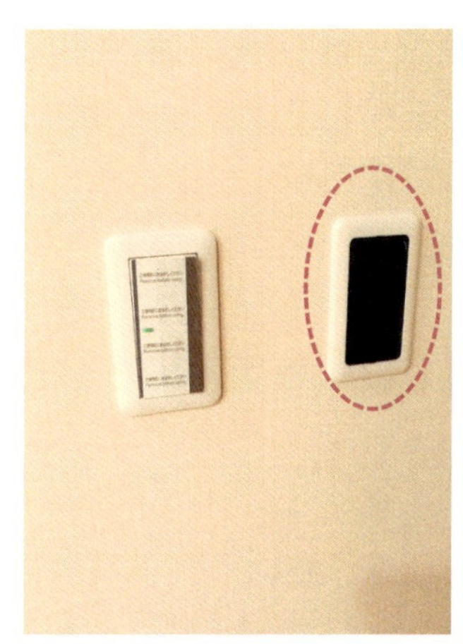

图 4.4.21　卫生间两个感应灯组合设置

传感器的通用设计要点

- **设定适宜的感应范围**：例如设置双层自动门的门斗，两道门之间要保持足够的距离（图 4.4.22）。如距离太近，刚进第一道门时，第二道门的红外线传感器容易同时被触发，使得内外门同时开启，无法阻隔沙尘和冷风灌入。
- **设置适宜的感应灵敏度**：养老设施智能化设备的传感器灵敏度应适中，既要避免灵敏度过高导致设备频繁开关缩短寿命浪费能源，又要避免灵敏度过低导致设备难以识别环境变化。
- **避免外部环境的干扰**：部分传感器设备容易受到电磁场及其他外部环境的干扰而导致失准或失效，例如红外线传感器就极易受到金属材质的物品的干扰，影响其传输距离。因此在设计当中，应协调好传感器与结构构件、电器设备等元素的位置关系，以确保其能够正常发挥作用。

图 4.4.22　设有双层自动门的门斗，两道门之间应保持足够的距离

健康娱乐系统的设计与应用

运用智能健身设备，精确指导老年人开展运动

带有多种传感器的智能化健身训练设备，可以对老年人的运动过程进行实时监测，及时矫正动作错误，辅助老年人更科学地运动和康复。例如，荷兰某老年康复护理中心使用了设有投影和传感器的步态训练走步机辅助老年人运动（图 4.4.23）。

该设备通过投影在跑道上打出脚印、障碍等图像，虚拟地给出“训练任务”。使用者行走时，需根据要求完成踩脚印、跨障碍等动作，才能被视为完成任务。运动中传感器会实时记录下使用者的步态是否标准并给出评价，便于护理员了解老年人的康复状态，调整后续计划。

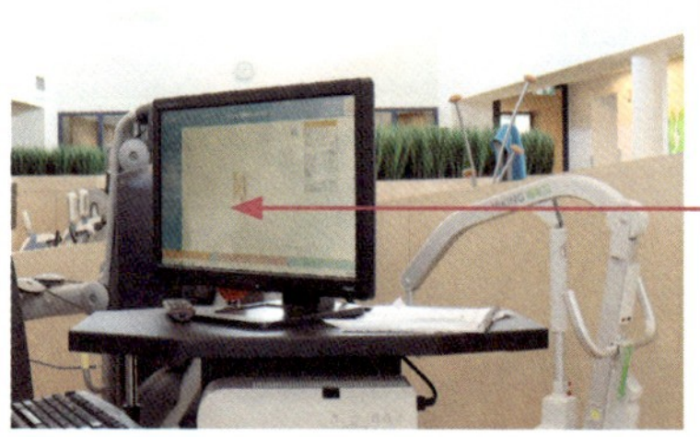
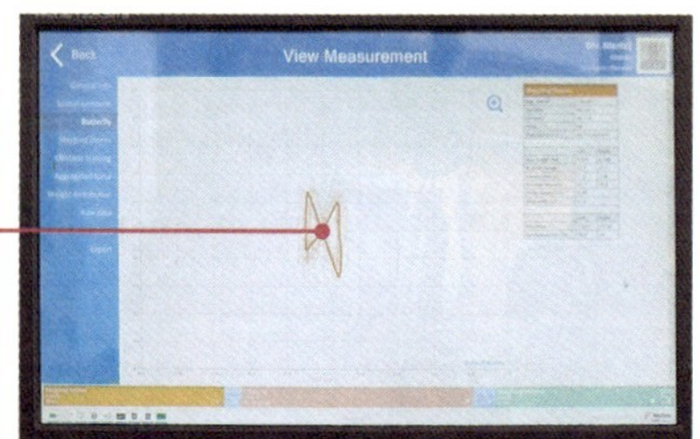

图 4.4.23　设有投影和传感器的步态训练设备

运用智能体感游戏，辅助老年人进行康复训练

智能体感游戏和相关设备，可以利用精心编写的训练程序引导老年人进行康复训练，相比于护理员带领操课的传统康复方式更有趣味性和激励性。例如，荷兰某老年康复护理中心使用了“蚂蚁过桥”游戏训练老年人手眼协调能力和膝关节力量（图 4.4.24）。

图 4.4.24　利用智能体感游戏“蚂蚁过桥”进行康复训练

该游戏的屏幕两侧随机出现搬运食物的蚂蚁，它们的目标是把食物搬运到屏幕中心的蚁巢中。搬运途中存在两处断崖，玩家的左右小腿分别绑定传感器控制两块石头，必须在合适的时间将小腿抬起，才能将石头升起，为蚂蚁铺路，并且必须坚持一小段时间才能保证蚂蚁顺利通过。此类游戏让老人情绪积极，愿意主动配合训练。

空间设计、设备选型应注重可变性、通用性

智能康复运动设备使得老年人在设施室内锻炼成为可能。在设计中，应注重设备选型的通用性，比如同一块电视屏幕可以分时利用，既作为观看节目用途，也作为健身体感游戏的显示器用途。同时，在设计中还应注重空间设计的可变性，比如公共起居厅内电视前的沙发应当能方便移走，以便于老年人需要跟着智能游戏设备运动的时候，可以获得足够的活动空间。

公共区域设置多媒体影音终端

多媒体影音终端包括显示器、扩音器等设备，宜设置在养老设施中主要的共享空间（图 4.4.25）。

一方面，通过播放设施信息等画面，能够提高来访者对设施的了解程度，让老年人及时接收通知公告；另一方面，通过播放新闻节目、娱乐节目甚至商业广告，也可以让老年人接触外界大众的生活，了解最新的社会动态，避免与时代脱离。

多媒体影音终端的重点安装位置

① 各楼层出入口

② 电梯轿厢内及走廊

③ 公共起居厅、就餐空间

④ 办公室与后勤空间

图 4.4.25　多媒体影音终端的重点安装位置

智能机器人作为老年人的“玩伴”

随着人工智能技术的日趋成熟，智能机器人对使用者的指令理解得更加准确和深入，做出的反馈也更加富有交互性。现在有越来越多针对老年人的智能机器人，可以实现与老年人交谈（图 4.4.26）、陪伴老年人生活、辅助护理、远程沟通等多重功能。

考虑到日后智能机器人在养老设施当中的广泛应用，建筑设计应预留好相应的条件，例如保证地面平整无高差，在老人居室床边留足机器人通行和操作的空间，预留电源点位等。

图 4.4.26　日本某养老设施的智能机器人

运用虚拟现实设备，开拓老年人的视野

虚拟现实技术（VR）是一种可以创建和体验虚拟世界的计算机仿真系统，它生成一种模拟环境，利用头盔显示器等终端使用户沉浸到该环境中。VR 技术优势在于可以在老年人居住的场所使用，使存在身体机能和认知功能障碍的老年人不必实际前往目的地，就能够实现看遍全世界的愿望。借助 VR 设备，老年人可以打破实体空间的限制，在虚拟现实的环境中欣赏美景、参与互动游戏、找回自己年轻时的记忆，不仅能够极大丰富老年人的生活，而且还有助于预防和延缓认知能力的衰退。例如美国梅普尔伍德养老院运用 VR 技术，将一位老年人“带”回了她几百公里以外的家乡，跟她的伙伴们一起观看新鲜的蓝莓是如何在农场中种植、收获，这让老年人在回忆过去的同时收获了快乐和慰藉。

第五章　建筑构件专题

本章所述的建筑构件，指的是养老设施建筑的主要构成要素，包括楼（屋）面、墙体、门、窗和扶手等。建筑构件是组成功能空间的基本元素，也是使用者与建筑进行交互的对象，其选型设计的合理性，不仅影响着空间环境的舒适性和老年人日常生活的便利性，还关系到设施的运营成本和服务效率。

然而调研发现，现阶段养老设施中构件选型普遍存在问题。究其原因，一方面，部分设计师对养老设施中构件的特殊性认识不足，常照搬其他类型建筑中构件的形式；另一方面，有些设计师在设计的最后阶段才考虑构件的问题，使得构件选型受限较多。所以，本章将以专题的形式，系统地探讨建筑构件设计选型的思路和注意事项。

本章内容共有三节，分别挑选了门、窗和扶手这三类最容易出现设计问题的构件，详细阐述了其在养老设施中的重要意义和特殊性，列举了常见的设计错误，分析了构件设计选型的思路和关注要素，最后归纳了各空间中相应构件的选型设计要点。

CHAPTER.5

第 1 节

门

5-1 养老设施中门的重要性

为什么要重视养老设施中门的设计？

门是最常见的建筑构件之一，其主要功能是建立不同空间的动线联系，让使用者可以从一个区域穿行到达另一个区域。养老设施中，门在不同的使用情境下发挥着非常多元的作用。选择恰当的门不仅有利于使用者便捷通行，加强老年人生活的自主性，还能够提高养老设施的管理和服务效率，降低运行成本。因此，在设计中应给予门足够的重视和精细化的考量。

养老设施各空间中门的主要功能

养老设施中门的功能与其所在的位置有关。不同空间中的门所需应对的使用需求不同，承担的功能也就有所区分。养老设施中常见空间门的功能如表 5.1.1 所示。

养老设施中常见空间门的主要功能描述　　表 5.1.1

门的位置	建筑出入口门	公共活动空间门	老人居室门	卫生间 / 浴室门	管理室 / 办公室门	厨房 / 洗衣房门	走廊 / 楼梯间防火门
示例图片	(a)	(b)	(c)	(d)	(e)	(f)	(g)
主要功能	• 管理内外人员进出 • 保持门厅室内物理环境的相对稳定，冬季防止风沙进入建筑内	• 划分空间区域，隔绝声音，避免不同活动之间的相互干扰 • 限定制冷或制热的空间范围，降低设备能耗	• 划定私密空间与公共空间的界限，保护老年人隐私，提供安全感 • 保持老人居室内物理环境的相对稳定	• 保护老年人如厕、洗浴过程的隐私 • 阻挡异味、水蒸气等蔓延到其他空间中	• 为工作人员提供相对私密、安静的工作或休憩环境，使其免受打扰 • 保持办公室内物理环境的相对稳定	• 将厨房、洗衣房等辅助服务空间与老年人活动空间分隔开，避免老年人误入 • 隔声降噪，阻挡异味的蔓延	• 划定防火分区，火灾发生时延缓火势蔓延的速度，为救援争取时间

养老设施中门的特殊性

养老设施中的门需要有哪些特殊的考虑？

需要符合老年人的身心特征

随着身体活动能力和认知能力的衰退，老年人在使用门的过程中会面临很多问题。例如因力量减弱而难以拉拽开启较沉的门扇，或容易在开关门过程中被门扇牵引而失去身体平衡。一些认知症老人可能难以认清或找不到房间的门。为了确保老年人使用时的安全及便利，养老设施中的门应结合不同身体条件老年人的生理和心理特点，有针对性地进行选型设计。

需要满足特定设备的通行要求

养老设施中有很多特定的设施设备，比如老年人使用的助行器、轮椅，紧急救助时转运老年人的急救担架、医疗床，工作人员使用的送餐车、分药车，以及为老人提供床边医疗服务的各类设备等。不同设备尺寸不同，进门的方式存在差异，养老设施门的净宽尺寸及开启方式要考虑这些设备能否方便地通过及使用。如图 5.1.1 所示，养老设施中常见的轮椅有多种类型，不同轮椅以不同角度进入卫生间时，对门的净宽有不同要求，设计时应予以综合考虑。

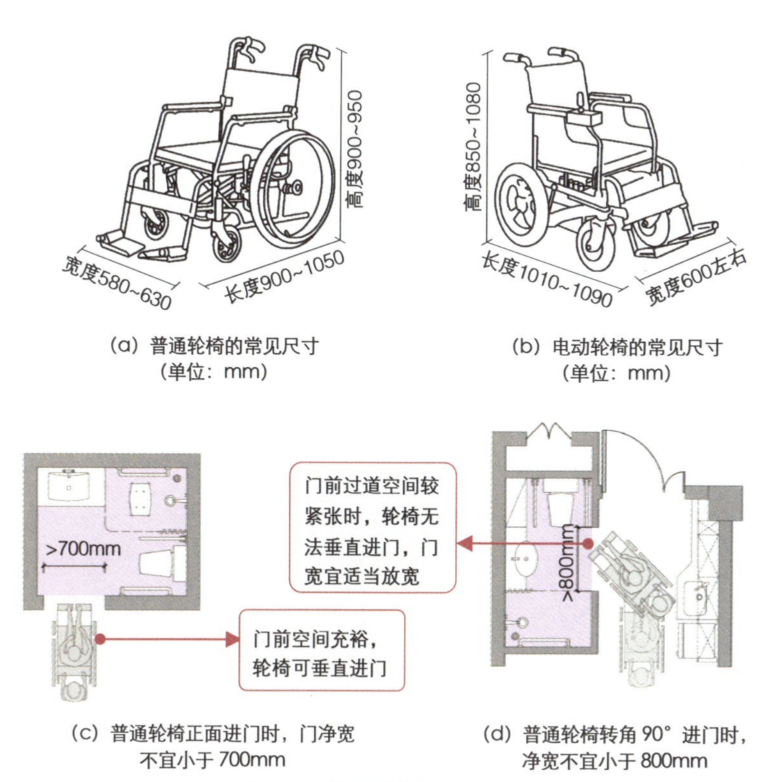

(a) 普通轮椅的常见尺寸（单位：mm）

(b) 电动轮椅的常见尺寸（单位：mm）

(c) 普通轮椅正面进门时，门净宽不宜小于 700mm

(d) 普通轮椅转角 90° 进门时，净宽不宜小于 800mm

图 5.1.1　常见类型轮椅及不同通行方式对门的净宽尺寸要求

需要考虑运营管理的成本和效率

养老设施中的门需要契合设施的服务管理需求。调研时发现，门的设计是否得当会对运营成本和工作人员的服务效率产生影响。例如一些养老设施送餐流线上的门开启宽度不足或门扇形式不佳，给工作人员推行送餐车造成不便，从而影响了送餐效率，增加了送餐人员的工作量（图 5.1.2）。有的设施中厨房门、洗衣房门的选型未考虑餐车、推车进出时的频繁开闭或碰撞，极易使门损坏，增加了维护成本。

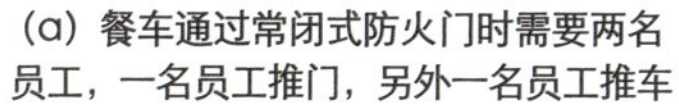

(a) 餐车通过常闭式防火门时需要两名员工，一名员工推门，另外一名员工推车

(b) 门的宽度较窄时，餐车需小心翼翼通过，以避免通过时撞到门框

图 5.1.2　门的宽度和形式给推行送餐车造成不便，降低护理效率

门的常见设计问题

▶ 养老设施中门的常见设计问题分析

调研发现，养老设施中的门是设计问题爆发的重灾区。一方面，设计师对养老设施中门的特殊性认识不够，在选型时难以周全考虑到门及周边空间的真实使用场景；另一方面，门的问题通常具有一定的隐蔽性，在设计图纸检查阶段往往难以发现，直到设施投入使用后才会显现。

从调研结果看，门的设计问题主要有以下几种类型。

▷ 问题①　门扇开启干扰周边空间的使用

部分设施在选择门的位置和开启形式时，未考虑到门的开启扇与周边环境的关系，致使门的开启影响门边空间的利用。如图 5.1.3a 所示，公共活动室采用了外开门，900mm 宽的门扇开启后，占据了走廊近一半的宽度，严重影响了走廊中人流（特别是乘坐轮椅的老人）的通行，此外开启扇对通行人员视线的遮挡也会带来潜在的安全隐患。图 5.1.3b 中，老人居室门侧布置有水池和柜体，居室门开启后会挡住水池前方，给使用带来不便。

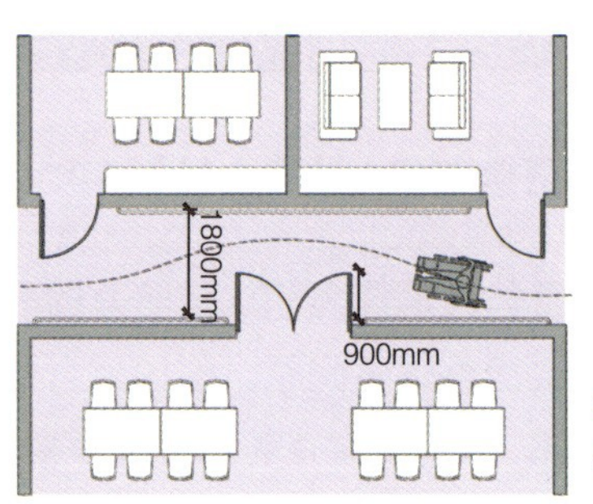

（a）活动室门开启后占据近一半走廊宽度，影响通行

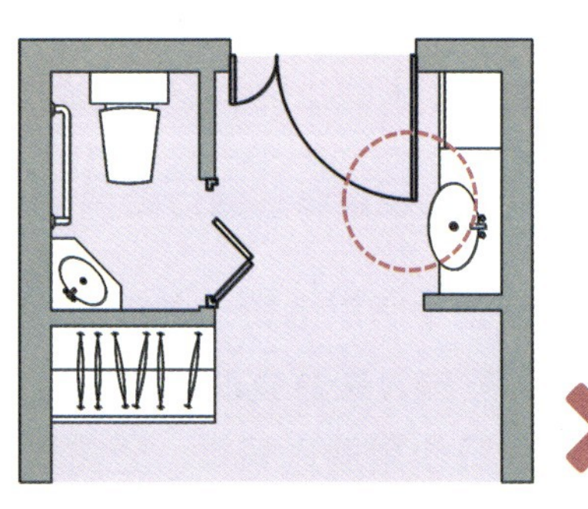

（b）居室门开启后占据了水池前方空间，影响使用

图 5.1.3　门的开启干扰周边空间使用的示例

▷ 问题②　不利于开闭操作和通行

如图 5.1.4a 所示，一些养老设施为了冬季防风保暖，在建筑出入口处增设了保温门帘，通行时需要掀开门帘才能开启门扇，对于上肢力量弱的老人而言十分费力，也给护理员推行轮椅造成很大不便。图 5.1.4b 中的卫生间采用了顶挂折叠门，虽然能减小门扇开启所占据的空间，但是其重量较轻，稳定性欠佳，老年人开闭时不易操作，如果突然身体失稳需要抓扶，这类型的门不仅难以发挥作用，还会因不稳固而容易造成跌倒等安全事故。

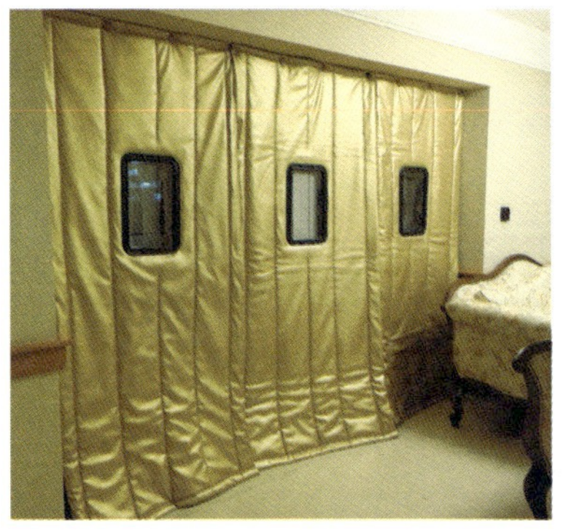

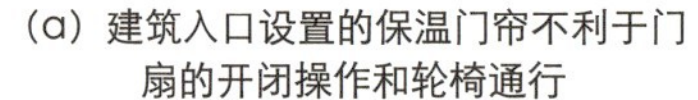

（a）建筑入口设置的保温门帘不利于门扇的开闭操作和轮椅通行

（b）折叠门稳定性较差，使用时存在安全隐患

图 5.1.4　门的选型不方便老年人开闭或通行的示例

▷ 问题③　识别性欠妥干扰老年人辨识和定向

部分养老设施中门的设计和选型在识别性方面考虑不周，给老年人（特别是认知症老人）增加了辨识和定向上的困难。

如图 5.1.5（a）所示，某设施中的公共楼梯间门和配电间门的颜色、形式十分相似，老年人有时难以分清哪扇门通往楼梯间。图 5.1.5（b）的公共走廊中管井检修门的颜色非常鲜艳，比旁边的居室门更为显眼，常引起认知症老人的注意和“兴趣”，继而尝试开启或拍打管井门。这些行为不仅容易破坏门，也容易带来潜在的安全隐患（比如认知症老人玩弄仪器设备，或者进入后藏匿其中）。

▷ 问题④　门扇划分方式不利于通行

主入口、公共走廊、多功能厅等位置的门因门洞宽度较大，常采用双开门的形式。设计时选择了中分对开这一常见形式，即每个单扇宽度相同。然而这种门扇划分方式有时并不适合在养老设施中采用。调研时经常发现，许多双扇门的单个门扇宽度不足 800mm，往往需要把两扇门都打开，才能满足轮椅、助行器、送餐车等的通行净宽需求。如图 5.1.6 所示，位于公共走廊、建筑出入口、活动室的门都采用了双扇中分对开门，然而每扇门的宽度都只有 600~700mm，老人推行助行器通过时会较为局促。当轮椅或其他设备经过时，必须要有人从旁协助打开两扇门才能通过。这显著增加了护理人员的工作负担，也造成了人力的浪费。

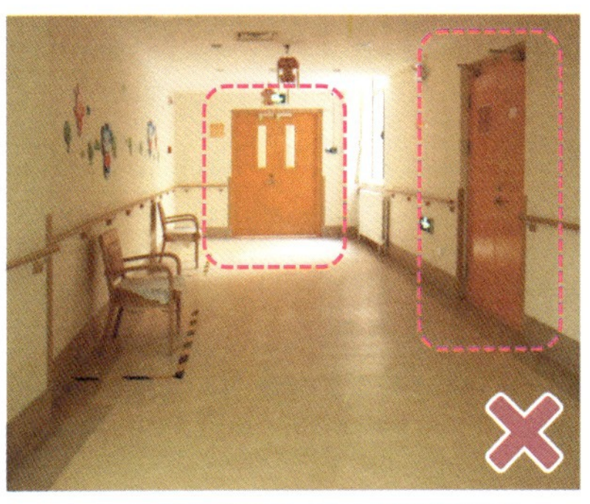

（a）公共楼梯间门（左）和配电间门（右）较为相似

（b）管井检修门过于显眼

图 5.1.5　门的选型干扰老年人判断的示例

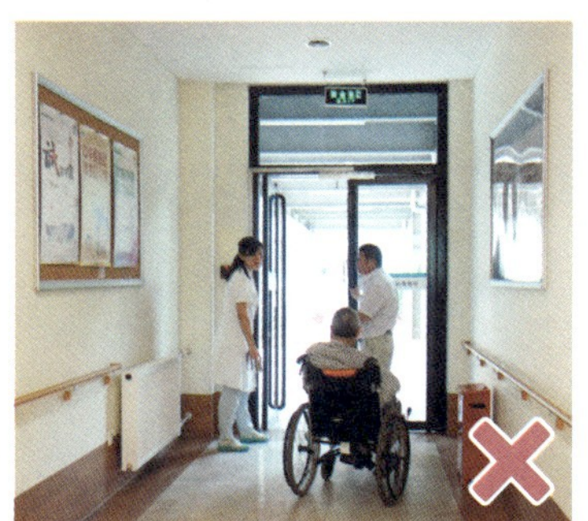

（a）某设施公共走廊双开门每扇门宽度均不足 800mm，必须两扇全部开启才能满足轮椅、助行器通行

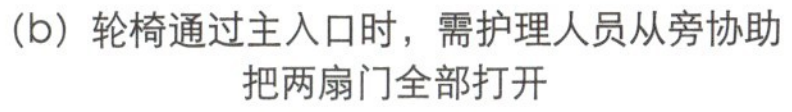

（b）轮椅通过主入口时，需护理人员从旁协助把两扇门全部打开

（c）活动室仅开单扇门时，老人推行助行器通过较为局促

图 5.1.6　双扇对开门的单扇因开启宽度不足影响通行的示例

门的设计选型思路

门的设计选型应该从哪个阶段开始？

对于门的设计选型有一种常见误区，即认为门是建筑设计后期才需要考虑的问题，其具体选型可以直接交由门窗厂家完成。实际上若设计前期对门的使用方式考虑不足，往往会给后续的选型带来较多限制。例如不同开启形式、开闭方向的居室门，会影响入户空间、居室内卫生间的布局方式，这些又涉及对居室整体进深及面宽的权衡（图 5.1.7）。

通过前文分析可知，门的开闭形式、门扇划分等选型要素与入住老年人的身体条件、门所处的空间位置、设施的管理需求等息息相关，需要贯穿于建筑设计全过程进行统筹考虑。

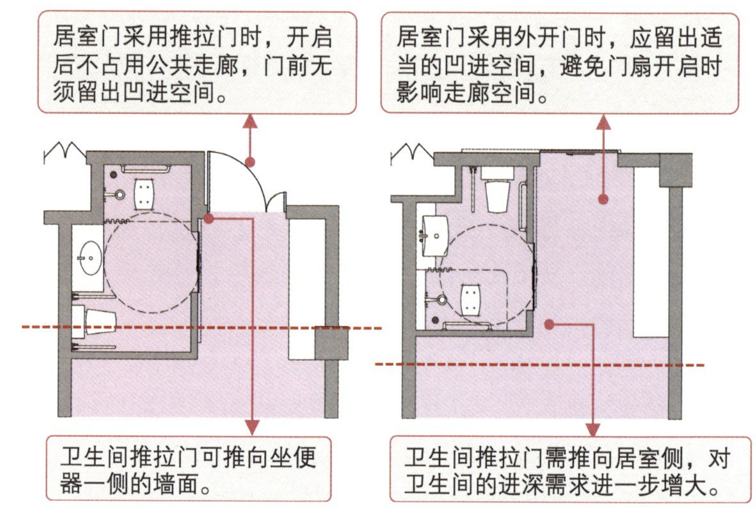

图 5.1.7　居室门的选型与周边空间布局设计存在关联

门的设计选型关注哪些维度？

门的设计选型可以从三个方面进行考虑：

- **给谁用**：应考虑门的主要使用群体是老年人、护理人员还是其他人员等。对于老年人群体，还应进一步考虑是自理老人还是失能老人。老人个体差异，如身体条件，也会带来截然不同的诉求，例如自理老人居室的门需要更注意安全与隐私，而失能老人居室的门则应兼顾护理人员观察看护的需求。
- **在哪用**：不同空间、不同位置的门所需承担的功能不同，在选型时应进行差异化考虑。例如卫浴空间的门应考虑通风需求，厨房、库房的门应注意考虑防撞措施。
- **怎么用**：在确定使用对象及位置后，还应进一步设想一些真实的使用情境，根据具体的使用行为再来确定采用什么形式、哪种材质更为适宜。

图 5.1.8 为某养老设施不同空间的门的选型示例。在照料组团内部、公共浴室这两个不同地点，门呈现出多种不同样式。

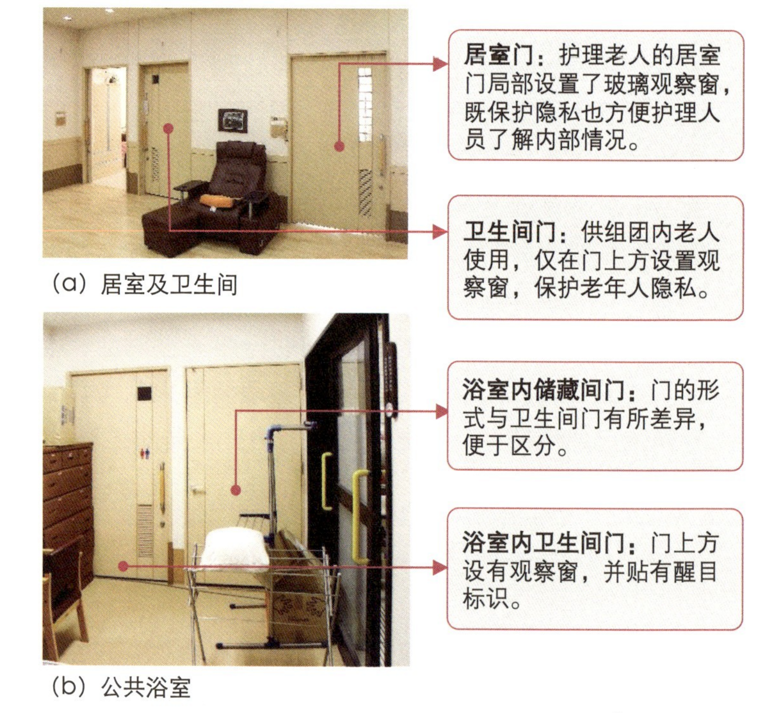

(a) 居室及卫生间

(b) 公共浴室

图 5.1.8　某养老设施中不同空间门的设计选型示例

门的设计选型总体原则

利于顺畅通行

- **门的有效通行宽度需满足通过要求：**预留门洞尺寸时，需注意门套厚度及门扇的开启会占用一定空间，应确保剩余的宽度能满足辅具设备（如轮椅）的通行。主要通行路径上的双扇门，应保证单扇门开启后净宽能够满足相应的通行需求。采用推拉门时，特别需要注意门把手安装位置对有效通行宽度的影响，应确保开启净宽满足规范要求。
- **避免出现门槛：**门的设计和安装应注意避免形成门槛，造成通行障碍或绊倒老人。通往露台、阳台等空间的门存在不可避免的门槛时，应通过坡道或倒坡脚等方式消除高差。

TIPS：注意推拉门的有效通行宽度

推拉门设置杆式把手时，门的有效通行净宽需要在门洞预留宽度上，去掉门套厚度和门把手的安装宽度。设计时应注意门的有效通行宽度不小于800mm，以满足轮椅通行（图5.1.9）。

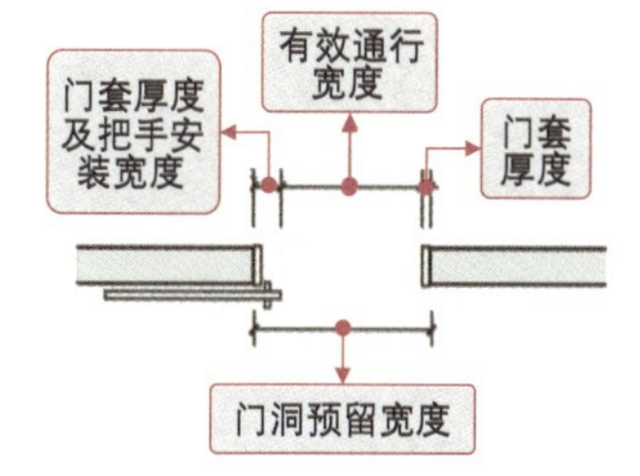

图5.1.9　影响推拉门有效通行宽度的几个因素

方便开闭操作

应确保老年人开闭门扇的便利性。例如：门扇不应过沉，避免老人开启时过于费力；对乘坐轮椅老年人使用的门，其把手形式宜方便抓握并用力（图5.1.10）。此外，也可通过采用自动感应门，或者借助按钮、智能手环、感应卡等设备来控制门扇自动开闭，降低老年人开关门的难度（图5.1.11，图5.1.12）。

图5.1.10　位于门中下部位置的大型门拉手可以方便多类人群使用

图5.1.11　按钮控制门扇开启的示例

确保使用安全

老年人在开闭门的过程中会面临一些安全风险，需要给予足够的重视。例如，门扇宽度过大会造成开关门过程中身体移动幅度较大，老年人容易失稳而摔倒；弹簧门自动关闭力度过大，老人手臂支撑力量较弱易被门扇牵引摔倒或夹伤，在设计时都应加以注意并规避。此外，一些主要通行路径上的门还应注意保证内外视线的通达性，避免对面人员开门时造成碰撞；落地玻璃门则应注意设置防撞标识，避免老年人误撞门扇（图5.1.13）。

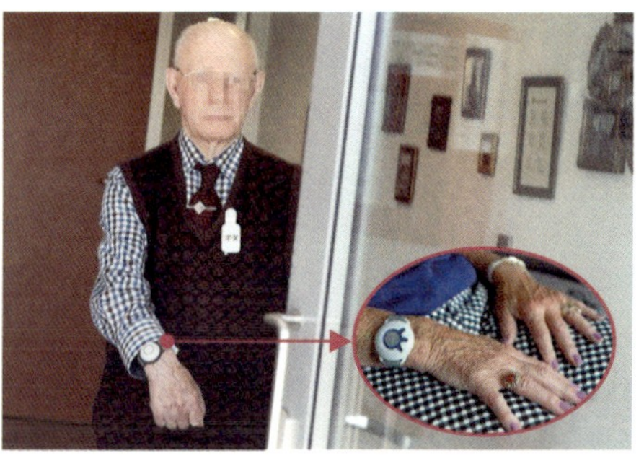

图5.1.12　智能手环控制门扇开启的示例

图5.1.13　落地透明玻璃门需要在视线高度贴设标识，防止老人误撞

门的设计选型关注要点①

门扇的开闭形式选择

常见的门扇开闭形式特点比较

养老设施中门扇的开闭形式主要有平开式、推拉式、折叠式等。不同的开闭形式的优缺点如表 5.1.2 所示。

养老设施中常见的门扇开闭方式及其优缺点比较　表 5.1.2

门扇的开闭方式	优点	缺点
平开式	· 便于安装锁具，安全性能好 · 气密性较好，隔声效果较好 · 耐久性好，不易损坏，适用范围较广	· 门扇开启需要占用一定的空间 · 开闭操作时身体移动幅度较大，乘坐轮椅或有肢体活动障碍的老人独立使用较为不便 · 受外力的影响开启扇可能会突然闭合，容易夹伤
推拉式	· 门扇开闭时占据的空间较小 · 开闭操作所伴随的身体移动幅度比较小，适合轮椅老人使用	· 门扇开启需要占用一定的墙面 · 气密性较差，隔声效果不佳 · 对门的配件（如滑轨）要求较高 · 采用地轨时，门扇下部轨道突出地面容易绊脚
折叠式	· 门扇开闭时占据的空间小，适合于空间较紧张的场所，如卫生间、浴室等 · 门扇相对轻便、灵活	· 气密性差，隔声效果差 · 门扇的稳定性相对较差，容易晃动 · 对门的配件要求高，耐久性差，较易损坏

借助不同的门扇开闭形式满足多元的需求

在具体设计时，可将不同的门扇开闭形式进行灵活组合，以发挥不同开启形式的优势，满足更多元的使用需求。例如：将子母门的大扇设置为推拉式，小扇设置为平开式，既满足紧急状态下各类设备通行的需求，也可以减少主要开启门扇的大小，避免门开启后占据过多空间，影响其他空间的使用（图 5.1.14a）。

养老设施中的门还可采用一些较为创新的开启形式来适应更多元的功能需求。例如某国外养老设施中采用了转轴门（即将平开门的铰链位置移动到门扇中部位置），既能保证较大的开启宽度，又能减小开启后门扇所占据的空间（图 5.1.14b）。其他有关门的创新开启方式详见本章节后续内容。

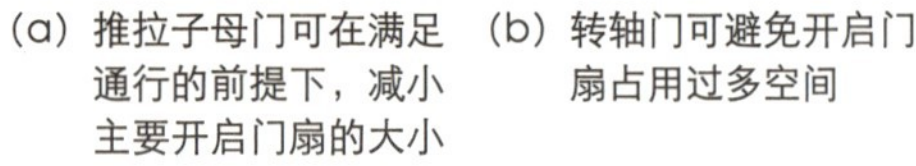

（a）推拉子母门可在满足通行的前提下，减小主要开启门扇的大小　（b）转轴门可避免开启门扇占用过多空间

图 5.1.14　不同的门扇开闭形式组合和创新示例

门的设计选型关注要点②

门的识别性设计

▶ 可利用门作为提示标志，帮助老年人定向和寻路

老年人在养老设施中经常会面临找不到想去的房间位置、不知道自己在哪等困难。可以将门作为空间的标志性要素设计，通过特定的颜色、材质和样式，使其成为空间的记忆点或者提示标志，辅助老年人寻路和定向。如图 5.1.15 所示，照料组团入口门的颜色和材质与周边环境有显著区别，能够较好地起到提示作用。

图 5.1.15 深色的照料单元入口门在环境中较为显眼，能够辅助定向和寻路

▶ 应注意门的区分性设计，以辅助老年人辨识

不同区域、不同功能空间的门有所区分，有助于老年人辨识和记忆。如图 5.1.16，某设施 A、B 两个区域的电梯门分别采用了红色和黄色，不仅能够凸显电梯的位置，也便于老年人根据电梯门的颜色来知晓自己所在的地点。

(a) A 区电梯门　　(b) B 区电梯门

图 5.1.16 某设施中两个不同区域的电梯门采用了差异化的颜色进行区分

▶ 部分门需注意隐蔽设计

在认知症照料环境设计中应注意的是，并非所有门都需要加强识别性，一些不希望老年人进入的空间（例如仓库、开水间、设备间及其他后勤用房）的门宜进行适当的“隐蔽”设计，以免老人误入而出现安全风险。如图 5.1.17 所示，该设施居住单元的走廊中设备间门采用与墙体一致的白色，而居室门则采用颜色对比更为突出的棕色，老人的注意力更容易被居室门吸引，忽略存在风险的空间。

一些设施为了避免认知症老人在护理人员不注意时出走，会将照料单元门、楼电梯门锁住。但老人仍然会尝试开启，甚至因无法开门而频繁拍打门扇，形成“问题行为”。可将照料单元出入口、楼电梯间等位置的门设计成与周边墙面相近的颜色或材质，或者在门上涂绘壁画等以将其“隐藏”起来，减少老人对门的关注（图 5.1.18）。

图 5.1.17 利用材质和颜色达到凸显或隐蔽门的目的

图 5.1.18 组团出入口门上张贴“神仙”画像有效地避免老人拍打门扇

门的设计选型关注要点③

门的视线设计

▶ 人流密集通过的门应确保视线通透

对于养老设施建筑主入口、公共餐厅、多功能厅等人流进出较为密集的空间，门的选型应注意保证门扇两侧视线的通透性，从而便于人员通过时预先观察到对面的情况，避免老人因门扇突然开启，躲闪不及而摔倒。通常可采用透明玻璃门，或在视线范围内设置透明玻璃（图 5.1.19），玻璃位置需注意兼顾乘坐轮椅者的视线高度。

（a）门扇采用全透明玻璃门　（b）视线高度采用透明玻璃

图 5.1.19　人流密集通过的门应保证内外视线通透，方便进出时观察

▶ 有隐私需求的空间需注意门的开启方向和材质选择

对于居室、公共浴室、公共卫生间等有较强隐私需求的空间，选择门的开启方向时，需注意避免在开门时外部视线直接贯通到内部。如难以避免，则可通过悬挂门帘的方式适当遮挡外部视线（图 5.1.20a）。

养老设施中部分空间的门需要在保障私密性和护理效率之间权衡。例如：采用透明的门扇或在门上设置较大的观察窗，可让护理人员在门外便能了解老年人的情况，一定程度上可以提高工作效率，但来往人员的视线也会干扰老人的隐私。对于这类存在隐私需求的空间（如居室、心理慰藉室等），在门选型时需要更细致周全的考量，如张贴透光不透影的贴纸，必要时可局部撕下，方便观察（图 5.1.20b）。

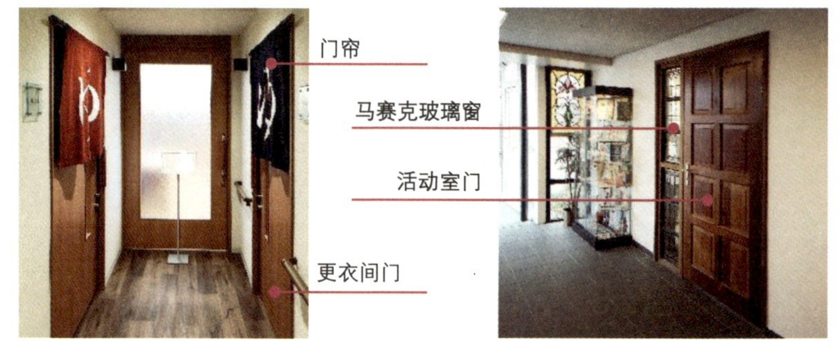

（a）浴室更衣间门前设置门帘，开关门时也能适当遮挡视线

（b）活动室门侧设置马赛克玻璃窗，外侧人流在不干扰活动的前提下可隐约观察内部活动

图 5.1.20　门的形式需注意保护老年人隐私

TIPS：利用科技手段解决通透性与私密性矛盾的案例

日本 TiGRAN 公司研发了一种新型的门上观察窗（图 5.1.21）。这种观察窗平时处于“磨砂”状态，视线无法透过。当护理人员使用特定的电磁感应设备接近后，观察窗会变为透明，方便照护人员查看房间内老年人的状态。这一科技手段既保证了护理人员的工作效率，也相对保护了老年人隐私。

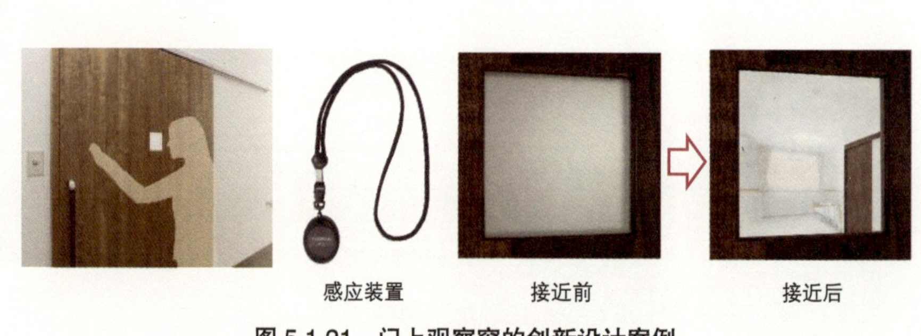

图 5.1.21　门上观察窗的创新设计案例

门的设计选型关注要点④

门的附属构件选型

▶ 门把手的选型宜方便老年人施力

老年人的手部力量相对较弱，选择门把手的类型和安装位置时应考虑到便于老人施力。不同开启形式的门因开启动作不同，所适合的门把手形式也有差异。具体注意要点如下：

- 平开门的把手宜为横杆式，由于老人的握力减弱，相比于需要扭转开启的球形把手，按压开启的杆式把手更易于老年人使用。把手末端应弯向门扇，既可以防止勾挂衣袖、书包带，也有利于老人牢握不打滑（图 5.1.22a）。
- 推拉门的把手宜为竖杆式，相较于图 5.1.22（b）中较小的内凹把的形式，图 5.1.22（c）中竖杆式把手更便于老年人拉拽、推移门扇时用力，也能够辅助老年人在开闭门扇的过程中保持身体平衡。

▶ 门吸的形式及位置应避免绊脚

应尽量采用墙面固定式门吸，并考虑将其设置在门的上部。注意门吸杆不应突出于行走路径上，以免勾挂裤脚、鞋带，磕绊老年人。采用地面固定式门吸时，需注意尽量减少突出地面产生的高差，以免绊倒老人（图 5.1.23）。

▶ 轮椅、推车等设备经常通行的门需注意防撞设计

轮椅、送餐车、小推车等设备在过门时难免容易碰撞到门框和门板，长此以往很容易造成门扇的损坏。对于这些设备经常通行的门，可采取一定的防撞处理。常见的设计手法是在门下部安装防撞板，考虑到轮椅脚踏板的高度，防撞板上沿距地不宜小于 300mm（图 5.1.24）。对于送餐车、小推车等频繁通行的门，防撞板的高度应适当加高，也可将门扇整体采用防撞材质。

（a）平开门采用横杆式把手时，末端回弯防止勾挂衣袖

（b）内凹把手不利于老年人用力

（c）竖杆式把手更便于老年人拉拽和抓扶

图 5.1.22　门把手的选型宜方便老年人施力，且无安全隐患

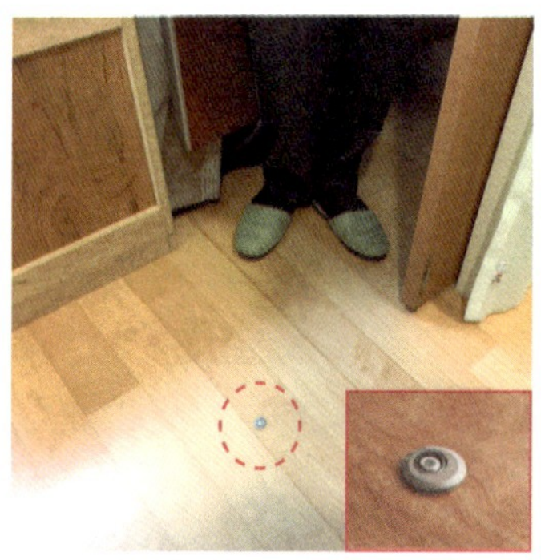

图 5.1.23　设置在地面的门吸应避免突出地面绊脚

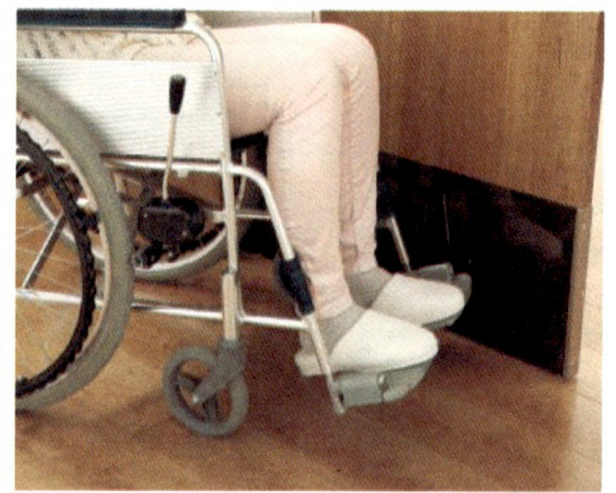

图 5.1.24　门扇防撞板设置示意

TIPS：锁具配置宜兼顾老年人自主性和运营管理的需求

养老设施中居室门的锁具选型需要顾及多方面因素。一方面，应能让老年人（主要是自理老人或护理需求较少的老人）自主控制房间门锁的开闭，加强其对个人空间的领域感与控制感，但是出于安全及管理层面的要求，有时护理人员也需要能开启老人居室的门，例如在紧急情况下了解老人的状况，为其提供帮助。锁具选型时宜与运营方进行充分的沟通，确定合适的配置方式。

建筑出入口门的设计要点

设施主入口门可采用自动门

养老设施中很多老年人使用助行器或者轮椅等设备辅助通行，在经过建筑出入口时，使用助行设备的老年人腾出手来开关门较为困难，往往需要护理人员前往协助。有条件时，设施主入口宜采用自动门，省去老人手动开关门的麻烦，也能减少护理人员的工作量（图 5.1.25）。

主入口门宜注意通行的安全性，防止误撞

主入口处往来人员较多，通行人流相对密集，为避免开关门时发生误碰，主入口门通常会采用透明玻璃门。需注意的是，当采用全透明的形式时，应在视线高度附近贴设防撞标识，避免老年人误撞。

有些养老设施为了营造更为安定、私密、温馨的居家氛围，会将主入口门设计成非玻璃材质，如木质门，此时也应注意在视线高度设置透明观察窗，以便观察到对侧情况（图 5.1.26）。

出入口门处应消除门槛或其他高差

有的建筑出入口附近会留有一定高差以防止雨水倒灌，但在养老设施中，出入口门下方不应出现高于地面的门槛，以免磕绊老年人或阻碍轮椅顺利通过。可通过在出入口附近地面设置缓坡、水篦子等措施来满足防漫水的需求。此外，部分养老设施出于防滑考虑，会在门口附近铺设地毯或地垫。应注意将其与地面充分固定，且尽量将交接处做平，避免因边缘翘起或微小高差绊倒老年人（图 5.1.27）。

自动门采用透明门扇，室内外视线通透。

主入口地面平整，方便老年人使用轮椅或者助行器通行。

室外地面的微小高差设置有缓坡过度，且有防滑处理。

图 5.1.25　设施主入口设置自动门的示例

图 5.1.26　出入口门上设置透明窗孔，方便预先观察两侧人流

图 5.1.27　出入口处地面设置金属篦子及地垫且交接处无高差，防止形成积水，且避免绊倒老人

TIPS：养老设施主入口门应尽量设置门斗

养老设施主入口处设置门斗有以下好处：

其一，可以有效保持门厅环境稳定。养老设施的门厅中经常会有老年人开展跳操、锻炼等活动，设置门斗能够有效减少室外风沙倒灌，确保门厅内物理环境的相对稳定和舒适。

其二，可以为服务管理提供便捷条件。许多养老设施会利用门斗内两侧空间设置轮椅暂存处、雨伞架等，便于老人出入时取用。有的设施还在门斗内设置了洗手池，老人外出归来或来访人员进入设施前便可先洗手，更有利于保障设施内部的卫生。

门斗的设计要点详见本系列图书卷 2 第 1 章第 1 节。

公共空间门的设计要点

可结合内部功能特色来进行门的造型设计

老年人常去的公共空间，门的设计可做出特色，既能帮助营造氛围，又方便老年人记忆和辨识。

如图 5.1.28 所示，某设施门厅内的小商店采用复古的绿色铁框玻璃门，外观非常具有识别性，老人从远处便能看到，并会被吸引而前来采购。图 5.1.29 中，设施将通向浴后按摩、休息区的门设计成古朴、稳重的风格，营造出静谧、安定的空间氛围。

图 5.1.28　设施内小商店的门对老人具有识别性和吸引力

图 5.1.29　通往按摩、休息区的门造型古朴稳重，有助于营造内部安静的环境

应便于从外部了解活动空间内的使用情况

一些公共活动室（例如阅览室、棋牌室等）的门扇不宜采用完全封闭的形式，可采用透明（或局部透明）玻璃门。如图 5.1.30 所示的公共活动空间门，既可以方便护理人员从外部了解老年人的活动状况；也容易吸引过往的老年人参与活动。部分不想直接进入的老年人，也可以先在门外观望，再根据自己的兴趣决定是否加入。这种能够透过视线的门，可较好地让老年人进行自主选择。

对于私密性要求较高的空间（例如心理慰藉室），则应注意门扇不宜通透，避免过往行人视线影响内部空间的使用（图 5.1.31）。

图 5.1.30　透明的活动室的门可方便老人路过时看到内部的活动情况

图 5.1.31　有私密性需求的心理慰藉室可采用半透明门扇

部分活动空间门宜注意隔声设计

棋牌室、影音室、琴房等内部活动声音较大的空间，其门的选型需注意隔声设计，以免对周围空间造成干扰。

TIPS：通往室外庭院的门宜兼顾视线通透和遮阳

通往室外庭院的门通常会采用透明玻璃门的形式，以便室外景观及光线透入。但有时外部光线直射会造成眩光，使老人感到不适。需要注意采取适当的遮阳措施（图 5.1.32）。

图 5.1.32　通向室外庭院的玻璃门设置了遮阳帘，防止眩光

老人居室门的设计要点

宜采用子母门，满足开启净宽及使用灵活性

目前我国相关标准中按照自理型居室和护理型居室分别给出了居室门的最小宽度[1]，考虑到自理老人一般不使用轮椅、助行器等，其居室门扇的开启净宽要求比护理型居室稍小一些。然而在实际情况中，入住老人的身体状况会不断发生变化，可能慢慢会从自理状态变为护理状态，若居室门宽度不足则会给尺寸较大的设备设施（如护理床）的通过带来困难。考虑到这一需求，在设计居室门时应尽量确保足够的宽度以提高适应性。有条件时宜采用子母门——开启大扇能满足老年人和轮椅的日常进出需求，大小扇同时开启则可满足护理床的进出。这样既可以少占用开启空间，也能够满足多元的通行需求（图 5.1.33）。

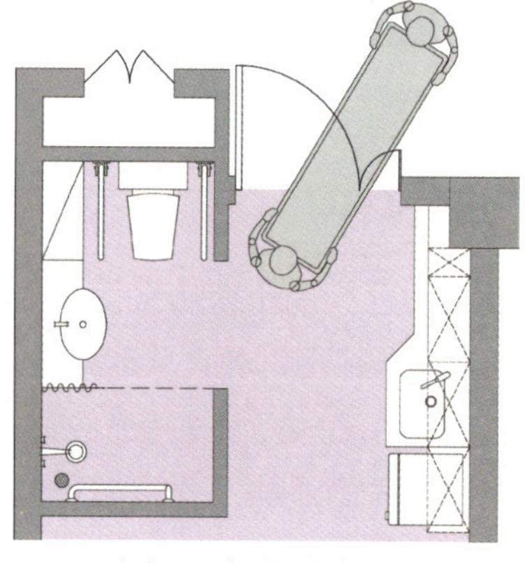

（a）子母门满足担架通行　（b）子母门示例

图 5.1.33　居室采用子母门可满足使用灵活性

应根据入住老人的类型确定居室门观察窗的设置形式

居室门上设置观察窗主要是为了让护理人员在门外便可查看到老人的状况，减少进出房间的频率，提高服务效率。这对于以接收失能、卧床老人为主的护理型养老设施更为适宜。有的老人更希望自己的状况能及时被护理人员看到，认为这样更有安全感。但对于自理老人而言，他们通常更注重个人居室的私密性，在居室门上设置观察窗、观察孔会使其感到被监视、不受尊重。调研时发现，一些设施中的自理老人将居室门的观察窗用纸糊住，不希望被外人“窥探”（图 5.1.34）。设计时最好给老年人自主选择的权利，避免引起老人的心理不适（图 5.1.35）。

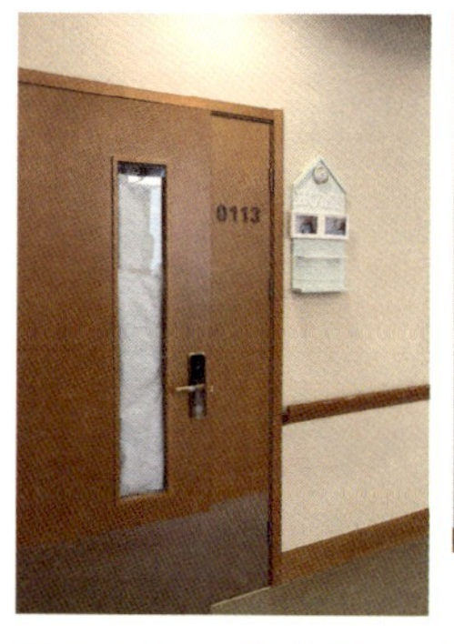

图 5.1.34　某设施自理老人将观察孔用纸糊住，防止窥探

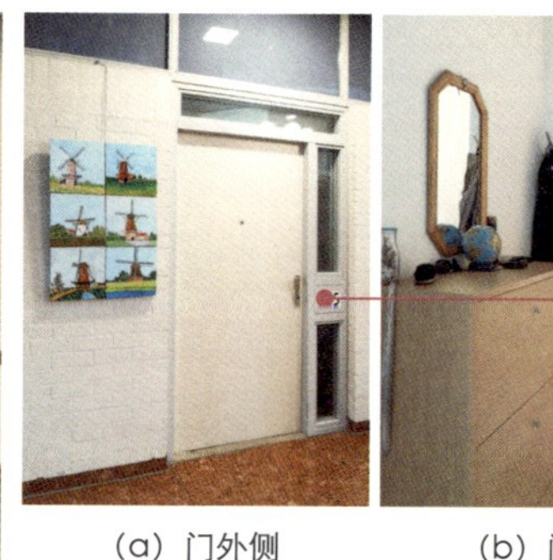

（a）门外侧　（b）门内侧

图 5.1.35　某设施门侧设置透明观察窗，其透明度可由老年人在内侧自主调整

可设置通风百叶、纱门等措施以促进居室通风

老人居室门完全关闭时，室内缺乏空气流动，会让老人感到憋闷、不透气。但保持居室门敞开又会使私密性受到影响。为了兼顾两方面需求，可在居室门上设置局部通风百叶，或在居室门外侧设置纱门或者百叶门。当层高较高时，也可考虑在门上方设置可开启的上亮窗，以促进通风（图 5.1.36）。

（a）门上设置通风百叶　（b）外侧设置格栅门　（c）门上设置亮窗

图 5.1.36　居室门采取适当措施促进室内通风

1　《老年人照料设施建筑设计标准》JGJ 450—2018 第 5.7.3 条规定：老年人用房的门不应小于 0.80m，有条件时，不宜小于 0.90m；护理型床位居室的门不应小于 1.10m。

方便老年人辨识自己的居室

养老设施中的老人居室门样式统一，往往会给老年人寻找自己的房间带来很大困扰。许多养老设施会在门上或门边空间设置标识牌，并为老年人的个性化布置提供条件。除此之外，居室门也可进行适当的差异化设计。如图 5.1.37 所示，某养老设施的居室门设置了固定玻璃扇，老人可自主对其进行装饰。有的老年人选择贴上马赛克贴纸、有的则挂上了布帘或百叶。当在走廊中通行时，老年人可以借助这些不同装饰找到自己的房间。

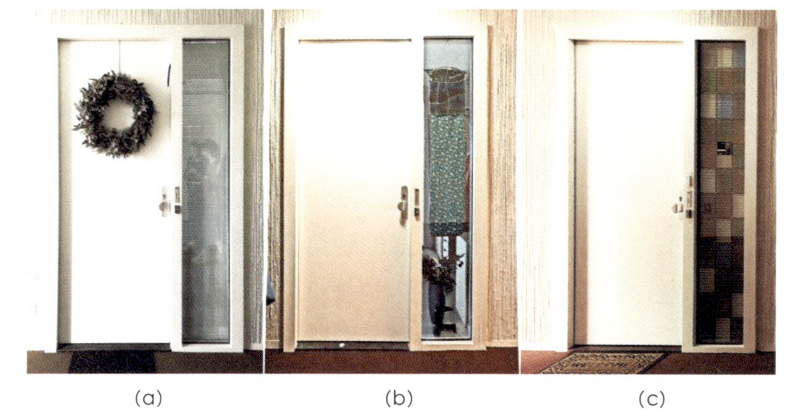

(a)　　(b)　　(c)

图 5.1.37　某设施居室门一侧留出固定玻璃扇以便老人自主装饰和辨识

老人居室门的设计示例分析

门扇位置：
在选择平开门时，居室门门洞宜适当退后一段距离，以便居室门开启后不影响走廊的正常通行。

门扇形式：
采用子母门的形式，既可节约开启空间，又能满足轮椅、床、家具的进出需求。

观察窗孔：
居室门上的观察孔宜结合老年人的身体条件进行设置，如果暂时不能确定入住老年人的身体条件，可将观察区域设置为能够借助磨砂膜、遮光帘灵活调整的类型。

标识：
老年人居室门及附近空间宜允许老年人进行个性化布置，有助于辨识。

锁具：
推拉门也需要考虑设置锁具，确保老年人能够按需，按自己的意愿锁门，以增强其安全感和自主性。

通风措施：
居室门扇下方可设置百叶，改善居室内的通风。

(a) 平开门　　(b) 推拉门

图 5.1.38　老人居室门的设计示例

老人居室卫生间门的设计要点

居室卫生间门的选型需与空间布局统筹考虑

居室卫生间门的选型往往受到很多因素的限制，包括居室面积、居室面宽和进深、卫生间内的功能布局等。如图 5.1.39 所示，卫生间门洞设在中间位置时，如果选用平开门，内开会影响内部洁具的使用及轮椅回转，而外开则会干扰走廊的通行；如果选用推拉门，则又缺少门扇推拉的墙面（坐便器一侧墙面需设置固定式扶手，另一侧墙面长度不足）；如果安装折叠门或三扇推拉门，则会影响洞口有效通行净宽，且门体的稳定性及耐久性较差。因此，应在居室平面设计阶段就统筹考虑卫生间门的开启形式、门洞位置及尺寸、内外空间布局等，以免影响实际的使用效果。

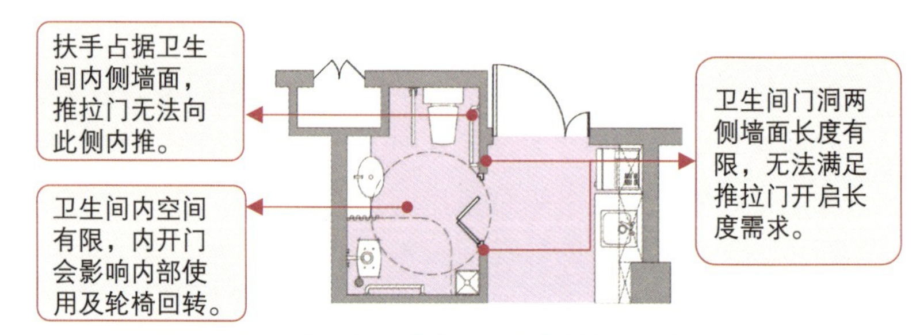

图 5.1.39 居室卫生间门的选型容易受诸多条件制约

居室卫生间门应满足紧急情况下援助的需求

当居室卫生间采用内开门时，因内部空间较为有限，若老人因出现意外跌倒在地，很可能会影响门扇的开启，使外部人员无法进入施救。卫生间门的设计选型应考虑到紧急情况下的施救需求，采取适当的措施（图 5.1.40）。

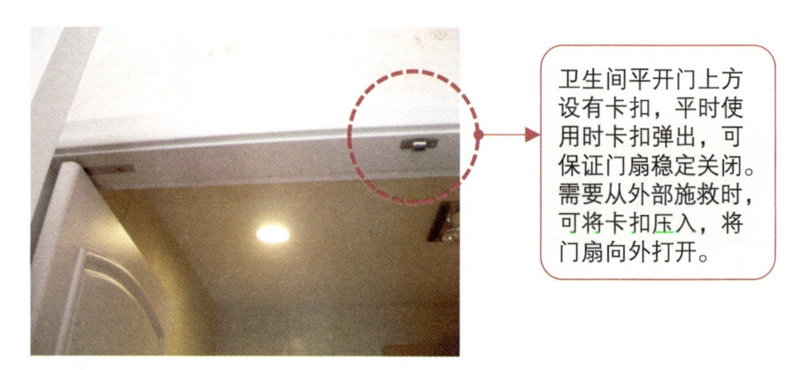

图 5.1.40 卫生间平开门上方设置卡扣，确保能从外部开启施救

居室卫生间门的设计示例分析

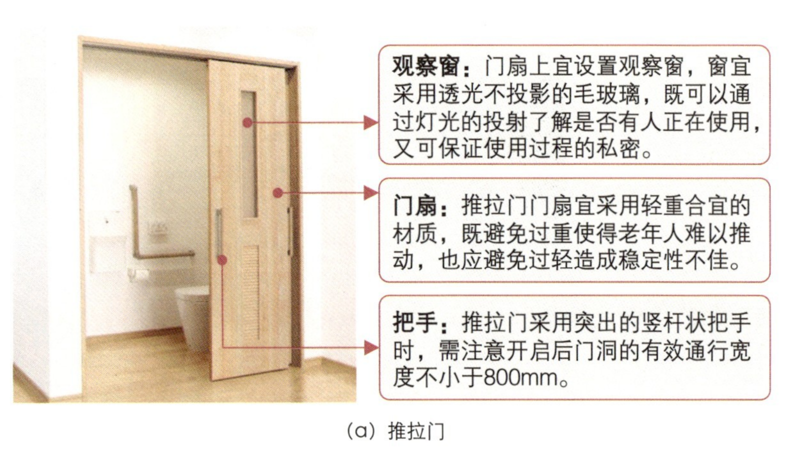

（a）推拉门

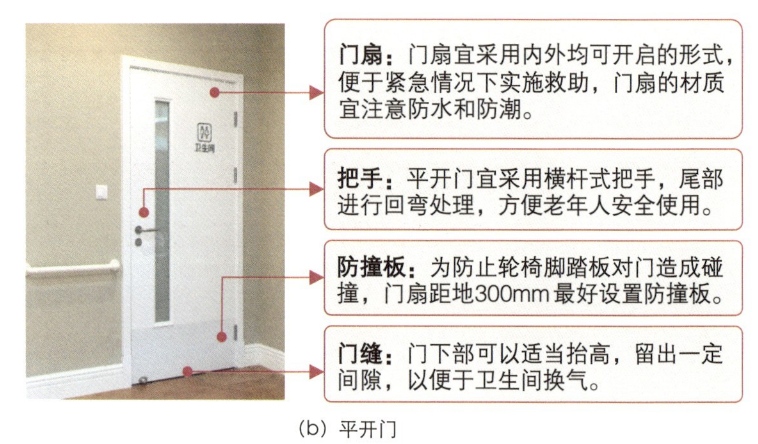

（b）平开门

图 5.1.41 老人居室卫生间门的设计示例

居室卫生间门的创新设计案例

在参观国内外养老设施时，我们发现很多设施对老人居室卫生间门的开启形式进行了创新设计，巧妙地解决了有限的面积条件下轮椅回转和通行的难题。以下为几个典型案例：

案例① 采用L形开门，借助走廊实现轮椅回转

如图5.1.42所示，卫生间面积较小，内部无法实现轮椅回转。设计时通过在角部设置两扇推拉门，形成L形的开门形式。两扇门全部打开时，能增大有效开口宽度，便于轮椅接近坐便器及借用居室内的走道区域回转，也方便护理人员从旁协助。不使用卫生间时可将门扇全部关闭，避免异味的散出，保持室内环境的整洁性。

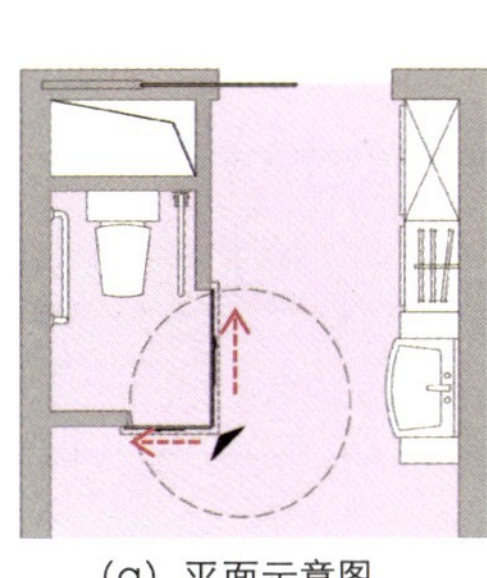

(a) 平面示意图

(b) 全部打开

(c) 全部关闭

图5.1.42 卫生间角部设置两扇推拉门，形成L形的开门形式，拓展使用面积

案例② 借助推拉门左右滑动，应对多种使用场景

如图5.1.43所示，卫生间朝走廊的墙体全部设置为门洞，并采用多扇推拉门。推拉门向左或向右滑动时，可分别满足轮椅直接靠近洗手池及坐便器的需求。与只开一扇门相比，这种形式减少了轮椅在卫生间内部转向所需的空间，也更方便护理人员提供服务。

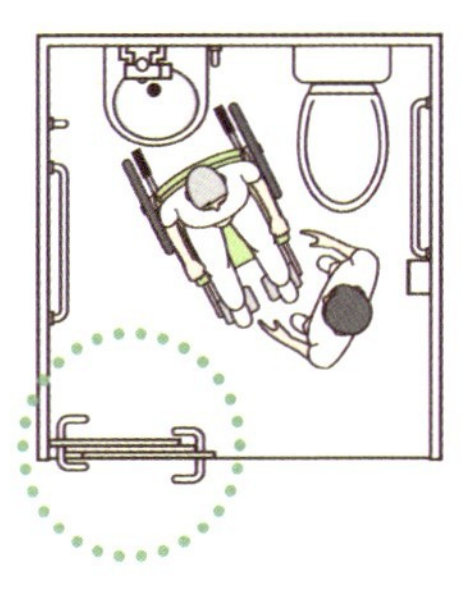

(a) 门向左滑动协助如厕

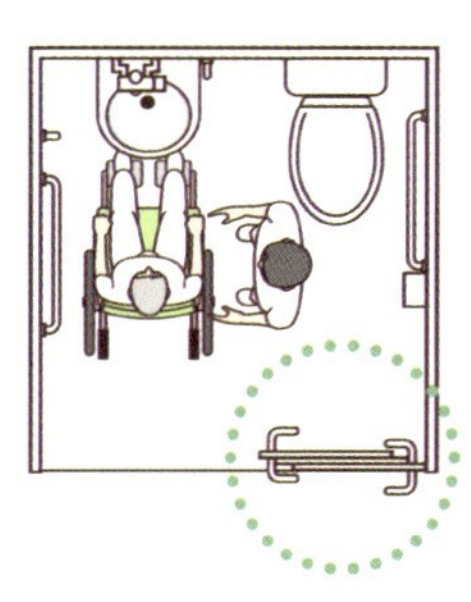

(b) 门向右滑动协助盥洗

(c) 实景示意

图5.1.43 推拉门可全部向左或向右推开，为不同设施的使用提供方便

案例③ 推拉和平开形式相结合，实现不同有效通行宽度

如图5.1.44所示，某厂家生产的门在推拉后还可平开，从而提供多种不同的通行净宽——仅为推拉开启时，门洞有效通行宽度可供一人正常进出；推拉后平开90°时，门洞宽度可满足乘坐轮椅老人进入；推拉后开启180°时，门洞宽度进一步变大，可方便护理人员协助轮椅老年人如厕。

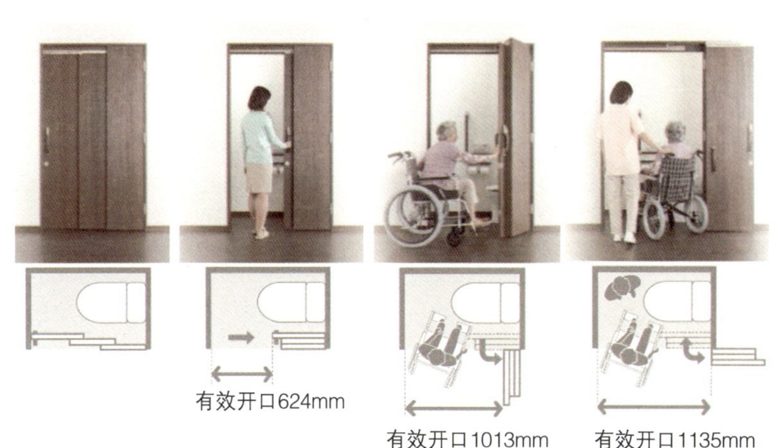

(a) 关闭状态 (b) 推拉开启后 (c) 推拉后平开90° (d) 推拉后平开180°

图5.1.44 门扇采用推拉结合平开的形式，实现多种开启净宽

第 2 节

窗

5-2

养老设施中窗的重要性

为什么要注重养老设施中窗的设计？

窗是最常见的建筑构件之一，具备引入自然光线、改善室内通风、加强空间的视线联系等功能。调研发现，养老设施中窗的功能经过合理、巧妙的设计安排，可以显著提高入住老人的生活品质、提升设施运营服务效率、改善建筑空间外部形象，具有非常重要的意义，因此应予以高度重视，并应进行精细化设计。

养老设施中窗的重要作用和意义

提高入住老人生活品质

养老设施是老年人长期居住生活的场所，入住老人的身体机能普遍存在不同程度的衰退，其活动范围受到限制，对光照、温湿度、空气质量等环境条件的变化较为敏感。窗作为联系养老设施室内外环境的建筑构件，可以增强室内外的视线联系、改善老年人生活空间的通风采光条件，保证室内环境舒适度。具体体现在以下方面：

改善自然通风和采光条件，提升室内舒适度

自然通风和天然采光对于老年人具有重要意义：首先，相较于利用空调设备调节温度，开窗自然通风带来的热湿环境变化相对温和，更受老年人欢迎；其次，自然通风可加速空气流动，帮助稀释环境中污染物浓度，去除异味，阻断传染病传播。天然采光则能够营造出明亮的空间环境，给老年人带来感官刺激，助其调节昼夜节律，保持身心健康（图 5.2.1）。

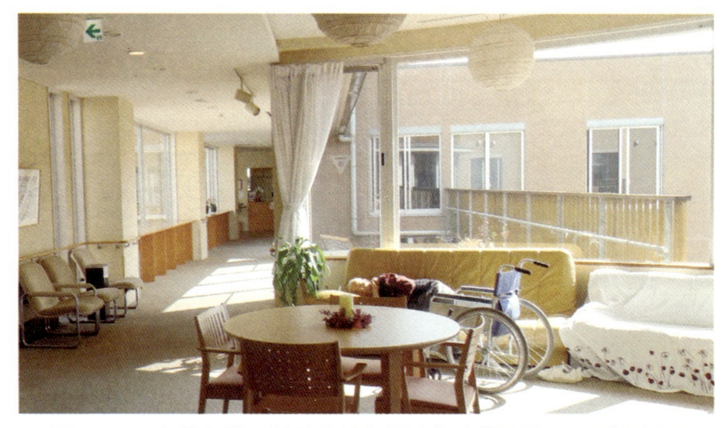

图 5.2.1 窗带来的天然采光使起居空间变得明亮、温暖和舒适

引入自然景观和生活场景，愉悦老年人身心

窗带来的通透视野，可以为老年人的生活增加很多乐趣。入住养老设施的老年人大多活动范围受限，一天中的大部分时间都待在居室或者起居厅内。对于这些老年人，窗可以建立起他们与室外环境的联系：老年人可以透过窗感知自然的昼夜更迭、四季变换，欣赏窗外的景观植被；抑或是围观其他空间正在发生的活动，愉悦身心（图 5.2.2）。

图 5.2.2 老年人临窗而坐，可以观察周边社区的来往人流和活动

注：需要注意的是，本节中的窗泛指养老设施建筑中各类墙体或顶棚上的透明孔洞，既包括可开启窗扇，也包括不可开启的透明或半透明玻璃隔断，还包含无隔断的窗洞。

▷ 提升设施运营服务效率

养老设施的运营服务成本占比较高，通过对建筑中的窗进行精细化设计，有助于充分引入自然光线、促进室内外空气流通，加强功能空间的声音和视线联系，从而节约建筑运行能耗和人力成本，提高设施运营服务效率，具体体现在以下方面：

充分利用自然通风采光，节约建筑运行能耗

充分利用自然通风采光，可缩减空调、换气设备和灯具的使用时长，节约用电。特别是地下或中庭空间，设置天窗可极大改善空间的通风采光环境，使空间得到更有效利用（图 5.2.3）。

加强空间之间的联系，提高人员服务效率

窗可以扩大照护人员的视野范围，有利于同时照看多个空间，也方便不同空间的员工对谈或传递物品，减少来回走动的距离，提高员工的工作效率，减轻负担（图 5.2.4）。

图 5.2.3 天窗可为地下空间争取自然采光通风，使其得到更有效的利用

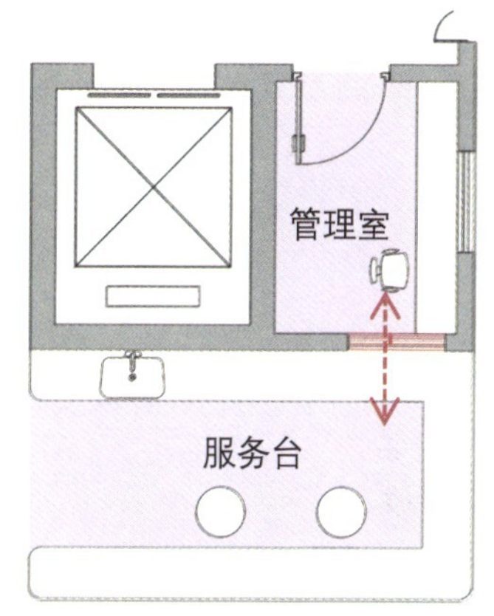

图 5.2.4 服务台与管理室之间的窗洞可以用于交谈或传递物品，避免工作过程中的来回绕行

▷ 改善建筑空间外部形象

窗是养老设施建筑立面上最重要的视觉元素，其面积、形式和组合关系等对于塑造建筑外部形象具有重要作用，影响着包含老年人、员工、来访者，甚至过路人在内每个人对于建筑的第一印象，以及对建筑功能和空间氛围的感受。如图 5.2.5 所示，该设施首层公共空间透明窗扇开敞通透，展现出设施融入社区的姿态和开放包容的理念，而居住层尺度适宜的窗和韵律感则会让人联想到住宅，产生家一般的印象。

图 5.2.5 某设施建筑外立面开窗示例

养老设施中窗的常见设计问题

开启问题

有效开启面积不足，自然通风效果不佳

调研中听到，有些认知症老人在入住养老设施后存在试图翻越窗户逃走的问题行为。为了规避老年人跌坠的风险，很多设施对外窗的开启量进行了限制，比如采用上悬窗，或者设置限位器（图 5.2.6）。这些措施虽然保证了安全，但是也影响了窗的通风效率，特别是在疫情期间，部分设施出现因窗扇开启量无法调节，致使达不到换气次数要求的情况。

（a）采用上悬窗的形式

（b）设置窗户限位器

图 5.2.6　限制外窗开启量的常见措施

开启方式选择不当，影响窗边空间利用

养老设施中，向阳面的窗前空间阳光较好，环境较为舒适，老年人在此区域背靠窗户坐下“晒背”是非常普遍的现象（直面阳光而坐会让老年人觉得刺眼），所以临窗位置通常布置有沙发、座椅等家具。出于安全性和气密性的考虑，养老设施在建筑层数较高时一般采用内平开窗，部分地方规范对此有强制性规定[1]；在这种情况下，向内开启的窗容易与窗前家具陈设发生冲突，或者给窗前活动带来不便（如造成磕碰问题）（图 5.2.7）。

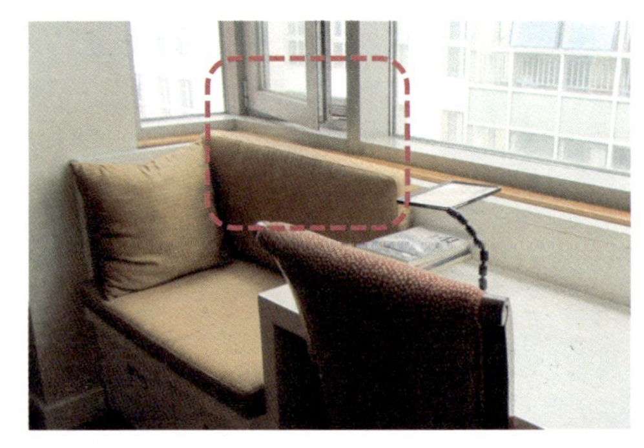

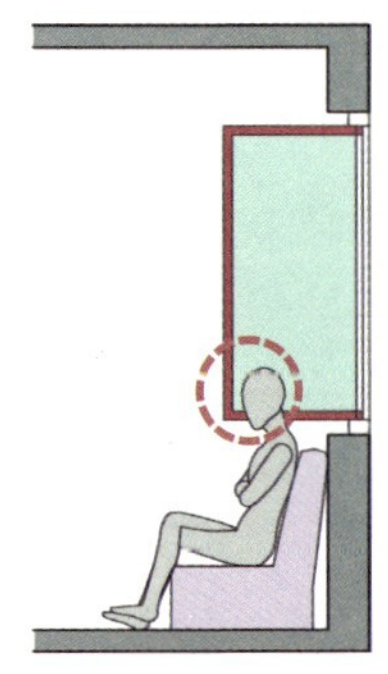

图 5.2.7　内平开窗与窗边活动冲突，影响窗边空间的利用，容易碰头

把手位置不合理，开闭操作较为不便

老年人因关节退化肌肉力量不足，常出现抬臂困难问题。调研发现部分设施将窗把手设置于开启扇中部的位置，造成老年人开闭窗扇较为困难，尤其是对于乘坐轮椅的老年人（图 5.2.8）。调研还发现，部分外平开窗前布置了固定家具（如书桌、收纳柜等），但是窗的把手没有调整，窗扇开启后不仅老年人难以够到把手，即便是年轻员工也无法做到（图 5.2.9）。

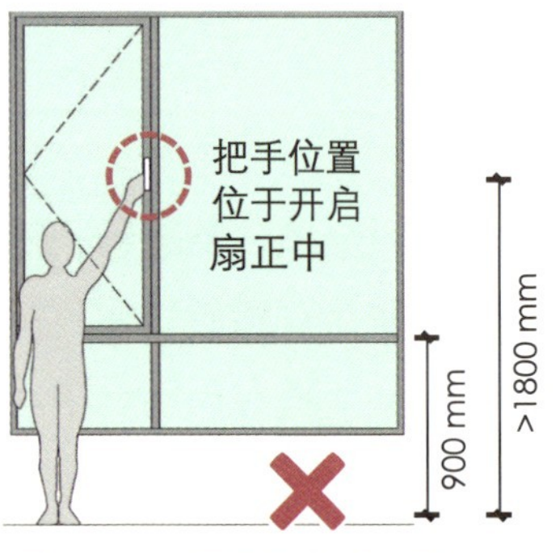

图 5.2.8　窗把手位置过高，老年人开启困难

图 5.2.9　外平开窗前设有家具，伸手难以够到窗户把手

1　例如北京地方标准《居住建筑门窗工程技术规范》DB 11/1028—2013 第 4.9.3 条规定：“七层（含七层）以上建筑严禁采用外平开窗。”

形式问题

公共空间设置大面积玻璃幕墙，大幅增加空调能耗

调研时了解到，部分设施出于采光、视线通透等考虑，在空间内设置了大面积的落地玻璃窗，但是却没有考虑到窗户的保温和隔热问题。投入使用后，窗边空间很容易受到外部气温的影响，例如夏季阳光直晒造成内部空间过热，冬季则会因外界气温较低而导致室内热量散失。这不仅影响室内物理环境的舒适性，也使得设施采暖制冷的能耗大幅度增加（图 5.2.10）。

透明窗扇的设置未考虑老年人的隐私

部分养老设施（特别是护理院）出于照护效率的考虑，借鉴医院病房设置观察窗的做法，在老人居室门侧也设置了大面积的观察窗。这种做法虽然一定程度上有利于照护人员快速查房，提高了照护效率，但是严重影响了老年人的隐私。来往行人都可以看到居室内的场景，老年人的日常生活长时间暴露在公众视野中，这容易让老年人缺乏安全感且感觉不被尊重，有时也会形成一些负面情绪（图 5.2.11）。

外窗风格机构化，空间感受不适

养老设施是老年人居住生活的空间，其建筑外观和内部氛围宜让老年人产生归属感和亲切感。然而现实中，部分设施的外窗大小、韵律变化高度统一，容易让人联想起医院、办公等建筑类型，缺少居住建筑的特征（图 5.2.12）。部分设施出于安全考虑，在窗外密集设置了安全网或者栅栏，使得整个设施看上去如同“监狱”一般，机构化过强，缺乏生活化的氛围（图 5.2.13）。

图 5.2.10 餐厅的落地玻璃窗带来良好的采光和视野的同时，大幅度增加了设施的运行能耗

图 5.2.11 某设施老人居室设置有观察窗，居室内老人生活场景均暴露在公众视野下，缺乏隐私

图 5.2.12 高度韵律化的外窗，缺乏居住建筑的特征

图 5.2.13 某设施走廊外的安全栅栏影响生活化氛围的营造

窗的设计选型要素

应该从哪些角度考虑养老设施中窗的选型问题？

在养老设施中，不同人群在不同使用场景下对窗的使用需求存在较大差异，设计时，建议从开窗面积、窗台高度、开闭形式、透明度、附属构件等角度考虑窗的选型问题，以精准匹配使用需求。

开窗面积

开窗面积是窗选型时的首要考虑要素。窗扇越大，空间内的天然采光条件越好，视野越开阔。如图 5.2.14 所示，某设施门厅附近的休息厅采用大面积玻璃窗，采光良好，景观视野通透。

同时，设计开窗面积时还应考虑南北方地区的气候差异。例如，寒冷地区需考虑保温需求，开窗面积不宜过大，否则会影响建筑的运行能耗。炎热地区为了获得更好的通风环境，则应适当增加开启扇的大小。为了保证养老设施各空间有较好的自然通风和天然采光条件，相关规范对养老设施中主要老年人用房的窗地面积比给出了相关规定（表 5.2.1）。

总之，确定窗洞及开启扇面积需要在室内环境舒适度与建设成本、运行能耗之间取得平衡。

相关规范[1]中对主要老年人用房窗地面积比的规定　表 5.2.1

房间名称	窗地面积比 /（A_c/A_d）
单元起居室、老年人集中使用的餐厅、居室、休息室、文娱与健身用房、康复与医疗用房	≥1：6
公共卫生间、盥洗室	≥1：9

注：A_c—窗洞口面积；A_d—地面面积

图 5.2.14 休息厅的落地玻璃窗为室内带来良好的采光和视野

窗台高度

窗的位置高低，会影响室内外的视线关系和窗边空间的利用。窗台较高时，窗下可以摆放桌椅、收纳柜等家具，但是坐姿和卧姿老年人的视线可能受到遮挡，难以看到低处的植物和人的活动。窗台较低时，空间内外的视线关系较好，坐姿、站姿、卧姿老年人的视线均可以透过窗扇，看到窗外风景（图 5.2.15）。但在较高的楼层时，有的老人会产生恐高感，还可能被轮椅脚踏板碰撞，应注意设置安全防护措施（如栏杆）以免出现意外（图 5.2.16）。

图 5.2.15　较低的窗台高度可以获得更好的视线关系

图 5.2.16　窗台较低时需要额外设置安全措施

1　引自《老年人照料设施建筑设计标准》JGJ 450—2018 第 5.7.1 条的规定。

▷ 窗的开闭形式

养老设施中，窗扇的开闭形式关系到使用的安全性、便利性、室内通风效果、窗边空间利用等多个方面。表 5.2.2 列出窗常见的开闭形式及其优缺点。设计时需根据窗的位置、尺寸、形状、功能等因素综合选择开闭方式。

窗扇常见开闭形式的优缺点比较　　表 5.2.2

开启方式	图示	优点	缺点
平开窗（包括外平开窗和内平开窗）		• 窗扇密封性能较好，隔声、保温、抗渗性能优良 • 便于安装锁具 • 内开窗扇容易清洁	• 外平开窗存在坠落隐患，在台风多发地区和高层建筑中应用受限；开扇较大时，关闭较困难 • 内平开窗开启后占据室内空间，容易与家具陈设冲突，且影响纱窗的选型
推拉窗		• 推拉窗开启较为便捷，开闭操作时老年人身体幅度变化小，适合于乘坐轮椅的老人操作 • 开启时不影响临窗周边空间的利用	• 窗户密封性能稍差，不利于节能 • 隔声性能、抗渗透性能较差 • 耐久性较差，推拉轨道容易积灰，使开启受阻
外开上悬窗		• 上悬窗把手位置较低，方便老年人操作 • 开启时不影响窗边空间的利用 • 有利于下雨等不利天气下的开窗通风	• 换气量较小，通风效率较低 • 对五金件的要求较高，操作不当时容易损坏 • 容易积灰
内开内倒窗		• 内倒开启时无坠跌风险，安全性较高 • 开窗时风从侧面进入，换气自然，不会直吹老年人身体	• 内开内倒的操作对于老年人而言较为复杂，容易引起困惑 • 对五金件的要求较高，操作不当时容易损坏

▷ 窗玻璃的透明度

养老设施中，窗扇的透明度选型实质上是视线与使用者隐私之间的权衡。透明的窗扇可加强空间的视线联系，比如辅助老年人定向和寻路，有助于照护人员兼顾多个空间内的需求，等等；在某些有私密性要求的空间，比如存在身体暴露风险或者不希望被行经者打扰的房间，窗则需要选择半透明或者不透明的形式，或设置窗帘或百叶，以保护使用者隐私（图 5.2.17）。

图 5.2.17
活动室采用半透明窗扇，过往行人既能看到其中活动，又避免视线过于直接对其造成干扰

▷ 窗的附属构件

除了开窗面积、窗台高度、开闭形式、透明度等元素之外，养老设施中窗的设计还需要考虑遮阳措施、纱窗、把手、安全防护措施等附属构件的选型，以满足防晒、防虫、防跌落等使用需求。

①遮阳构件

养老设施中较容易出现东西向的居室或组团起居厅，老年人每天在居室和起居厅中停留的时间又比较长，因此东西向窗宜采用适当的遮阳措施，以减少阳光直射带来的眩光和室内过度得热。遮阳构件有多种类型，既可以结合建筑造型设置在窗外，也可以采用窗帘、遮光百叶、遮光帘等内遮阳构件（图 5.2.18）。采用内遮阳构件时，需要注意协调其与窗户开启扇的关系，避免出现彼此冲突使窗难以开启的情况。

（a）遮光帘和遮阳卷帘　（b）可折叠外遮阳构件

图 5.2.18　养老设施中常见的遮阳构件示例

②纱窗

老年人有开窗通风的习惯，为避免蚊虫进入室内空间，开启窗扇附近最好设置纱窗。纱窗的形式可结合窗的开闭形式灵活选择，宜考虑老年人开启的便利性和使用的耐久性，并应方便拆装和清扫（图 5.2.19）。

（a）中间可正常推拉

（b）低位推拉受力不匀

图 5.2.19
某设施纱窗窗扇较高，纱窗型材较软，低位推拉纱窗容易出现受力不匀的情况

③安全防护构件

窗的设置带来潜在的跌落隐患，因此安全防护构件也是窗重要的附属构件类型。常见的安全防护构件包括护栏、隐形防坠网、限位器等。安全防护构件的选型需要关注以下两点：其一，考虑构件对开启扇的关系，比如限位器选择可灵活调节的类型，方便根据需要选择合适的开启量，兼顾通风和防跌落的要求；其二，构件的外观宜相对隐蔽，避免视觉上造成较强的限制感，引起老年人情绪上的反感（图 5.2.20）。

图 5.2.20　公共起居厅窗户开启扇外设有隐形防坠网

窗的总体设计原则

▶ 保证视线高度范围内开窗界面的通透性

养老设施中不同身体条件的老年人在正常身体姿态下的平均视线高度是不同的，我国老年人卧姿、坐姿和站姿状态下的平均视线高度大致如图 5.2.21 所示。设计窗时宜考虑老年人的身体条件，选择适宜的窗台高度和窗棂分隔形式，以保证使用者能够获得更大的视野范围，且视线不会被窗棂遮挡（图 5.2.22）。

窗台高度不宜高于 600mm
窗台高度不宜高于 1000mm
800~1000mm
1000~1200mm
1400~1600mm

（a）卧姿　（b）坐姿　（c）站姿

图 5.2.21　老年人不同姿势下的视线高度

（a）站姿下的视线示意

（b）坐姿下的视线示意

图 5.2.22　某设施窗台高度降低，老年人站姿和坐姿均可以看到室外地面

▶ 协调好窗扇与周边环境的关系

窗前空间阳光充足，视野开阔，很多老年人喜欢在此阅读、聊天或者晒太阳。如图 5.2.23 所示，窗的开启形式和开启扇的位置需结合窗前活动设置，为窗口附近的沙发、书桌、座椅等家具留出适宜的摆放位置。此外，可选择适宜高度和宽度的窗台为窗前活动创造条件，如利用窗台设置座椅供老年人休憩，将窗台作为置物空间摆放装饰品或绿植等（图 5.2.24）。

（a）窗前设置阅读桌　（b）窗前设置休憩座椅

图 5.2.23　窗的设计选型需考虑到窗前活动的需求

（a）窗台摆放绿植

（b）窗台作为休憩座椅

图 5.2.24　窗和窗台的设计为窗前活动创造条件

公共空间窗的设计要点

▶ 公共活动用房采用透明隔断，方便老年人预先观察

老年人常使用的公共活动空间（如活动室、影音室、麻将室等）可采用透明隔断或在墙体上局部设窗，方便经过的老年人观察并了解其中发生的活动，也能给经过的老年人留出预先观察的机会，以便决定是否加入，避免贸然进入带来的尴尬，维护老年人的自尊（图 5.2.25）。

图 5.2.25　某阅览室的透明隔断方便室内外的老年人进行预先观察

▶ 设置窗洞或透明隔断改善内走廊的压抑感

昏暗、闭塞、悠长的公共走廊容易让人产生冰冷的机构感。沿公共走廊设置窗洞或者透明隔断，可以显著改善走廊内的光线和视线关系，缓解空间的压抑感。透明隔断塑造的开敞明亮的环境氛围，容易让老年人感觉轻松愉悦。透过窗可以观察到两侧房间内的活动，有利于营造热闹的设施氛围，增添老年人参与活动的动力（图 5.2.26）。

（a）空间改造前

（b）空间改造后

图 5.2.26　某设施采用透明隔断对走廊改造后，消除了沉闷的“机构感”

▶ 通过天窗改善建筑内部和地下空间的通风采光条件

一般养老设施用地都较为紧张，希望将地下空间作为员工生活空间或辅助服务空间等，以缓解功能空间的不足。通过设计天窗、窗井等努力为地下空间创造出通风采光条件，可以显著改善地下空间品质，使其能被更充分地利用。

还有部分养老设施是由仓库、商场等大体量的建筑改造而成，内部暗空间多采光通风条件较差。可争取在中部开天窗或改造出采光井，来提升建筑内部空间的使用效率和舒适度（图 5.2.27）。

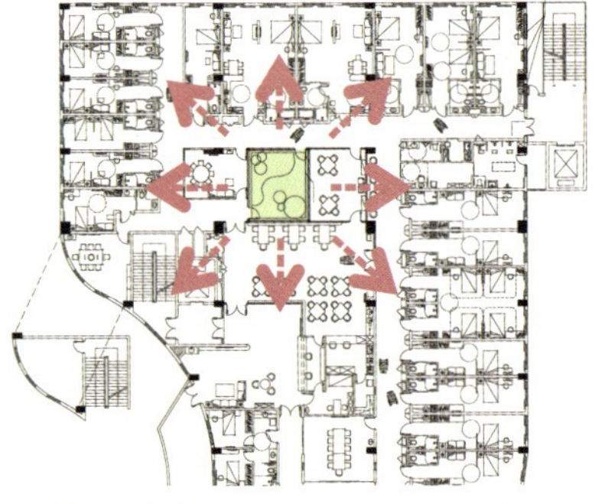

图 5.2.27　某设施内的中庭和天窗大幅度提升了建筑内部的空间品质

公共空间窗的设计示例分析

案例① 利用彩色玻璃营造别样空间体验

窗可以营造出富有感染力的空间氛围。德国曼海姆的卡里塔斯－岑特鲁姆设施（Caritas-Zentrum）在小礼拜堂以及临终关怀组团中的交谈室中均设置了大面的艺术玻璃窗，以彩色玫瑰图案为主题，借由光与色彩的艺术震人心魄，让使用者（包括老年人、员工、亲属等）能够受到空间氛围的感染，逐渐缓释压力，达到内心的平静（图 5.2.28）。

（a）小礼拜堂

（b）临终关怀组团的交谈室

图 5.2.28 彩色玻璃窗可以营造出富有感染力的环境氛围

案例② 走廊降低窗台高度方便卧床老人欣赏庭院景色

日本某设施庭院自然景色较好，临近庭院的走廊中设有局部放大空间，供老年人在此停留休憩。照护人员常将卧床老人推到此空间，以便老年人欣赏美景，接收日照。设计上将窗台高度做到 600mm 高，并沿其设置了一圈固定座椅，卧床老人不仅可以看到窗外的雪景，也可以和其他坐在窗边休息的老人聊天（图 5.2.29）。

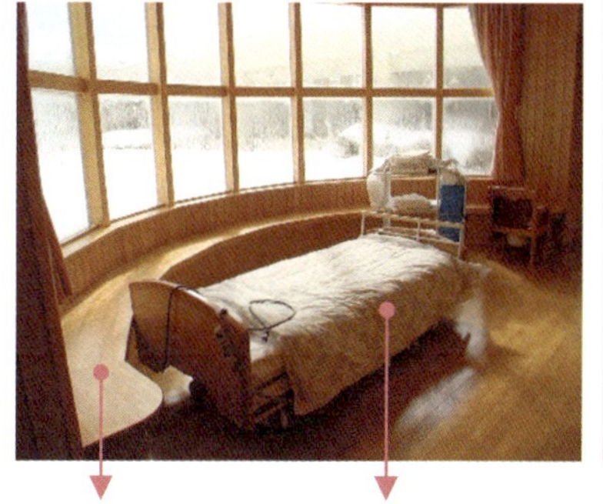

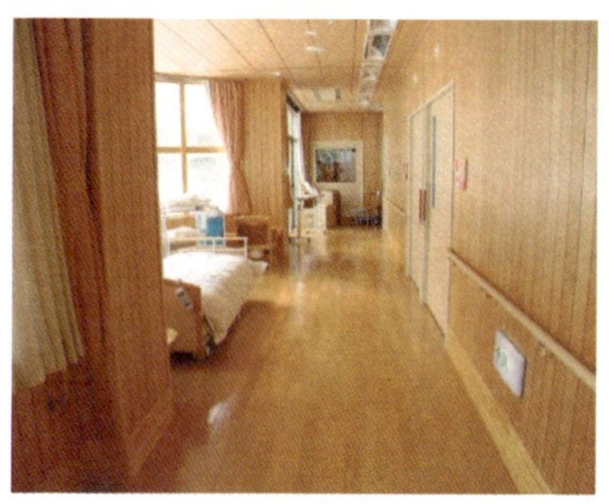

图 5.2.29 走廊放大空间采用低窗台的形式，方便卧床老人欣赏美景

案例③ 采用实体开启扇避免认知症老人擅自开启发生危险

德国圣安娜（St. Anna）养老设施中公共活动空间的窗采用了与常见认知相反的形式：窗的开启扇为实心木板，而固定扇为透明玻璃。这种“反常”的设计是出于对认知症老人安全的考虑，实心木板窗扇平时可以打开通风，关闭后不像窗，能够一定程度上“迷惑”认知症老人，防止其擅自开窗发生跌坠危险。此外，窗还采用了低窗台的形式，窗台上摆放了绿植，乘坐轮椅的老人可以靠近窗户，观赏绿植和室外风景（图 5.2.30）。

图 5.2.30 采用实体开启扇，“迷惑”认知症老人规避风险

老人居室窗的设计要点

▶ 为老年人提供个性化的展示条件

每位老年人都是独一无二的个体，也希望居室的布置满足更多的个性化要求。居室的窗可为这种差异和个性的表达提供“舞台”，如允许老年人自己挑选窗帘的颜色，或者让老年人利用窗台摆放喜欢的摆件，从而呈现出丰富的生活场景和居住特征。图 5.2.31 中，走廊一侧每户都有一个窗洞，老年人都对此窗洞进行装饰，摆放自己喜欢的小件物品，不仅彰显个性和品位，还有利于加强邻里的交往（图 5.2.31）。

▶ 有条件时可面向走廊一侧开窗，改善室内通风效果

养老设施大多采用通廊式布局，常因通风不畅产生郁闷感和异味。在有条件时可在走廊侧的门上开通风窗洞或设置亮窗，也可在临走廊侧布置的厨房、卫生间等空间开设通风扇，使得关门状态下依然能够实现空气流通，以改善居室内的通风环境（图 5.2.32）。

▶ 失能老人居室的窗台高度宜适当降低

对于行动不便和长期卧床的老年人而言，居室的窗具有特殊意义，透过它能够观察到室外活动的人群，感受“烟火气”，欣赏楼下的绿化景观，寄情大自然。望窗外是他们为数不多的信息渠道和乐趣源泉。因此，老人居室宜适当降低窗台高度，以便老年人能够在坐姿或者卧姿状态下看到地面的景象（图 5.2.33）。当窗台采用 450mm 左右的高度时，还可以作为亲友来访时的休憩座椅，方便老年人与亲友交谈。

图 5.2.31 某设施在走廊上设置展示窗口，为老年人个性化展示创造条件的同时也能加强居室的识别性

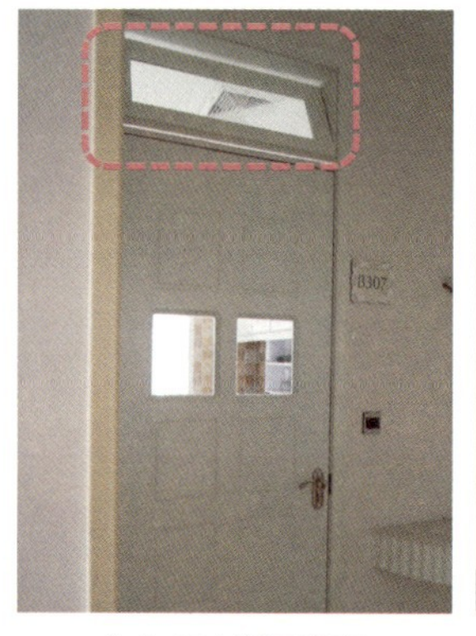

（a）门上设置亮窗

（b）厨房靠近走廊一侧设置开启扇

图 5.2.32 面向走廊一侧开窗，可改善居室内的采光和通风条件

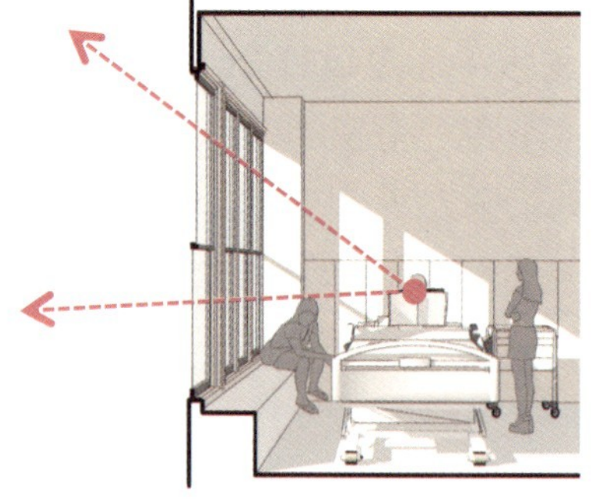

（a）窗台高度为 900mm 的视线范围

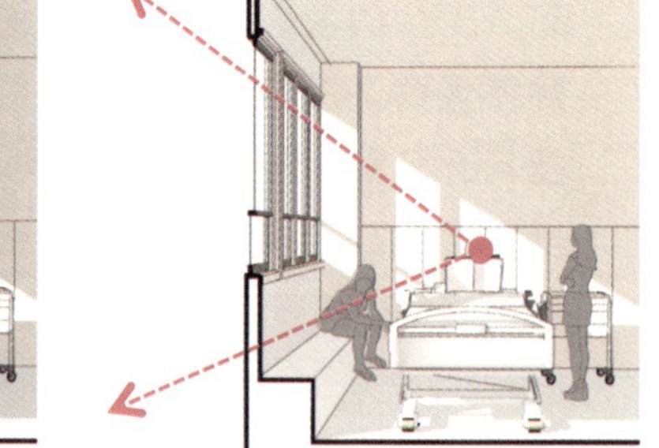

（b）窗台高度为 450mm 的视线范围

图 5.2.33 窗台高度对卧床老年人视线范围的影响

老人居室窗的设计示例分析

案例① 设置转角窗扩大卧床老人视野

芬兰乌尔丽卡埃莉奥诺拉（Ulrika Eleonora）设施在老人居室窗的设计选型上，除了适当降低窗台高度（约600mm），还结合建筑造型，在居室一角设置了L形转角窗。通过这一设计，卧床老人不仅可以在竖直方向上获得更大的视角，还能够在水平方向上扩展视野，看到窗外更多的风景（图5.2.34）。

图5.2.34 芬兰乌尔丽卡埃莉奥诺拉设施居室平面及建成实景

案例② 偏转窗的方向为北向居室创造采光条件

很多养老设施中均设置有北向老人居室。西班牙圣安德鲁（St. Andrew）老年公寓通过居室平面和窗的创新设计，改善了北向居室的采光和通风条件。如图5.2.35所示，该公寓将北向居室的外墙偏转了一定角度，朝东向设置了竖长条窗。通过光在墙面的反射改善了居室内的采光条件，同时也丰富了建筑北向立面的造型，使建筑的外观更具识别性。

图5.2.35 圣安德鲁老年公寓北居室争取东向采光的示例

案例③ 复合设计兼具防坠和遮阳功能

德国圣安娜养老设施的居室外窗采用复合设计，在通风采光的同时，满足了安全防坠和遮阳的需求。如图5.2.36所示，外窗的大窗扇采用内倒的开启方式，小窗扇采用内平开窗，不同的开启组合可以满足不同情境下的通风需求；平开扇外侧设置了透明玻璃板，充当了栏杆的作用，防坠的同时不遮挡视线，也不影响立面效果；窗外设置了雨篷和遮阳帘，老年人可以根据需要调节，满足居室对遮阳的需求。外墙窗台上的金属翻边处理，有效地形成滴水线，能够防止窗及窗台雨水流至外墙面形成污痕。

图5.2.36 德国圣安娜养老设施的居室外窗设计分析

窗的设计实例分析
荷兰鹿特丹罗森比赫生命公寓

项目简介

该项目位于荷兰鹿特丹，是生命公寓的典型代表，与其声名远扬的运营理念匹配，该建筑窗的设计也极具特色。其公共空间的窗根据使用需求，采用了多种不同的形式，满足了使用需求的同时，通过颜色、材质创造出丰富多变的空间体验。老人居室的窗则采用高低台设计，既保证老年人视线通透，也统筹解决了安全性、通风、遮阳等诸多问题，具有借鉴意义。下面挑选几个典型空间进行简要分析（图 5.2.37）。

图 5.2.37　罗森比赫生命公寓建筑外观

各空间窗的设计特色

门厅的窗

该设施主入口的门斗与接待办公室相邻。中间的窗户采用了上下分段式的设计，上层玻璃通透，下层则采用了彩色马赛克玻璃对视线进行了遮挡（图 5.2.38）。这种分层设计，使得门厅过往的人流可以隐约看到办公室内的工作人员，但不会对其工作造成干扰。具有年代感的马赛克玻璃，弱化了机构氛围，给访客亲切宜人的家庭感。此外，窗户后面还设置有窗帘，可以满足某些私密接待的需求。

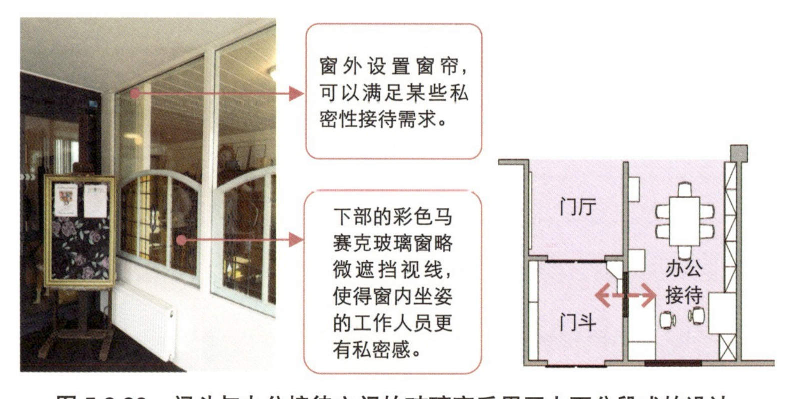

图 5.2.38　门斗与办公接待之间的玻璃窗采用了上下分段式的设计

吸烟室的窗

与走廊相邻的吸烟室的隔断设计同样可圈可点。窗扇采用复古的块状玻璃和木材，营造出怀旧的空间氛围，能够唤起老年人对过去的记忆。吸烟室内热闹的活动通过玻璃隐约透出，强化了设施内的生活气氛。窗带来的通透视线则增加了社交的机会：过往的老年人可以看到房间内的活动，然后自主决定是加入还是简单地打招呼（图 5.2.39）。

图 5.2.39　吸烟室与走廊之间采用了透明隔断

公共活动厅的窗

该项目东侧有婉转绵延的河流和大片的绿化。因此，建筑东侧的活动室沿着主要景观面设置了大面积的连续长窗，窗户几乎没有分隔，使得窗外美景得以最大化地呈现。

出于通风考虑，建筑的东南角设置一扇开启扇，开启扇颜色有显著区分，方便老年人识别。活动厅内的窗适当降低了窗台高度，老年人即使在坐姿状态下也可以欣赏到室外美景（图 5.2.40）。

图 5.2.40　活动厅沿主要景观面设置了水平长窗

老人居室的窗

该项目老人居室的窗有很多细致的设计考虑：

窗台：窗采用高低窗台的设计，中间较大面积的区域为固定扇，窗台高度较低，老年人坐下也能看到窗外的风景，窗台还可以作为置物台面放置茶杯、绿植等；两侧开启扇下方的窗台高度较高，保证老年人开窗过程的安全，因此窗附近无须安装栏杆（图 5.2.41）。

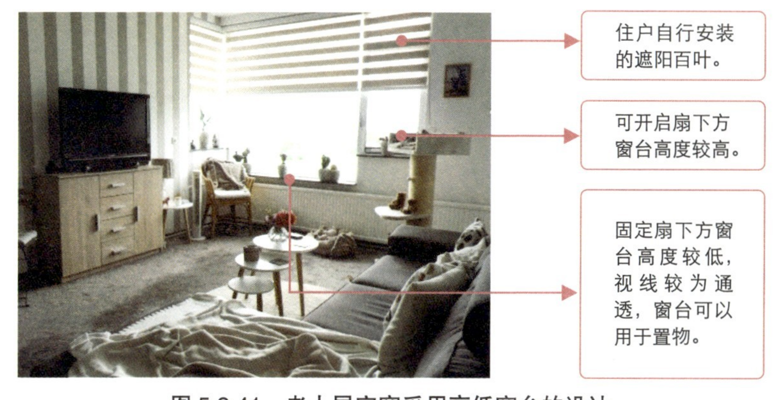

图 5.2.41　老人居室窗采用高低窗台的设计

遮阳：老人居室窗同时设置有外遮阳构件和室内遮阳措施。建筑外侧的折叠式遮阳可根据老年人的需求开启或者收叠，居室内还可以根据老年人的需求自行选装窗帘和遮阳百叶。每位住户选择的不同窗帘，给标准化的居室外立面添加了很多个性化的要素，塑造出居住建筑的外部特征。

通风：每间居室的外窗均设置有可开启扇，以保证室内的通风效果。除了外平开窗之外，其上方还设置有一个小型的通风孔，能够保证不利天气情况下，即使不开窗也能进行通风换气（图 5.2.42）。

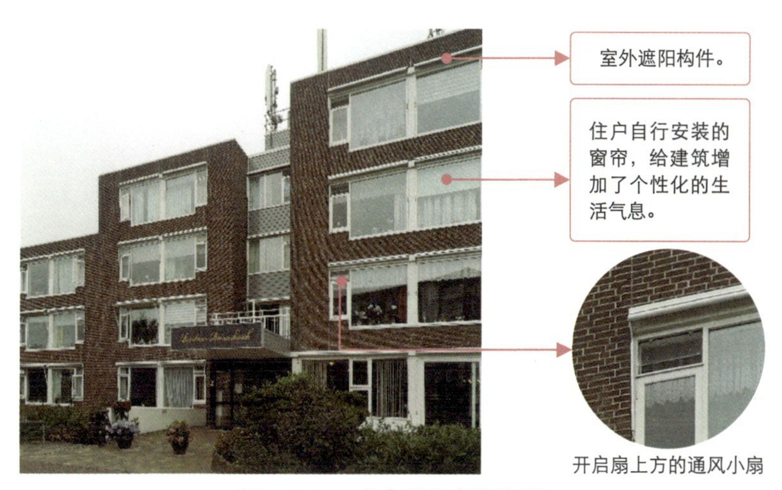

图 5.2.42　老人居室窗的外观

第 3 节

扶手

养老设施中扶手的重要性

养老设施中扶手的重要作用

扶手是养老设施中最为常见的安全辅助构件，合理地选择和设计扶手对于老年人和护理人员均有重要意义。扶手不仅能够帮助老年人更好地利用现有的身体能力，保障日常行动的安全，也可为护理人员照护老人提供助力，减轻其工作负担。总的来说，养老设施中扶手的作用可归纳为以下几方面：

降低老年人日常活动的风险

扶手能够在老人日常行走、上下楼梯、开关门等过程中提供必要的扶助和支撑作用，从而降低老年人发生跌倒的风险，为其日常活动增加安全保障（图 5.3.1）。

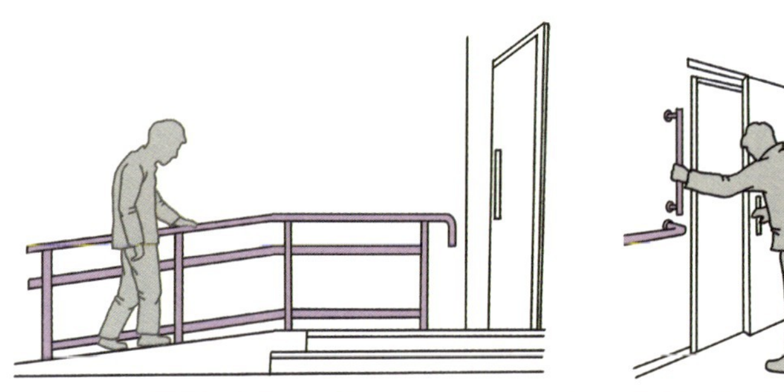

（a）保障在台阶及坡道行走的安全　（b）保障开关门时身体的稳定

图 5.3.1　设置扶手可以降低老人日常活动中的跌倒风险

减轻护理人员的工作负担

护理人员在照护老人时，可以让老人借助扶手保持适当姿势或获得一定助力，以便更轻松、方便地对其进行护理。这既能减轻护理人员的工作负担，同时也能在一定程度上节约人力（图 5.3.2）。

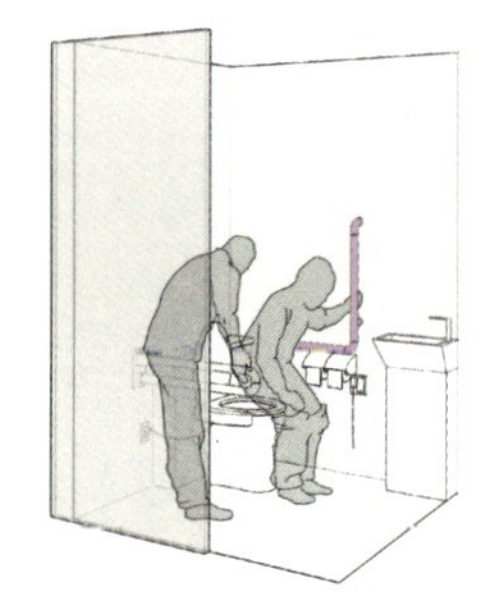

（a）无扶手时，需要两人辅助老年人如厕　（b）设置扶手后，只需一人即可辅助老人如厕

图 5.3.2　借助扶手可以减轻护理负担，节约人力

发挥老年人的现有身体能力

恰当地设置扶手能够让老年人更有效地发挥自身能力，帮助其借力完成起身、如厕等动作，保持一定的日常生活能力，避免因过度护理致使身体机能的加速衰退（图 5.3.3）。

图 5.3.3　床边扶手帮助老人利用自身能力独立起身

TIPS：扶手在老年人康复锻炼中起到重要作用

调研发现，一些养老设施会让老人利用公共走廊的扶手进行康复锻炼。如图 5.3.4 所示，老年人在护理人员的看护下，借助扶手开展步行、下蹲、起立等日常锻炼活动。

图 5.3.4　某养老设施公共走廊中的扶手可供老人开展日常康复锻炼

老年人使用扶手的多种方式

老年人在不同场景下使用扶手的需求及方式

老年人使用扶手的方式与具体的使用场景有关。借由抓握、拉拽、倚靠、撑扶、趴伏等不同的使用方式，老年人可以借助扶手实现不同的使用需求。从老年人的身体特点出发，常见的扶手使用方式及需求包括以下三方面：

通过拉拽扶手借力起身

老年人腰腹和下肢力量较弱，从坐姿或卧姿状态下起身存在一定困难，特别是在长时间坐、卧之后（例如如厕或在沙发上久坐后）往往难以自行起身。此时老人需要通过拉拽前方或侧方的扶手借力，以便调用上肢力量独立或在护理人员的协助下完成起身动作（图 5.3.5a）。

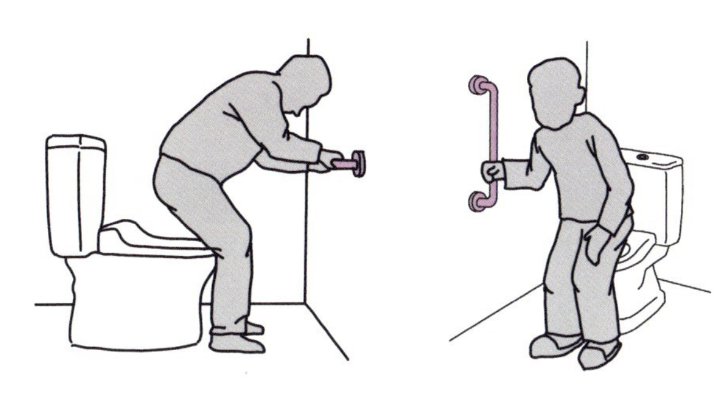

（a）如厕后拉拽扶手起身

抓握扶手以保持移动时的身体平衡

老年人身体协调性及平衡能力下降，在行走时会出现重心不稳、打晃等情况，很容易发生跌倒或摔伤。在转身、开关门等动作过程中也容易因身体重心发生变化而造成失衡摔倒。考虑到安全性，老年人在移动或施力过程中需要抓握扶手作为支撑，从而保持身体重心的稳定性（图 5.3.5b）。

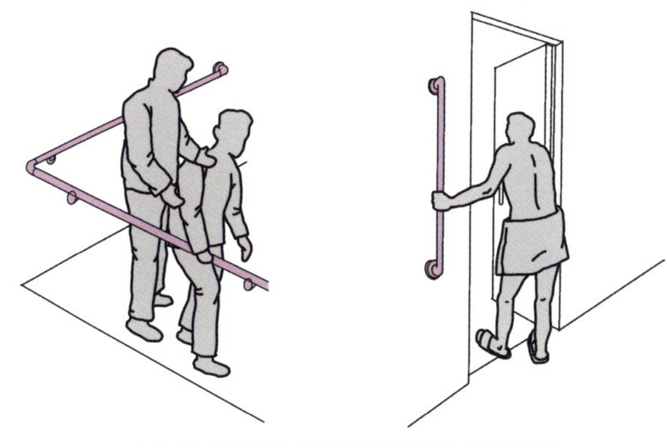

（b）行走及开关门时抓握扶手保持身体平衡

倚靠或趴伏于扶手，维持姿势稳定

一些身体较为虚弱、偏瘫的老年人难以长时间独立维持站姿或坐姿，在如厕、洗浴过程中，需要倚靠扶手或趴伏在扶手架上，以便保持稳定的姿势。同时也更方便护理人员为其进行护理（图 5.3.5c）。

（c）如厕时趴伏或倚靠于扶手维持稳定姿势

图 5.3.5　老年人在不同场景下使用扶手的方式

TIPS：同一扶手借由不同动作可以满足多种使用需求

同一扶手在不同的使用方式下可满足多种使用需求。例如坐便区前侧方的竖向扶手，既可供老人起身时拉拽，也可供老人从轮椅转换至坐便器时抓握，还可作为擦拭时的支撑及倚靠。

养老设施中常见的扶手类型

扶手的常见类型及适用场景

由于不同场景下老年人的使用需求不同，所适合的扶手类型也会有所差异。下面将养老设施中常见的扶手类型及其功能和适用场景进行分类说明（表 5.3.1）。

养老设施中扶手常见的类型及适用场景　表 5.3.1

扶手类型	横向扶手	斜向扶手	竖向扶手	L 形扶手
图示	(a)　(b)	(c)	(d)	(e)　(f)
功能及适用场景	横向扶手能够让老年人撑扶和抓握，保持水平行进过程中的身体平衡，常设置在走廊、电梯等交通空间，或者地面湿滑、容易发生跌倒隐患的区域（如卫生间淋浴区）	斜向扶手能够在有连续高度变化的位置为老年人提供撑扶和拉拽的借力点，例如楼梯、坡道、台阶侧	竖向扶手主要供老人抓握、起身、转身或倚靠，常设置在门侧、卫生间如厕和淋浴区域等位置	L 形扶手兼有横向和竖向扶手的功能，常用在坐便器侧方及淋浴空间等既需要保持姿势稳定，也会出现坐姿、站姿转换的位置。一些 L 形扶手的横向部位设计成水平横板的形式，在提供支撑的同时可兼作置物

扶手类型	组合型扶手	翻折式扶手	扶手架
图示	(g)　(h)	(i)　(j)	(k)　(l)
功能及适用场景	组合型扶手通常由多种不同类型的扶手组成，以满足特定场景下的使用需求。常用在卫生间淋浴区、如厕区，局部高差变化等位置，可在老年人连续行走、转身、上下台阶等动作转换的过程中提供连续帮助	翻折式扶手常用于卫生间如厕区，其特点是能够灵活地根据使用需求上下或者水平翻折。当不需要使用时可贴墙收起，以便为轮椅从侧方接近，以及护理人员的协助操作留出更多的空间，避免形成障碍。设置于坐便器前方的翻折式扶手可供老年人在如厕时临时倚靠或趴伏	扶手架相比于一般的扶手在使用及安装方式上更为灵活。例如坐便器扶手架可独立设置而无须安装于墙面，在墙面空间不足或条件有限时选用。与墙面扶手相比，扶手架能够更好地为老人的身体提供支撑，协助其保持稳定坐姿

养老设施中扶手设置的误区

对养老设施扶手设置的常见认识误区

尽管扶手的重要性已被普遍认同，但是实际调研时发现，很多养老设施的扶手设置都出现了一定的问题。这反映出设计人员、运营方对于扶手的认知存在一些偏差。经归纳，对扶手的认识误区主要有以下几类：

误区 1 认为扶手安装得越多越好

扶手的过度安装是养老设施扶手设置的常见误区。部分养老设施为了能充分展现空间的安全性和适老性，特意安装了很多扶手，以体现对老年人的考虑很周到。有的设计师则认为扶手越多，老年人活动越安全，不容易出现跌倒事故。然而实际来看，许多扶手并不能起到实质作用。如图 5.3.6 所示，扶手装在起居厅一角，前面被家具挡住，也很少有老人从此经过，成为一种“摆设”。这不仅造成物力、财力的浪费，还容易给人造成过度机构化的感官印象。

误区 2 将老年人对扶手的需求等同于残障人士

将“适老化设计”等同于“无障碍设计”是一个普遍误区，在设置扶手时也暴露出这一问题。老年人与残障人士虽然在扶手的使用需求上有一定共性（例如都会通过抓握扶手借力），但在具体的使用场景及方式上也存在许多差异。以盥洗池扶手为例，按照无障碍要求设置的扶手架可供下肢残障人士在洗手时倚靠身体，以维持站姿稳定（图 5.3.7），然而这种形式的扶手并不便于乘坐轮椅的老年人接近和使用洗手池，反而成为一种“障碍”。

误区 3 盲目照搬规范中的扶手设置方式

许多设计人员由于不太了解老年人的身体特征及护理服务需求，在设计扶手时会参考或引用规范和标准图集上的图示。这些图示通常有其特定的适用背景，如果不了解其背后的设计原因就直接照搬，很可能会出现“水土不服”的问题。例如，设计师按照图集中的示例在公共浴室沿墙设置了许多扶手，然而实际运营情况为护理人员利用浴床协助老人洗浴时不需要扶手，利用浴椅洗浴时只使用喷头周边的扶手，基本不需要为行进路径设置扶手（图 5.3.8）。

图 5.3.6 活动室内沿墙设置了连续扶手，然而因需要摆放家具，扶手无法发挥作用，且影响了家具摆放

图 5.3.7 盥洗池的无障碍扶手架可以帮助部分残障人士保持站姿稳定，但却不便于老人乘坐轮椅时接近水池洗手

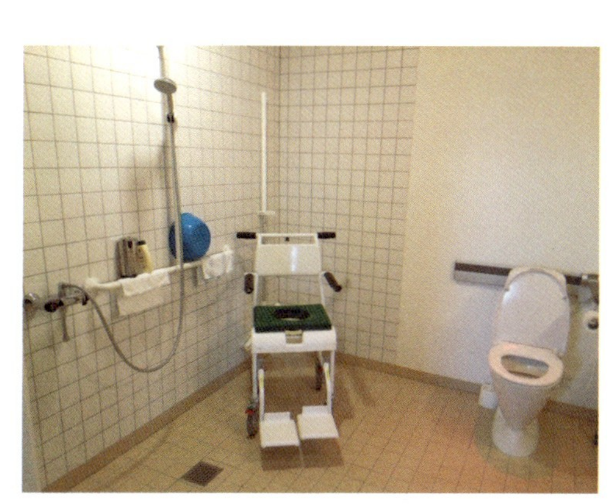

图 5.3.8 洗浴区墙面全面设置了扶手，但老人实际上主要使用浴椅洗浴，导致多数扶手被闲置

养老设施中扶手设置的问题示例

▶ 问题示例①　公共走廊设置双层扶手，造成浪费

部分养老设施在公共走廊里设置了双层扶手（图 5.3.9），认为下层扶手可供乘坐轮椅的老年人扶握并借力前行。然而调研观察到，老年人乘坐轮椅时借助扶手前行并不常见，通常由护理人员推行（图 5.3.10）。实际上双层扶手主要用于楼梯间等有高差的地方，下层扶手一般供身高较低的人群使用。养老设施的走廊中仅设置一根高度适宜的扶手也能兼顾到大多数需求。

图 5.3.9　公共走廊设置双层扶手并不能起到实际作用

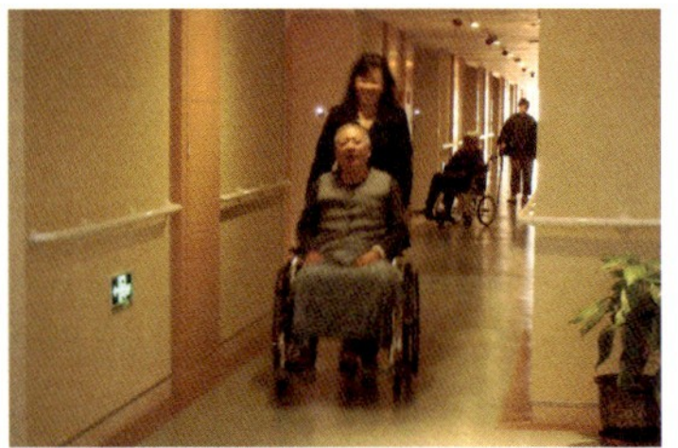

图 5.3.10　乘坐轮椅的老人通常由他人推行，多数不依赖扶手前进

▶ 问题示例②　室外台阶缺乏扶手，带来安全隐患

很多养老设施的建筑主入口处都设有室外台阶，有的台阶较宽，仅在两侧设置了扶手，还有的仅在无障碍坡道设置扶手，认为老年人主要使用坡道，因而未在台阶设置扶手（图 5.3.11）。实际调研时发现，部分老年人也会选择走台阶而非坡道，若台阶缺乏适宜的扶手则会产生较大的安全隐患，尤其在雨雪天台阶表面湿滑时，老年人很容易在此滑倒。

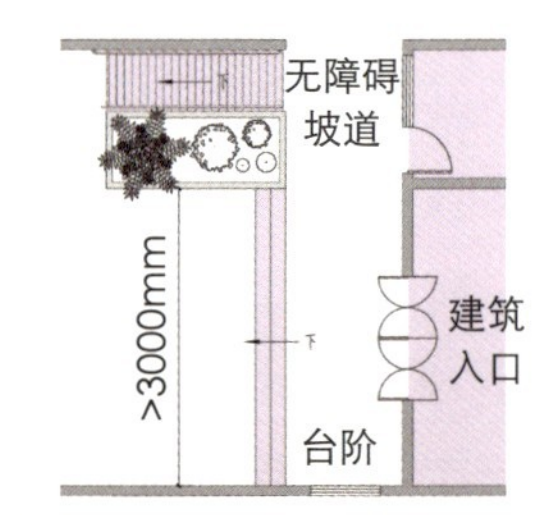

图 5.3.11　某设施主入口只在无障碍坡道两侧设有扶手，台阶处却未设置，而老年人经常“抄近道”走台阶，缺少扶手面临很大的安全风险

▶ 问题示例③　卫生间扶手选型或安装位置错误

调研时发现，很多养老设施的卫生间扶手在选型或安装时没有考虑到老年人的使用动作，使得扶手无法发挥预期效用。例如，坐便器侧墙的 L 形扶手方向装反或竖向扶手安装位置不够靠前，老人在起身时不便拉拽借力（图 5.3.12），有的设施在盥洗台两边安装扶手，无法供老人倚靠或抓握接近水龙头。

（a）L 形扶手方向装反

（b）竖向扶手过于靠后

（c）扶手安装过远

图 5.3.12　养老设施卫生间扶手的安装或选型存在问题

▶ 问题示例④　扶手给护理人员的服务操作带来不便

一些养老设施的卫生间坐便器一侧采用了固定在地面的扶手，当老人自行如厕时能够用于撑扶起身。但当乘坐轮椅的老人需要护理人员协助如厕时，这种扶手往往便成为“障碍”（图 5.3.13）。由于固定式占据了坐便器侧方空间，会给护理人员移乘老人或协助其擦拭等操作造成不便。

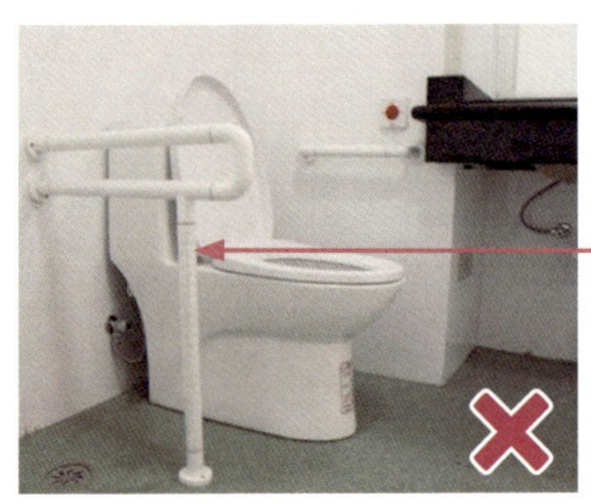

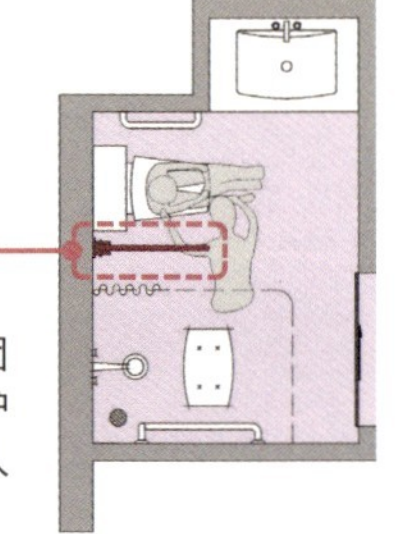

图 5.3.13　卫生间如厕区固定扶手影响了护理人员的服务操作

扶手选型和配置的基本思路

根据老年人的身体条件及护理需求，选配合适的扶手

扶手的选型和配置需考虑到不同身体条件的老年人的使用能力及需求差异。例如对于相对健康的老人，抓握或拉拽扶手较为容易，但有些老人由于握力不足或手部关节受损等原因，难以握持普通的杆式扶手，可能需要为其提供板式扶手。此外还需注意的是，养老设施中公共卫生间、公共交通空间等公共区域的扶手选配需要考虑到使用对象的差异化需求。例如不同偏瘫患侧的老年人易于施力的肢体侧不同，公共卫生间宜考虑设置左右方向不同的扶手，以便老人能够选择合适的厕位（图 5.3.14）。

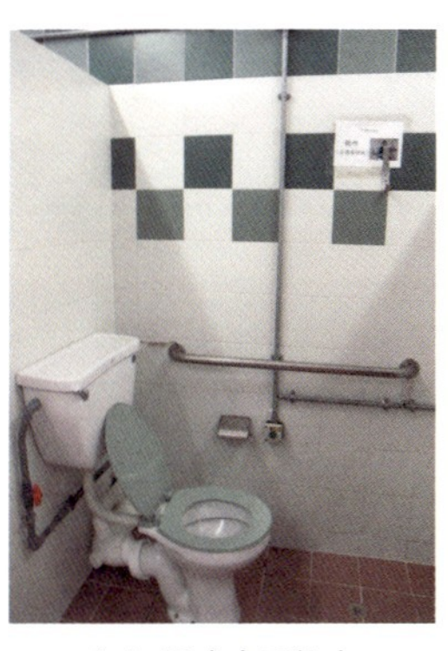

（a）适合左手施力　（b）适合右手施力

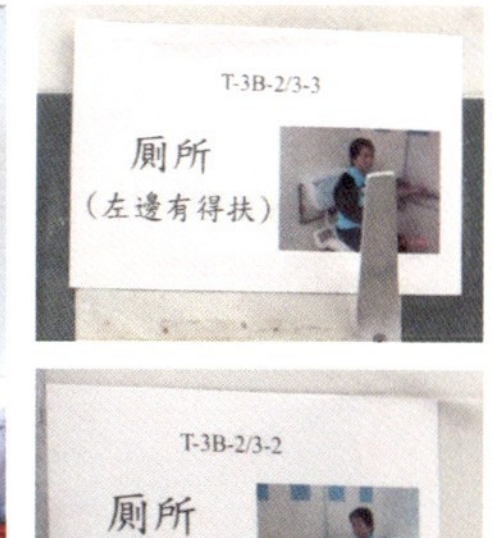

（c）墙面设有提示

图 5.3.14　不同厕位隔间分设左右两侧扶手

基于使用的动作流程，确定扶手的形式和安装位置

在很多情况下，老人需要借助扶手完成一系列动作。以洗浴为例，从进入浴室开始，开关门、移动到洗浴区、转身坐下、洗浴后起身离开，每一个环节都需要用到扶手。在确定扶手的形式及安装位置时，应仔细设想老年人在浴室内的行动流线，明确各个环节使用扶手的动作及方式，从而在恰当的位置为其提供适宜的扶手，以保障整个洗浴过程中的安全（图 5.3.15）。

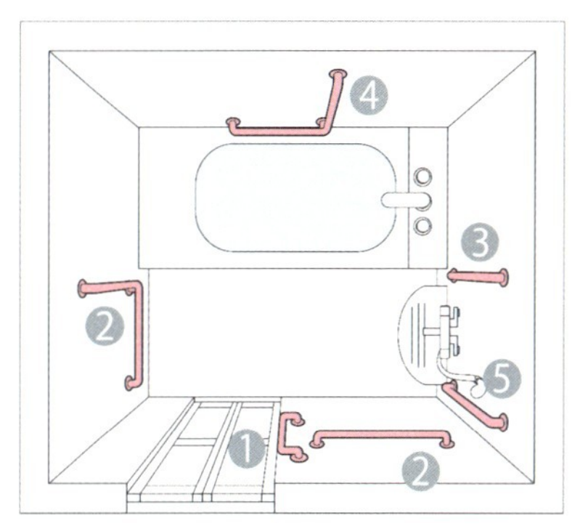

根据洗浴流程选配扶手

① 进出浴室：门侧设置竖向扶手
② 在浴室内移动：墙面设置 L 形扶手及横向扶手
③ 进出浴缸：浴缸端头设置竖向扶手
④ 泡浴起坐：浴缸侧墙设置 L 形扶手
⑤ 淋浴起坐：墙面设竖向扶手

图 5.3.15　扶手基于老年人使用的动作流程配置

结合具体的空间条件，灵活设置扶手

扶手的设置形式还与具体的空间条件有关。有些空间缺少可以安装扶手的墙面，可考虑采用落地式扶手或选择更为灵活的组合式扶手架。此外，扶手还可以与栏杆、门窗相结合（图 5.3.16）。有时扶手的功能也可以被其他辅具或者家具来代替。例如，沿墙摆放的矮柜可以为老人在行走过程中提供支撑，门厅处的鞋柜台面（高 850~900mm）也可供老人换鞋时撑扶（图 5.3.17）。

图 5.3.16　扶手结合落地窗窗框设置，老人既能在行走时抓握，也能在此倚靠赏景

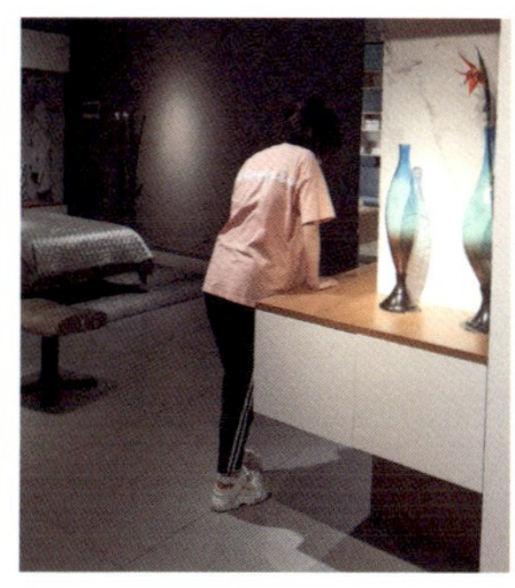

图 5.3.17　高度适宜的柜体台面可代替扶手供老人撑扶

5-3 楼梯、台阶和坡道扶手的设置要点

楼梯、台阶和坡道扶手的设计注意事项

设置于楼梯、台阶和坡道等有高差变化的位置的扶手，其主要作用是供老年人行走时扶握，助其在身体重心变化时保持平衡。这些位置的扶手设置需注意以下事项：

扶手安装宜左右兼顾

楼梯、台阶和坡道的左右两侧均应安装扶手。如前所述，不同老年人的惯用手和身体条件不尽相同，依靠左手或右手抓握扶的情况均存在。另外，双侧扶手也能够保证人员从两个方向行进时均有扶手可以抓握。

需注意扶手在起终点及拐角处的延续性

楼梯、台阶和坡道处的扶手在起终点处宜适当延长，以便老年人能在高差变化之处持续抓握扶手，保证身体重心稳定后手再移开。拐角处的扶手也应尽量连续，避免因行进中突然缺少扶手而导致无处扶握，产生安全隐患。

楼梯扶手设置示例分析

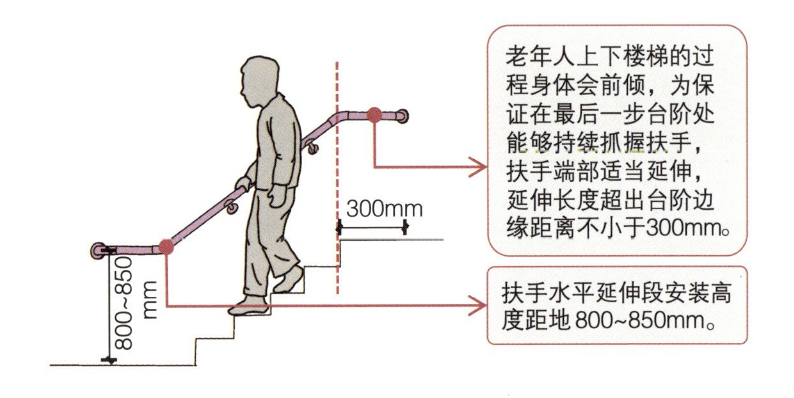

图 5.3.18　室内楼梯、台阶扶手设置尺寸示意

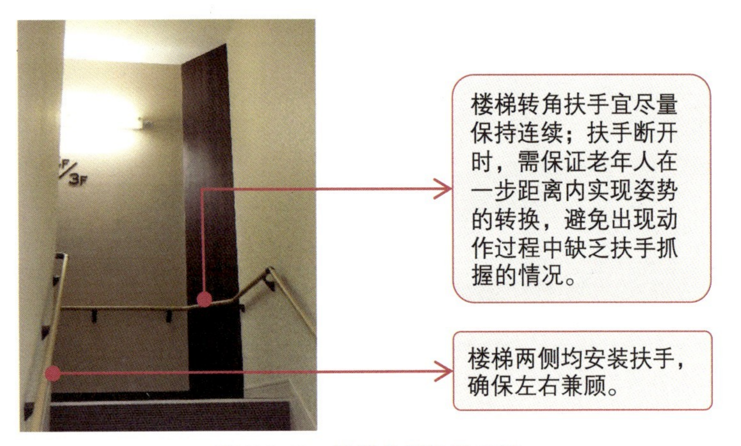

图 5.3.19　楼梯扶手设置示例

台阶扶手设置示例分析

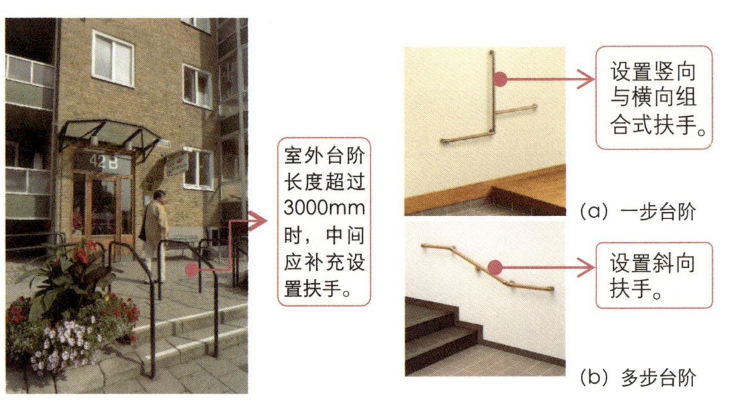

图 5.3.20　室外台阶扶手设置示例　图 5.3.21　室内台阶扶手设置示例

坡道扶手设置示例分析

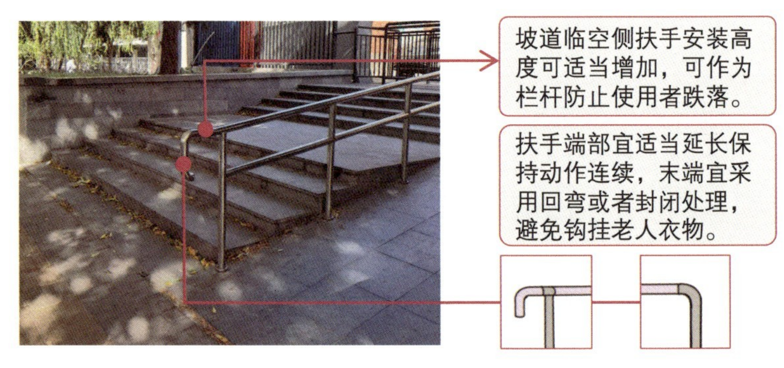

图 5.3.22　坡道扶手设置示例

公共走廊扶手的设置要点

公共走廊扶手的设计注意事项及示例分析

公共走廊设置扶手的主要作用是在老年人水平行进时提供辅助。此外，部分行走存在困难的老年人，可以借助走廊的扶手进行短距离的步行训练，以维持身体机能，延缓步行能力的衰退。公共走廊扶手的设置应注意以下事项：

公共走廊的扶手可结合实际情况适量安装

随着助行器、电动轮椅等新型设备的发展，老年人日常通行可以借助更多的辅具，对扶手的依赖逐渐降低（图 5.3.23）。因此，公共走廊扶手可以结合具体情况适量安装。例如在走廊较宽时可以选择双侧设置扶手，但是某些改建项目走廊较窄，可优先保证走廊的必要通行宽度，仅在单侧安装扶手，或者不安装扶手。

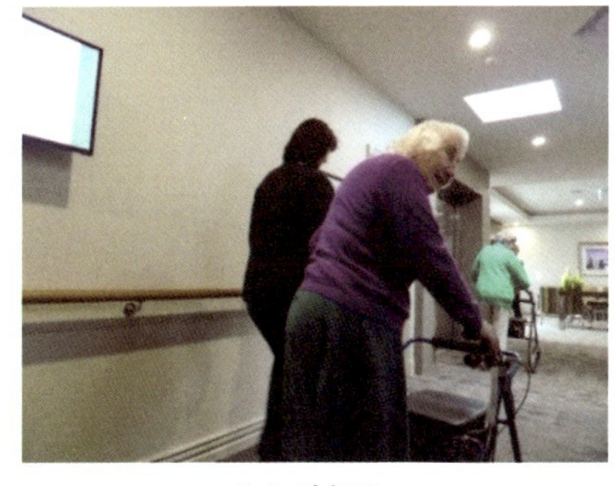

（a）助行器　　（b）电动轮椅

图 5.3.23　助行辅具及设备的发展降低了老年人对走廊扶手的需求

水平扶手安装高度需考虑老年人的身高

一般而言，室内走廊扶手安装高度接近老年人盆骨高度或站姿状态，手自然下垂时的手腕高度时，老年人更容易撑扶和抓握，使用较为舒适。在我国，较为常见的扶手安装高度在 800~850mm 之间（图 5.3.24）。考虑到我国南北方地区老年人的身高差异较为明显，扶手设置高度可参考当地老年人的平均身高，适当进行调整。

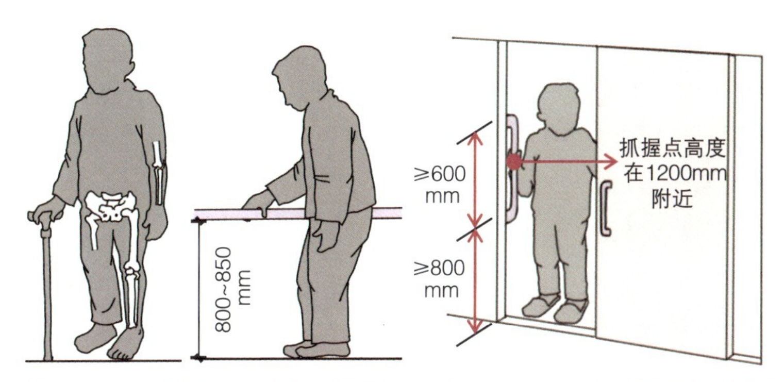

图 5.3.24　走廊扶手安装高度示意　　图 5.3.25　门侧扶手的安装示例

门侧宜设置竖状扶手

公共走廊还需要注意居室门侧扶手的选型和设计。门侧扶手的主要作用是提供抓握点，让老年人在开关门过程中（特别是推拉门）能够保持身体平衡，避免被门的开启扇带倒。门侧扶手常选用竖向扶手，扶手下端距地高度不超过 800mm，扶手长度不小于 600mm，以保证不同身高的老年人均能够抓握（抓握点在 1200mm 附近）。门侧扶手的安装位置及尺寸示意如图 5.3.25 所示。

TIPS：走廊拐角处的扶手设置示例

公共走廊中的拐角处存在视线盲区，可增加转角竖向扶手（图 5.3.26），以便老年人抓握稳定身体、缓慢转身。

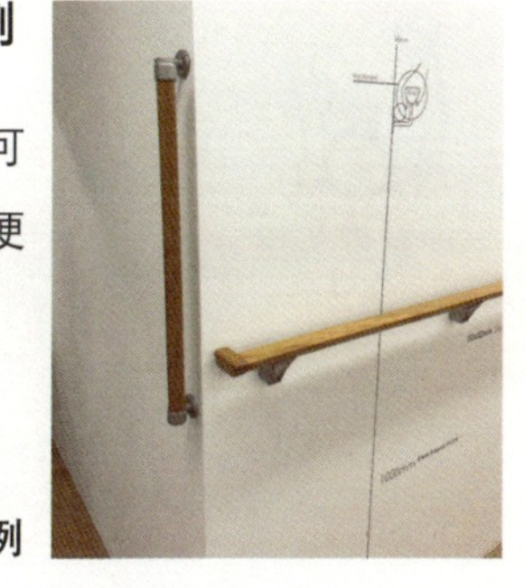

图 5.3.26　走廊拐角处的扶手设置示例

如厕和盥洗空间扶手的设置要点

▶ 不同身体条件老年人如厕和盥洗过程中对扶手的需求

了解不同身体条件老年人如厕过程中的动作，是正确设置如厕区扶手的前提。图 5.3.27 按照身体条件对老年人进行了分类，将其分为能力完好（能够基本自理）、轻度失能（能行走，但是需要护理人员协助如厕）、中重度失能（乘坐轮椅，需要护理人员协助如厕）三种类型，分析了各类型老年人在如厕和盥洗过程中使用扶手的动作以及对扶手的需求。

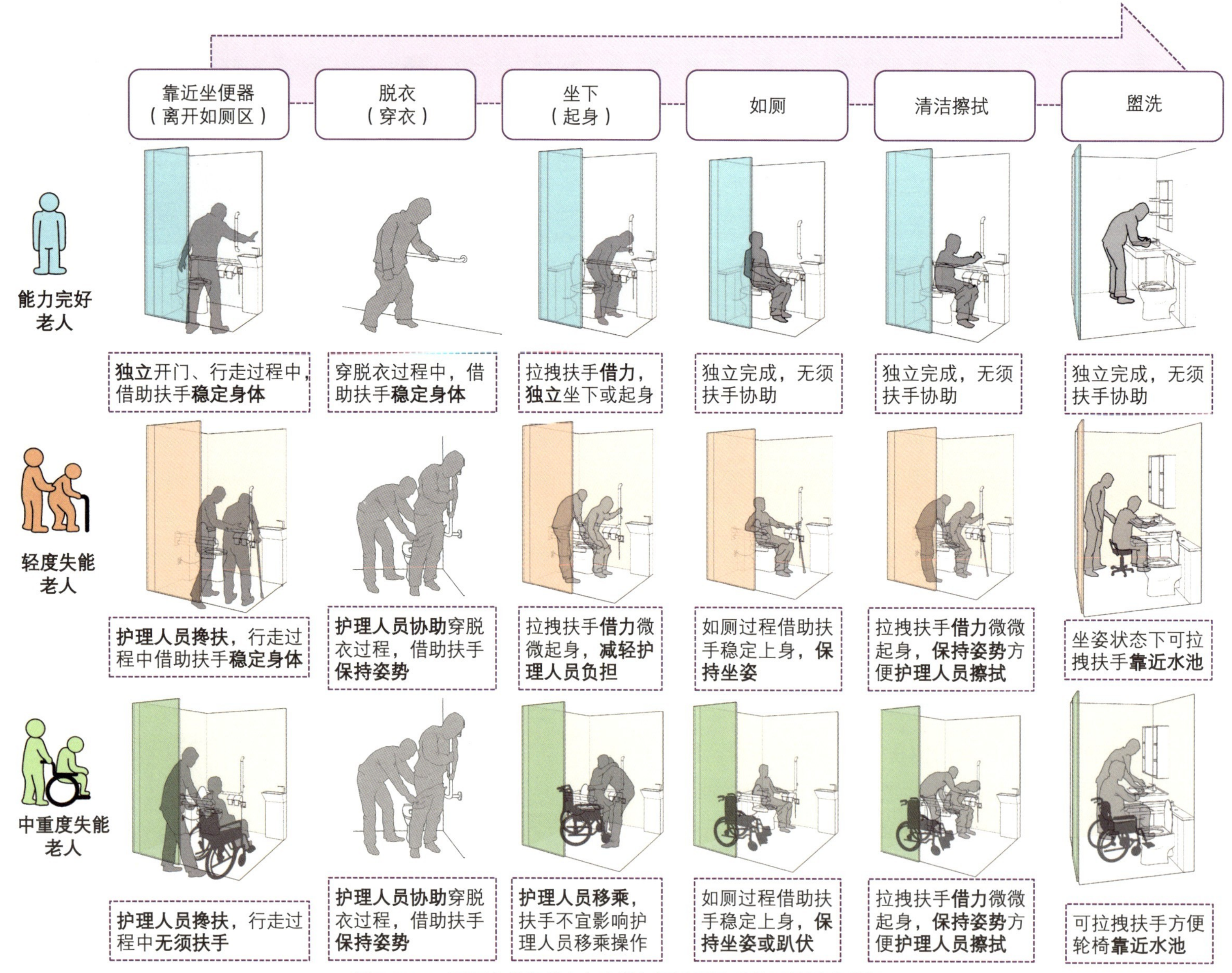

图 5.3.27　不同身体条件老年人的如厕流程及对扶手的需求分析

如厕空间扶手的设置要点

通过前文对如厕流程的分析可以看出，如厕区的扶手宜结合使用者的身体条件来配置。不同身体条件老年人适用的扶手选型与设置要点如下。

- **能力完好老人：**坐便器一侧设置竖向或者 L 形扶手，扶手设置高度和尺寸可参考图 5.3.28（a）。
- **轻度失能老人：**坐便器一侧设置竖向或者 L 形扶手，另一侧设置翻折式扶手，既可以方便老年人保持姿势，也不影响护理人员提供服务，扶手设置高度和尺寸可参考图 5.3.28（b）。
- **中重度失能老人：**坐便器一侧设置竖向或者 L 形扶手，周围设置扶手架和靠背，协助老年人保持坐姿；如果老年人维持坐姿困难，坐便器前方还可以设置横向扶手供老年人趴伏。坐便器周边扶手宜设置成为可翻折的形式，以免影响护理人员协助老年人移乘。扶手设置高度和尺寸可参考图 5.3.28（c）。

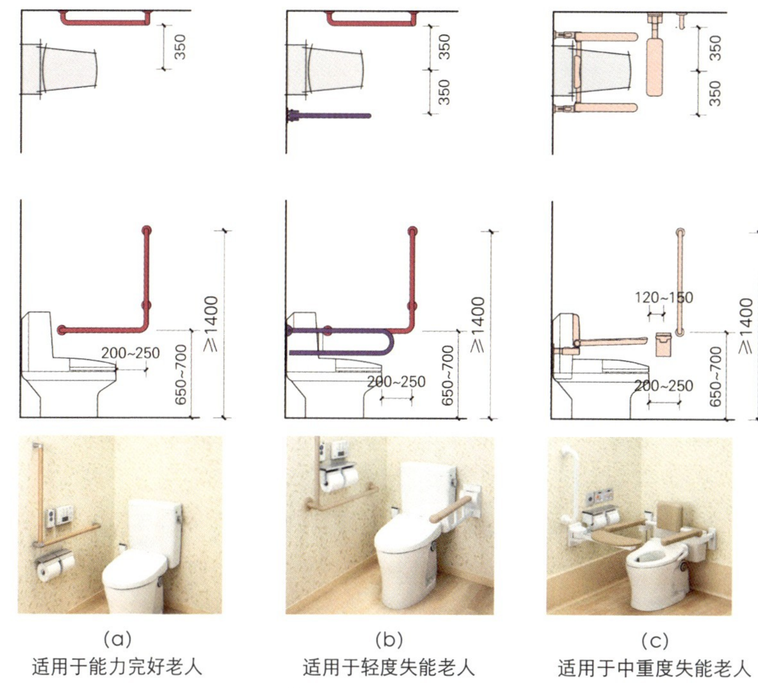

（a）适用于能力完好老人　（b）适用于轻度失能老人　（c）适用于中重度失能老人

图 5.3.28　适用于不同身体条件老年人的如厕区扶手示例（单位：mm）

盥洗空间扶手的设置要点

通过前文对盥洗流程的分析可以看出，盥洗区扶手承担的主要功能是帮助坐姿或者乘坐轮椅的老年人靠近盥洗池。这一目的既可以借助类似图 5.3.29 中的扶手来实现，也可以对盥洗池进行创新设计，借助盥洗池边缘来代替扶手的功能。例如，日本某厂家的一款盥洗池，将水池前端变薄，以方便乘坐轮椅的老年人拉拽靠近水池；此外，该水池边缘还做了凹进的圆角处理，可方便站姿操作的老年人倚靠，协助其保持身体的稳定（图 5.3.30）。

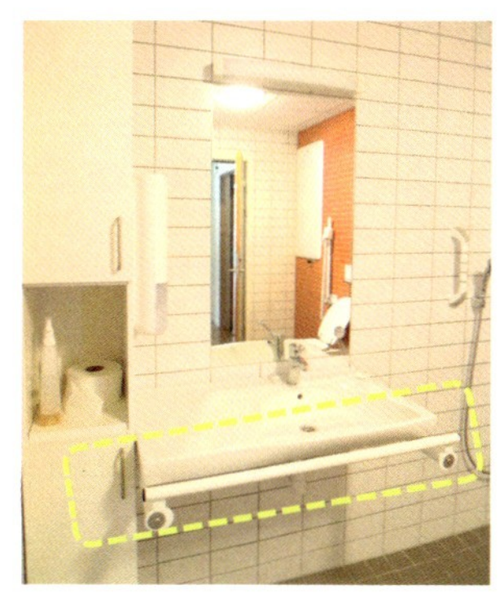

图 5.3.29　公共卫生间盥洗池扶手设计示例

图 5.3.30　日本某厂家盥洗池设计示例

注：如厕区和盥洗区的其他扶手设计要点及示例，可参考本系列图书卷 2 第 1 章第 6 节公共卫生间的相关内容，受篇幅限制，本章不再赘述。

洗浴空间扶手的设置要点

不同身体条件老年人洗浴过程中对扶手的需求

与如厕空间不同的是，老年人对淋浴区扶手的需求会随着身体条件的衰退不断降低。如图 5.3.31 所示，能力完好的老人可以独立完成洗浴过程，他们往往需要借助扶手完成穿脱衣、开关门、坐下起身等动作，由于淋浴区地面容易因积水湿滑，所以能够辅助其独立完成洗浴动作的扶手非常重要。轻度失能老人独立洗浴变得较为困难，照护人员会介入提供必要的帮助，这种情况下扶手能够帮助老年人稳定身体、保持姿势，以方便护理人员提供服务。中重度失能老人活动能力较差，照护人员通常会在居室或更衣区帮其提前脱衣，借用洗澡椅转移到淋浴区为其洗浴，这一过程中老年人基本坐在洗澡椅上，除偶尔借助扶手稍微起身，方便照护人员冲洗外，对扶手基本无其他需求。

需要注意的是，养老设施中入住的老年人身体条件在不断发生变化。因此，如果洗浴空间不是面向特定的使用对象，最好按照所有老年人都合适来设置扶手。

洗浴空间扶手的设置要点

结合上述需求，洗浴空间的扶手宜结合老年人的身体条件，进行区分设计。

能力完好老人使用的洗浴空间，为保证其独立洗浴过程中的安全（洗浴区地面湿滑，老年人摔倒风险较高），应设置充足的横向或竖向扶手，保证老年人每个动作（穿脱衣、起身、行走等）都能够找到就近的扶手抓握（图 5.3.32）。

失能老人使用的洗浴空间，可结合实际情况，适量地设置部分横向或竖向扶手，让老年人可以借力起身，为照护人员助浴提供一定的便利（图 5.3.33）。

能力完好老人

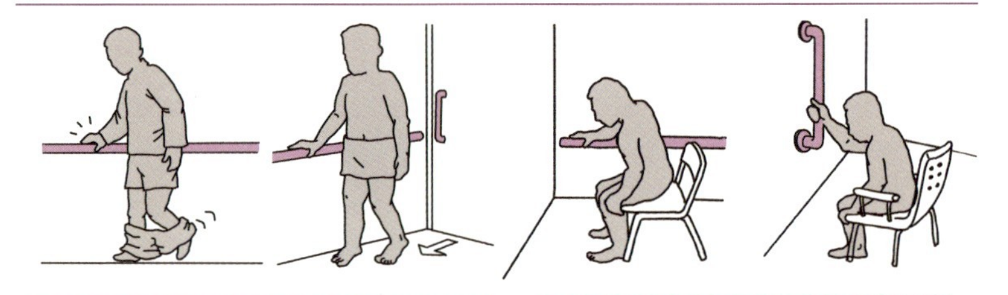

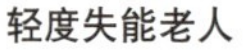

轻度失能老人

中重度失能老人

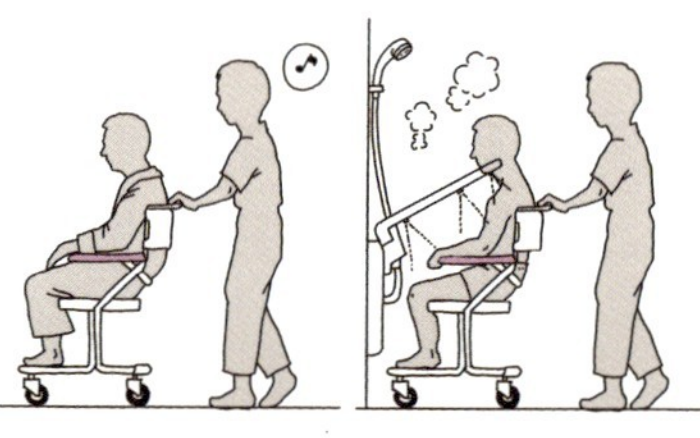

图 5.3.31　不同身体条件老年人洗浴过程中对扶手的需求

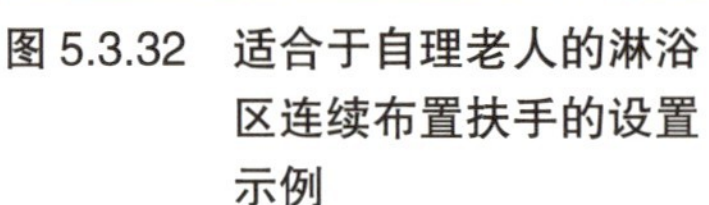

图 5.3.32　适合于自理老人的淋浴区连续布置扶手的设置示例

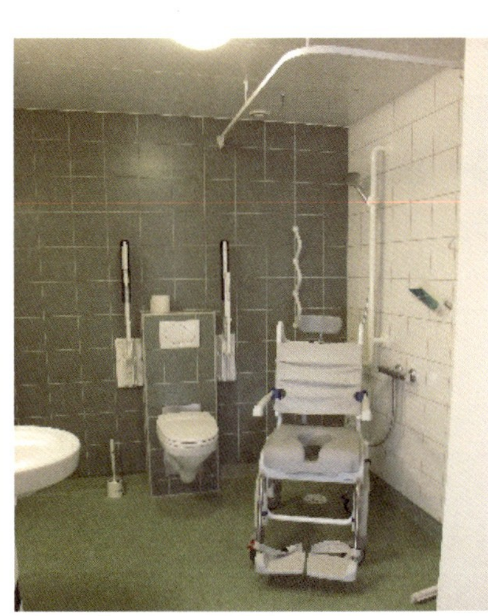

图 5.3.33　采用淋浴椅时，可适量设置扶手

扶手的细节设计要点

扶手的截面形状和尺寸

扶手的截面形状和尺寸应与老年人使用扶手的动作相匹配。

例如，以抓握和拉拽动作为主的扶手（如竖向扶手），宜采用圆柱状截面，直径在35~45mm之间，距离墙面不小于40mm，方便老年人单手抓握，如图5.3.34（a）所示；为了增加扶手的防滑性能，可以选用表面有凹凸纹理的扶手。

以撑扶动作为主的扶手（例如如厕区的横向扶手），可采用扁平椭圆或者上部为平板的截面形状，以增大手掌或者手肘与扶手的接触面积，采用横板扶手时，板的宽度不宜小于100mm（图5.3.34b）。

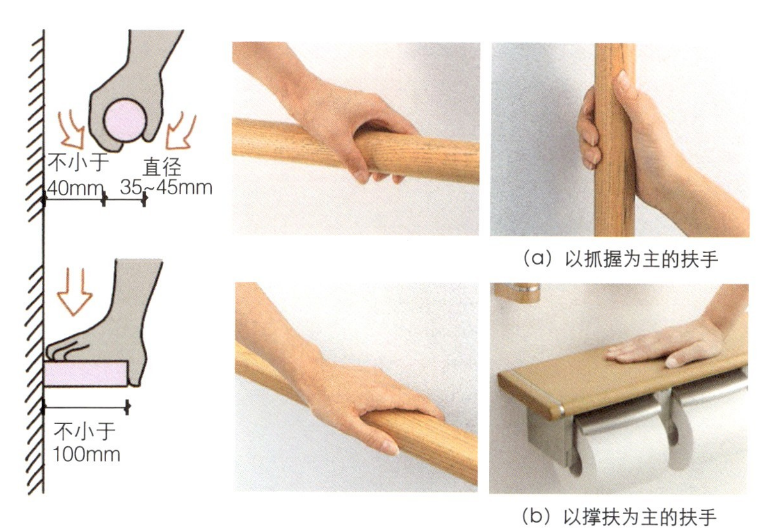

图5.3.34　扶手的截面形状、尺寸与使用动作的关系

扶手的端部处理

扶手的选型设计需注意其端部处理。特别是横向扶手，扶手端部宜采用向墙壁或者向下方弯曲的形式，不能带有杆状突出末端，以免老年人行进过程中因不慎被勾挂到衣物或提包带而绊倒（图5.3.35）。

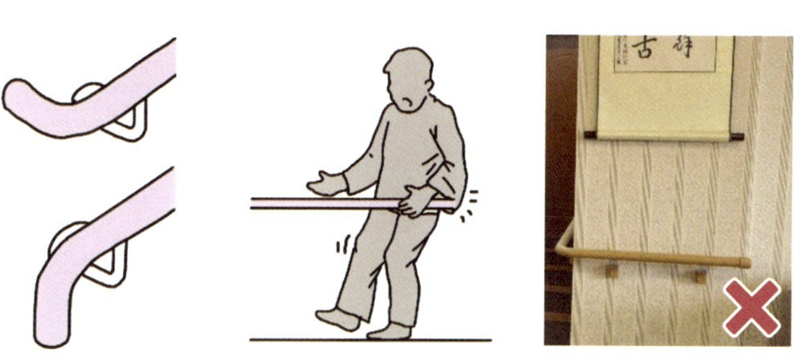

图5.3.35　横向扶手需注意其端部的处理，避免绊倒老年人

扶手的表面材质

老年人在使用过程中会频繁接触扶手表面，因此扶手表面材质的选择也特别需要关注。扶手宜选择抗菌的材质，避免老年人频繁接触后交叉感染；扶手表面宜触感舒适，避免过度冰凉，以保证老年人冬季使用有较好的体验；选用金属扶手时，需注意表面的防锈处理；此外，扶手还特别需要注意表面材质的防滑性能，以保证老年人使用过程的安全。

TIPS：横向扶手需注意其固定件的形式

横向扶手的固定件形式宜避免对老年人的行进造成干扰。如图5.3.36所示，水平连接扶手的固定件，容易影响手扶行进的连续性，L形固定件则更便于手的平移。

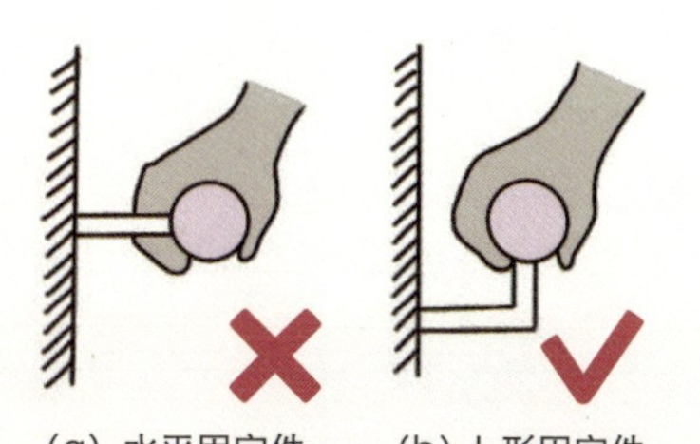

图5.3.36　不同扶手固定件的比较

第六章　认知症照料环境设计专题

认知症又称“失智症”，是“痴呆”(Dementia) 的俗称。认知症是由脑部疾病所导致的一系列以记忆和认知功能损害为特征的综合征，绝大部分患者为 60 岁以上的老年人。参考发达国家和地区的发展经验，随着中国认知症老人数量和比例的快速增长，未来养老设施中认知症老人的比例将不断升高。认知症老人照料难度很高，对专业照料设施的需求很大。近年来，中国也建设了一些能为认知症老人服务的养老设施，但空间环境品质良莠不齐。认知症老人相比于其他老年人，对空间环境更加敏感，有较为特殊的需求。本章将从认知症老人的身心特点、行为特征，及其对空间环境的需求出发，探讨如何在设计中加以应对。

本章内容共分为 9 节，各节主要内容大致如下：第 1 节简要介绍了认知症老人的身心特征、病症特点与空间环境的设计原则；第 2~4 节分别探讨了认知症照料环境的空间模式与整体布局、认知症照料单元各功能空间的设计，以及空间环境中的细节设计；第 5 节分析了认知症花园的特殊设计策略；第 6~9 节选取了国内外 4 所各具特色的认知症照料设施为案例，并结合各设施的运营理念、设计理念对其空间环境设计特点进行了剖析。

CHAPTER.6

May 28th at 1:30pm
TEAM 1
TEAM 2
EXIT
INN

第 1 节

认知症照料环境设计概述

打造专业的认知症照料环境的必要性

中国认知症老人数量正在快速增长

2020 年，中国认知症患者预计超过 1400 万，是世界上患者最多的国家。研究表明，认知症的患病率随年龄增长显著增高。据国际阿尔茨海默病协会统计，东亚地区老年人年龄每上升 6.3 岁，罹患认知症的概率即翻一倍，90 岁以上的高龄老年人患病率高达 40.5%（图 6.1.1）。随着中国人口老龄化程度的不断加深，老年人中认知症的患病率将不断提高，患病人数将以每年 5%~7% 的速度快速增加（图 6.1.2）。

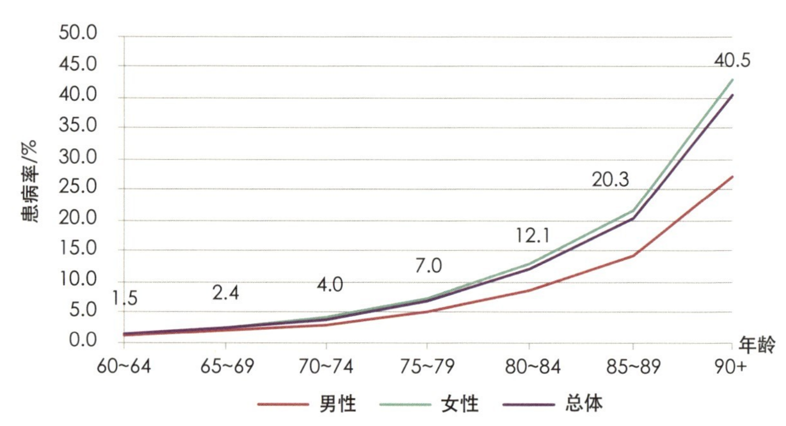

图 6.1.1　东亚地区认知症老人患病率随年龄变化曲线[1]

养老设施中认知症老人的比例将不断升高

认知症老人具有特殊的身心需求，需要专业的照料服务和居住环境。然而中国绝大多数患者在家中接受照料，其家庭照护者往往承担着巨大的身心负担。如下方数据所示，在老龄化程度较深的发达国家，护理型养老设施居民认知症老人的比例很高。随着中国高龄人口比例的不断增高，我国也将很快达到发达国家的老龄化水平与认知症患病率。**未来，认知症老人将成为养老设施中最主要的护理对象。**因此，当前养老设施的设计中需考虑提供适宜认知症老人居住的空间环境，以灵活适应未来的需求变化。

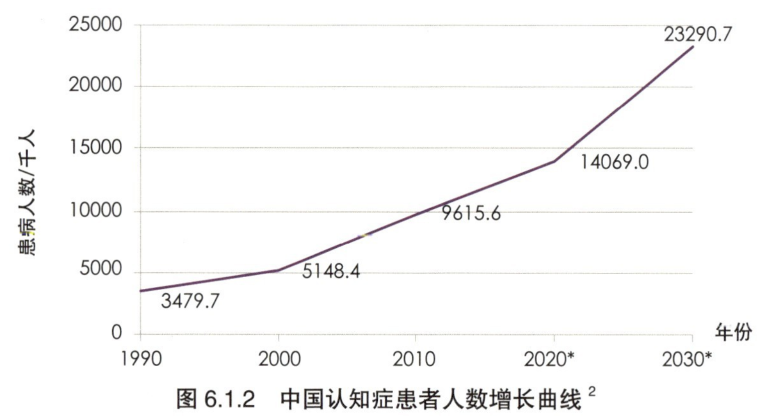

图 6.1.2　中国认知症患者人数增长曲线[2]
（*2020—2030 年数据是预测数据）

TIPS：美国、日本、中国人口老龄化水平对比

美国（2016 年）
65 岁以上人口比例：15.2%[3]
护理院中[4]：
85 岁以上老年人比例：43.5%
认知症老人比例：47.8%

日本（2016 年）[5]
65 岁以上人口比例：26.56%
护理院中：
85 岁以上老年人比例：62.7%
认知症老人比例：96.7%

中国[6]
2016 年，65 岁以上人口比例 10.8%
2027 年，达到美国 2016 年的水平（15%）
2040 年，达到日本 2016 年的水平（26%）

1　数据来源：Alzheimer's Disease International：World Alzheimer Report 2015.
2　数据来源：XU J，WANG J，WIMO A，et al. The Economic Burden of Denmentia in China，1990—2030：Implications for Health Policy [J]. Bulletin of the World Health Organization，2017，95(1): 18.
3　数据来源：2017 Profile of Older Americans，The Administration for Community Living.
4　数据来源：Long-Term Care Providers and Services Users in the United States：Data From the National Study of Long-Term Care Providers，2015—2016. https://stacks.cdc.gov/view/cdc/76253. 护理院对应 Nursing Home，是美国的一种护理型养老设施。
5　数据来源：厚生劳动省．平成 28 年介護サービス施設・事業所調査の概況 - 介護保険施設の状況、介護保険施設の利用者の状況；护理院对应介护老人福祉设施，其是日本的一种护理型养老设施。
6　数据来源：王广州．新中国 70 年：人口年龄结构变化与老龄化发展趋势 [J]. 中国人口科学，2019（03）：2-15，126.

认知症老人的能力特征与病症特点

认知症老人的能力特征

“认知症”是由脑部疾病所导致的一系列以记忆和认知功能损害为特征的综合征。如表 6.1.1 所示，随着病程发展，认知症患者的记忆、语言、思维、判断等能力都会出现不同程度的衰退，日常生活能力也随之不断降低，例如容易迷失方向、难以自己开展活动、无法识别潜在风险等。然而，还有部分能力并不会因罹患认知症而失去，包括情感表达能力、长期记忆、程序性记忆等。与认知症老人相处时，不能因为老年人患有认知症就忽略其尚存的情感、习惯和生活技能。环境设计中需要考虑到认知症老人的能力特征，通过适度的提示或辅助补偿老年人衰退的能力，同时鼓励其延续、发挥尚存的能力，使其得以顺利开展日常生活与社交文娱活动，提升其生活质量。

认知症老人衰退的能力与仍具有的能力　　表 6.1.1

衰退的能力	仍具有的能力
· 记忆力（短期记忆、事实记忆） · 对时间、地点、人物的辨认 · 注意力、执行能力（复杂流程） · 控制冲动能力	· 情感表达能力 · 长期记忆（人生事件、集体记忆、社会习俗） · 程序性记忆（生活技能、演奏乐器、运动等） · 生活习惯 · 感官记忆 · 对过去生活环境的记忆

精神行为症状及其诱发原因

认知症照护中最难应对的是老年人产生的精神行为症状（例如激越的情绪、暴力行为、昼夜颠倒、出现幻觉等），又称周边症状。这些症状并非单纯由脑部病变引起，而与老年人所处的空间环境、社交环境，以及接受的照护方式密切相关（图 6.1.3）。为尽可能减少老年人的精神行为症状，护理人员往往需要更加密切地关注老年人，并及时调整空间环境、沟通方式与照护技巧等。因此认知症照料环境中，通常对照护人员的配比及专业度的要求较高。

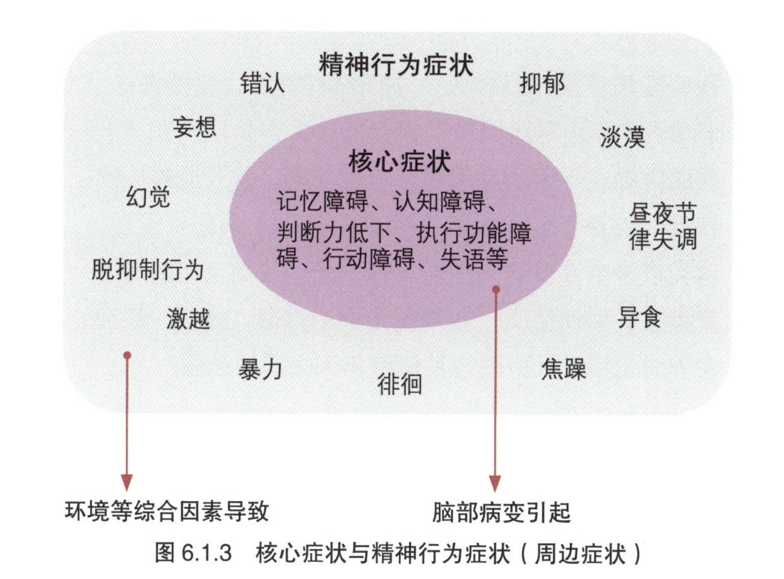

图 6.1.3　核心症状与精神行为症状（周边症状）

> **TIPS：如厕相关的精神行为症状**
>
> 老年人产生便意但无法找到卫生间时，可能会有徘徊、焦躁等行为，不小心失禁后更可能产生激越、暴力行为。这些如厕相关的精神行为症状不仅与护理方式有关，也与卫生间位置较远、入口不够明显等空间环境因素有关。

认知症照料环境的常见设计问题

单元规模过大，“机构感”强

部分认知症照料设施由于建筑规模较大且未进行分区，导致单元规模大，单层有 40 位，甚至 100 位老年人居住。如图 6.1.4 所示，大型照料单元中，往往餐厅、活动厅容纳人数也较多，不利于认知症老人彼此熟悉、开展社交活动，更可能因人数过多、空间过大产生噪声，引发认知症老人的焦躁情绪。规模过大也会使护理动线过长、护理人员难以及时响应老年人的需求。

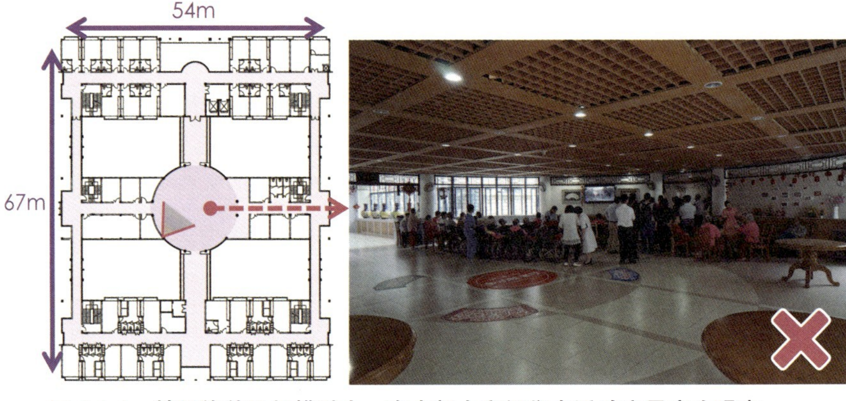

图 6.1.4　某设施单元规模过大，在中部大空间集中活动容易产生噪声，不利于老年人彼此熟悉

空间格局复杂，加剧定向障碍

一些设施建筑体量较大，空间结构复杂，岔路繁多，老年人在其中寻路困难[1]，很容易迷失方向(图 6.1.5)。采取内廊式平面的空间往往走廊黑暗、狭长而缺少辨识度，加重了老年人的空间定向障碍。调研中发现，这类设施中许多认知症老人根本无法找到自己的房间或者公共活动空间，经常在走廊中徘徊、喊叫，甚至会因为走错房间引发与其他老年人之间的矛盾。

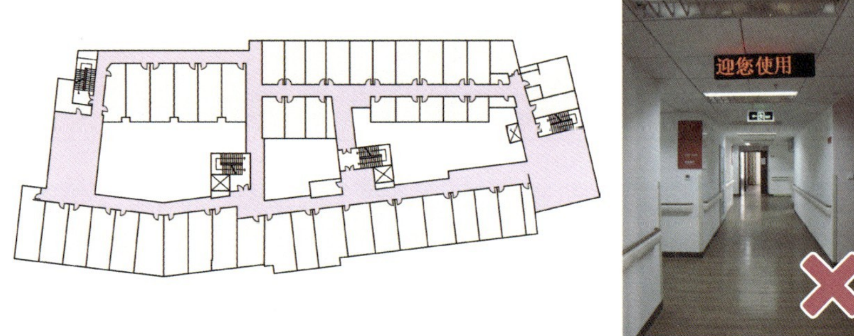

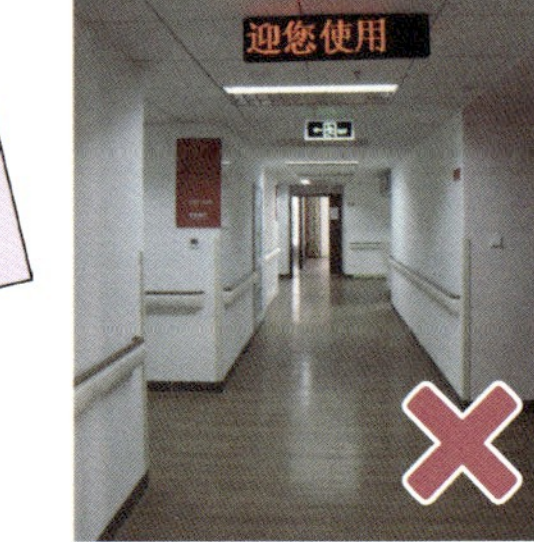

图 6.1.5　走廊空间复杂会加剧老年人的定向障碍

出入口隐蔽性不足，存在安全隐患

为了避免老年人走失，大部分认知症照料设施设置了门禁系统，多在出入口，楼、电梯间门，电梯等位置。然而，由于大部分出入口位置往往比较醒目，也没有进行特殊的隐蔽设计，有些老年人仍会尾随来访家属离开，或者在护理人员不注意时通过没有完全关严的门出走。同时，暴露的门禁也会使老年人有“被监禁”的消极感受，例如图 6.1.6、图 6.1.7 中，一些认知症老人会反复强行摇动门把手，或者试图撞开电梯门出去。

图 6.1.6　老年人反复试图用轮椅撞开电梯门

图 6.1.7　透明门禁处，老年人暴力摇门试图外出

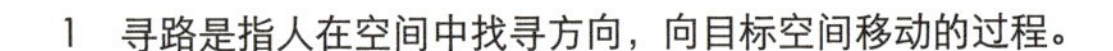

1　寻路是指人在空间中找寻方向，向目标空间移动的过程。

不重视居住、护理空间的私密性

在调研中看到，一些设施中会采用三人间、四人间甚至七至十人间的布置方式以提高护理效率（图 6.1.8）。然而，许多认知症老人难以认知自己所处的环境，无法接受与“陌生人”同住。一些老年人存在昼夜节律紊乱[1]，对同屋老年人的睡眠会产生干扰。此外，一些养老设施中未设计适宜的护理空间，护理人员只能在走廊中为老年人更换尿布，严重暴露了老年人的隐私，剥夺了老年人的尊严（图 6.1.9）。

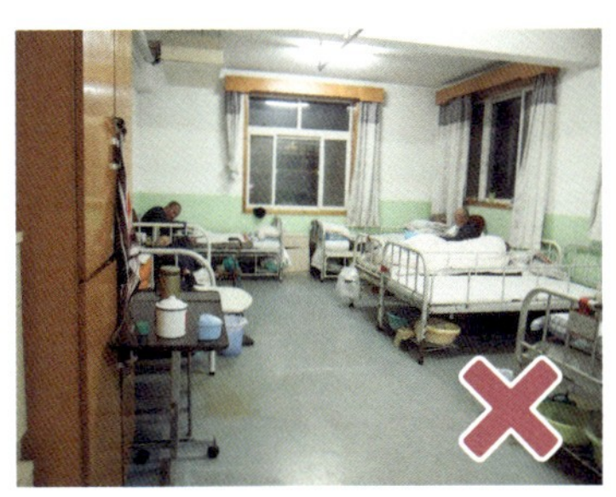

图 6.1.8 多人间缺少隐私，易相互打扰

图 6.1.9 为护理便利，在走廊角落集体换尿布，暴露老年人隐私

缺少丰富、易达的室内外活动空间

一些认知症照料设施为提高“出房率”，只留出少量边角空间作为活动区，不利于认知症老人开展多样化的、有意义的活动（图 6.1.10）。此外，户外活动空间可达性差也是设施中普遍存在的问题。从调研中了解到，许多设施没有设置临近单元的室外空间，为保障安全要求认知症老人必须在护理人员带领下集体活动，这大大限制了老年人户外活动的自主性。特别是当室外空间较远时，护理人员往往因耗时耗力而难以经常带领老年人到室外活动，造成老年人去室外活动的机会变少（图 6.1.11）。

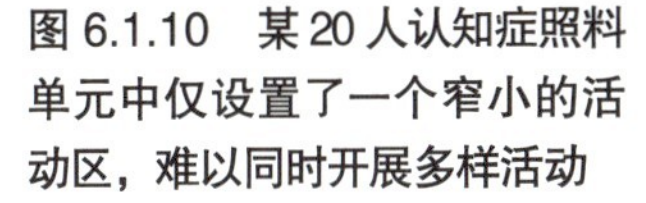

图 6.1.10 某 20 人认知症照料单元中仅设置了一个窄小的活动区，难以同时开展多样活动

图 6.1.11 到达室外空间需多次换乘电梯，户外活动自主性受限

自然通风采光条件不佳，缺少良性感官刺激

从调研中看到，许多设施仅考虑到居室的自然通风采光，而忽略了公共活动空间的自然通风采光，例如将活动室设在北侧，或者建筑中部的“黑空间”中。认知症老人白天往往会在公共活动空间开展各类活动，昏暗的灯光、滞留的空气常导致老年人昏昏欲睡，加剧昼夜节律紊乱及其他认知失调问题（图 6.1.12、图 6.1.13）。

图 6.1.12 活动厅位于北向，采光不足，老年人易有昏昏欲睡之感

图 6.1.13 活动空间位于平面中部，“黑空间”易导致老年人昼夜节律失调

1 昼夜节律紊乱是指生物钟与实际的日夜不能同步，表现为在不恰当的时间入睡，而在需要睡眠时难以入睡。

6-1 全球认知症照料理念与空间环境的转变历程

照护模式的转变：从疾病治疗到以人为中心的护理模式

1907年
阿尔茨海默病被首次报告

阶段1：将认知症老人当作精神病人，送往精神病院或者老年精神科接受“治疗”。

1950年
养老设施开始接收认知症老人

阶段2：重点关注疾病治疗和照护的效率，滥用约束与抗精神病类药物，严重忽视了老年人的尊严和个性，导致老年人生活质量低下。

1980年
“以人为中心的护理”理念被提出

阶段3：社会心理学家汤姆·基伍德（Tom Kitwood）提出**“以人为中心的护理”理念(Person-centered care)**，其核心是关注认知症老人尚存的能力和独特的人格，从生理、心理、社会、精神四个层面全面支持老年人的幸福健康，少数先锋养老设施开始实践该理念。

2010年
“以人为中心的护理”理念被广泛采用

阶段4：全球认知症照护模式全面围绕“以人为中心的护理”发生变革，许多国家将其纳入国家护理法律法规。

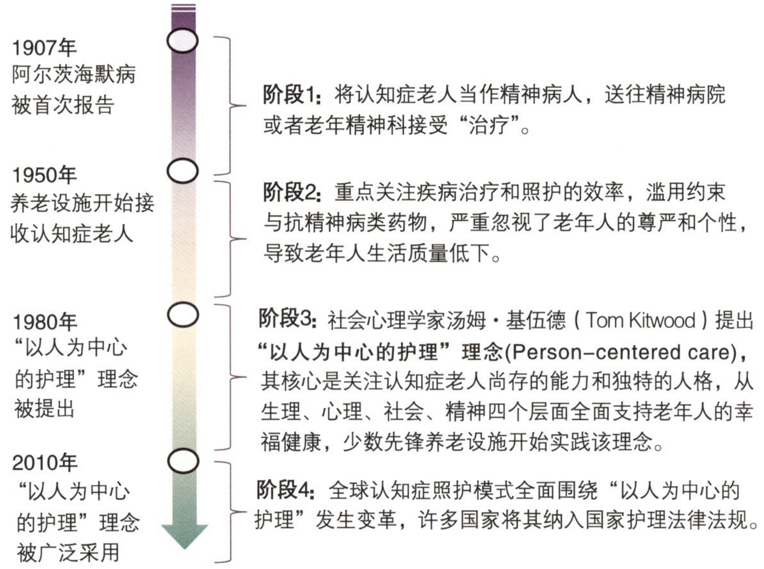

图 6.1.14 认知症照护模式的转变历程

疾病治疗式与以人为中心的护理模式对比 表 6.1.2

模式类型	疾病治疗模式	以人为中心的护理模式
关注重点	照护效率、疾病治疗	个体的需求、能力、价值、选择与偏好
决策模式	护理人员决定所有日常护理、活动	老年人拥有选择，可以做出决定，护理人员可根据每个老年人的需求调整服务模式
照护方式	医生进行诊断，并制定治疗护理任务，由专人负责执行	根据老年人的需求和偏好，制定个性化的照护计划，提供灵活、个人化的活动

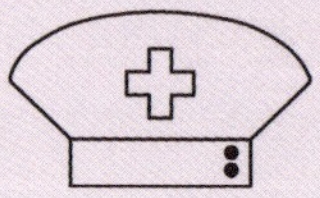

认知症照料设施空间环境的转变

在“以人为中心的护理”理念带来的照护文化变革下，认知症照料设施的空间环境也相应发生了三个主要改变。

①平面布局从传统的走廊式转化为小规模组团式，空间尺度更小，尽可能增加环境的熟悉感和亲切感（图 6.1.15）。

②空间环境的积极作用愈发被重视，自然景观、宠物等疗愈元素，以及各类活动与交往空间越来越丰富（图 6.1.16）。

③运营管理理念与空间设计融合，全面支持认知症老人度过更加自主的、受到尊重和理解的、高质量和有意义的生活（图 6.1.17）。

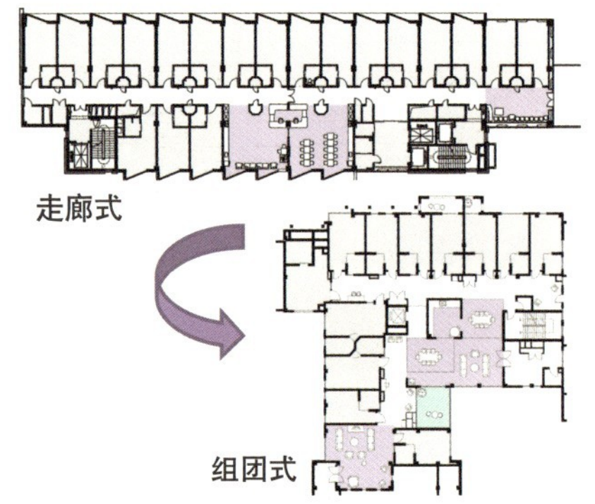

图 6.1.15 由长走廊式平面转向小规模组团

图 6.1.16 认知症照料设施引入更多自然元素

图 6.1.17 丰富的活动空间促进认知症老人开展个性化活动

认知症照料环境的设计目标

认知症照料环境的干预途径与目标

如图 6.1.18 所示，由于绝大多数认知症属于不可逆的退行性疾病，认知症老人的身心机能、认知能力都不断衰退，并伴有精神行为症状。因而，认知症治疗或照料的干预目标往往并非逆转或治愈疾病，而是支持老年人尽可能自主、正常地生活，同时减轻照护者负担。

认知症照料环境主要包括空间环境、社会环境与护理环境三个方面。其中，社会环境是指国家的文化、相关政策法规等宏观环境。护理环境主要指养老设施的照护文化、理念与目标，运营管理制度，护理人员的配比与护理方式，各类活动、餐饮等服务的安排等。当三者协同作用时，能够对认知症老人起到综合干预作用，促进其运用尚存机能，补偿其衰退的机能，减轻其精神行为症状，从而帮助老年人延缓病症发展与能力衰退、提升生活质量。

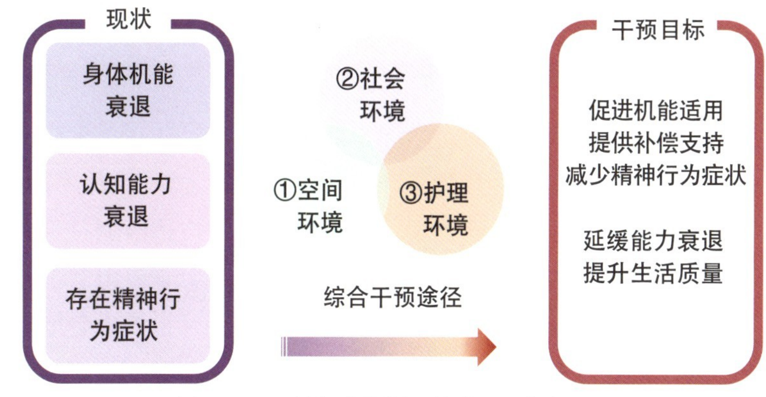

图 6.1.18　认知症照料环境的干预框架

空间环境与护理环境协同作用，共同达到干预目标

空间环境对老年人干预作用并非单独的，而是需要与护理环境和社会环境相结合，共同发挥作用。空间环境与护理环境之间存在复杂的相互作用，空间环境能够助力护理服务的实现，好的护理服务和模式也能够有效利用并不断改善空间环境（图 6.1.19）。例如，当养老设施采用以人为中心的模式，希望老年人能够自主选择喜欢的生活方式时，多层次的活动空间能够支持照料理念的落地，为老年人提供有意义的活动空间和活动类型选择（图 6.1.20）。又如，当机构的照护文化特别强调安全和监护时，室外活动空间如果不在护理人员视线可及范围内，护理人员可能会避免认知症老人自主使用，从而使室外活动空间利用率大大降低。

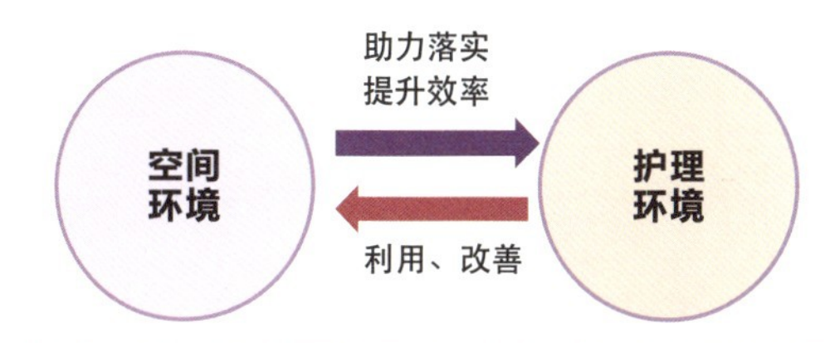

图 6.1.19　空间环境与护理环境的协同作用关系

图 6.1.20　开放的小厨房促进护理人员支持老年人开展家务活动

6-1 认知症照料环境设计的出发点与原则

认知症照料环境设计的五个出发点

围绕认知症照料环境干预框架中的干预目标，针对认知症老人的特殊身心需求，下面提出了空间环境设计的五个出发点。

①补偿衰退的能力

认知症老人的记忆力、空间定向与识别能力均有不同程度的下降，因此需要通过环境中的补偿性设计，为老年人提供适当的提示，并减轻老年人在行动中所需要的记忆与认知负荷。例如，通过具有识别性的空间色彩降低老年人的寻路负担（图 6.1.21）。

②发挥尚存机能

认知症老人的长期记忆（年轻时代的记忆）、程序性记忆（如弹琴）与情感表达能力往往仍然保存完好，因此环境需要为老年人发挥尚存机能提供条件，以增强老年人的信心和成就感。例如，可摆放钢琴供老年人弹奏，或设置小厨房供老年人参与帮厨（图 6.1.22）。

③减少精神行为症状

陌生而冰冷的环境、过于嘈杂或者拥挤的空间、私密性的缺失等都可能引发认知症老人的焦虑不适甚至激越行为。而有意义的活动、有益的五感刺激等，往往能够吸引老年人的注意力，使其平和、愉快，减少迷惑与焦虑感（图 6.1.23）。

图 6.1.21 鲜明的空间主题色帮助老人记忆、识别

图 6.1.22 小厨房能促进老年人参与帮厨

图 6.1.23 花园可提供有益的五感刺激

④保障行动安全

伴随认知能力的下降，认知症老人越来越难以识别环境中潜在的风险因素，也容易因记忆力下降引发新的风险（例如忘记炉灶上的食物而引发火灾）。在环境设计中需要特别考虑使用的安全性，同时为护理人员的即时监护提供便利（图 6.1.24）。

图 6.1.24 服务值班台与餐厅临近，便于护理人员密切监护老人

⑤支持自主控制

患有认知症的老年人随着病情发展身心状态愈发脆弱，可接受的刺激程度范围也越来越小。在环境设计中需为老年人提供自主选择的机会，例如使之能够自主选择活动空间和活动类型，控制私密程度等，以增强老年人对生活的自我掌控感（图 6.1.25）。

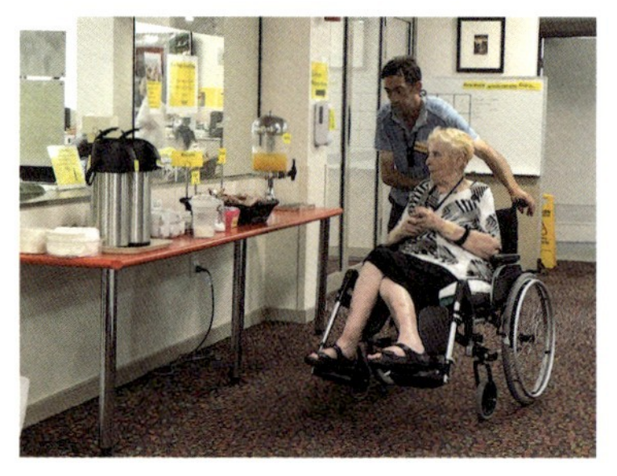

图 6.1.25 自助茶水吧鼓励老人自由选择调配喜爱的饮品

认知症照料环境设计的八个原则

设计认知症照料环境时，往往需要综合上述五个设计出发点。图 6.1.26 梳理出了照料环境设计的八个原则及其内涵[1]。设计原则常是基于多个出发点考虑的。本章第 2~5 节提到的设计要点中，许多也都综合运用了其中的一条或几条原则。

图 6.1.26　认知症照料环境设计的八个原则

1　参考认知症照料设施环境评估量表（Professional Environmental Assessment Protocol）。LAWTON M P, WEISMAN G D, SLOANE P, et al. Professional Environmental Assessment Procedure for Special Care Units for Elders with Dementing Illness and its Relationship to the Therapeutic Environment Screening Schedule[J]. Alzheimer Disease & Associated Disorders, 2000, 14（1）: 28-38.

第 2 节

空间模式与整体布局要点

认知症照料设施的空间设置模式①

不同病程阶段的认知症老人对空间环境有不同需求

处于不同病程阶段的认知症老人对空间环境与照料模式的需求存在较大差异，设计时需要针对项目所服务的老年人的病程阶段，选择适宜的照料空间设置模式。绝大多数认知症是渐进性疾病，病程常被划分为三个阶段，即早期、中期、晚期。不同病程阶段老人的认知能力、身体活动能力、精神行为症状程度存在很大差异，因而对空间环境的需求也有所不同。结合相关文献与对不同程度认知症老人的行为观察研究，可将早、中、晚期认知症老人的身心特征与对空间环境的需求总结如表 6.2.1。

不同病症阶段认知症老人的身心特征与空间环境需求总结　　表 6.2.1

病症阶段	身心特征	空间环境需求
早期认知症	·具有一定的独立行动能力，生活一般不需要协助，常保有自己的兴趣、爱好，能自己安排时间； ·认知能力轻中度衰退，记忆力下降，注意力难以集中，计算能力、执行复杂任务能力下降，保有一定的识别、判断、空间定向能力	·提供多样的空间开展多种多样的活动，包括开放式小厨房、各类个性活动角落等，帮助老人保持尚存机能； ·提供近便可及的洗手间、洗手池，易用的设施设备，易识别的标识等，降低自主定向和独立使用的难度
中期认知症	·独立行动能力衰退，需要穿衣协助，可能有大小便失禁，需协助或提醒如厕； ·认知能力中重度衰退，中长期记忆下降，出现地点定向障碍，计算能力严重丧失，不知道年份和季节，昼夜节律可能出现紊乱； ·独自活动风险提升，精神行为症状增加，可出现人格情绪改变，有妄想、强迫和重复的行为，出现焦虑激越甚至暴力行为	·室内外活动空间与居室紧凑化布置，动线近便，视线通透，便于照护人员密切监护老年人的同时，兼顾老年人的行动自由； ·提供丰富的感官刺激元素，例如近便的室外活动空间，充足的自然光线，促进老年人对时间、季节的定向，以及昼夜节律的正常化； ·采取灵活、隐蔽的安全性措施，保证老年人行动安全，减少精神行为症状，维护老年人的尊严
晚期认知症	·丧失大多数运动能力，无法走路甚至坐起，饮食、如厕均需护理； ·非常严重的认知功能衰退，难以表达意愿，但通常保有感知觉能力	·满足失能老人的照料空间要求：如使用轮椅、卧床时的如厕、洗浴空间等需求； ·提供丰富的感官刺激元素，如窗景

TIPS：独立居住还是混合居住的空间模式选择思路

在认知症老人与其他老年人应该混合居住还是分开居住的问题上，至今都未有定论。大多数实证研究结果认为，独立或者半独立的认知症照料单元能够带来积极影响，更能保障老年人安全、减少使用约束，能够提升员工工作满意度等。然而，也有一些研究结果认为隔离的小单元会产生一些负面影响，例如使部分老年人有羞耻感，过于封闭的环境可能使老年人感到无聊，或感到被管制而引发激越。

独立与混合模式各有利弊，设计时应考虑到老年人病症阶段，创造更加灵活、多元的空间利用模式。当老年人处于早期阶段时，通常可与其他老年人混合居住，并需为认知症老人设置能够开展针对性认知训练的空间。当老年人认知功能衰退程度较重、出现较多精神行为症状不适宜与其他老年人共住，或存在走失可能时，则可入住相对独立的特殊照料单元。同时，单元设置时不宜将老年人完全“关在”单元中，应设置围合、安全的共享活动空间，使认知症老人能有机会与其他老年人互动，促进其生活的正常化。

认知症照料设施的空间设置模式②

常见的认知症照料空间设置模式

按照认知症老人的居住、活动空间是否独立来划分，常见的认知症照料空间设置模式可归纳为如下四类（图 6.2.1）：

模式① 居住、活动空间完全独立

这一模式是指认知症照料设施的建筑空间、运营服务完全独立，专为不同程度的认知症老人提供服务，例如一些独立建设的认知症老人组团护理之家（group home）。这类设施在规划设计时自由度高，更容易建造或改造为有居家感的空间环境，但这类设施规模一般不会太大，也可能面临平均建设成本及人力成本较高等问题。

模式② 居住空间独立，共用部分活动空间

该模式下认知症照料空间依附于更大型的养老设施，通过分区进行封闭式管理，共用部分活动空间，例如综合型养老设施中设置的认知症照料单元。这种模式较为适合中期认知症老人，因这类老年人通常有较多精神行为症状及走失风险，不适合与其他老年人混住。而通过共享设施的部分室内外活动空间，单元中的老年人也可拥有更丰富的社交生活。同时，共用部分空间使得认知症照料设施能够与所依附的设施形成规模效应，提高后勤辅助空间和人员的利用率。但在空间规划设计时，认知症照料空间的布局往往会受到所依附设施的结构体系、功能布局的限制。

模式③ 居住空间混合，设置认知症专属活动空间

该模式是指认知症老人与其他老年人居住在一起，同时设置认知症老人专属的活动区域。这种模式通常针对早期或者轻度的认知症老人。混合的居住模式使得认知症老人能够享受正常化的社交生活，感到自己是社区的一分子。专属的活动区域则为认知症老人开展更加有针对性的康复活动，为及早进行非药物干预提供了场地条件，有助于延缓认知症病情发展。

模式④ 居住、活动空间完全混合

这一模式下，认知症老人与其他老年人的居住、活动空间不作特别区分。当前中国大多数可接收认知症老人的养老设施采用这种混合模式。一些规模较大的混合式设施中，护理人员难以及时发现和响应认知症老人需求，老年人出现精神行为症状也较多。

图例：
- 认知症老人专用居住活动空间
- 认知症老人与其他老年人共用的居住或活动空间
- 其他老年人居住活动空间

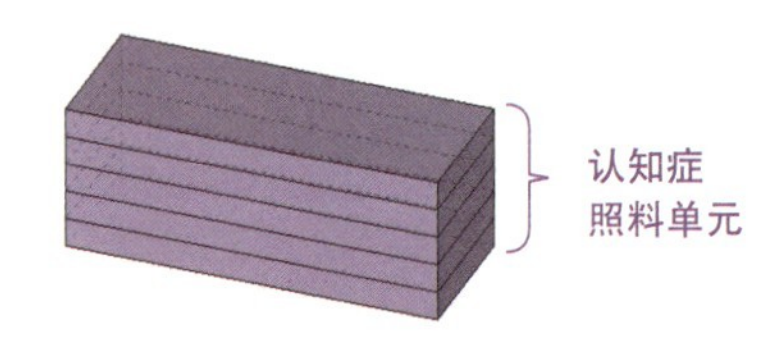

模式① 居住、活动空间完全独立

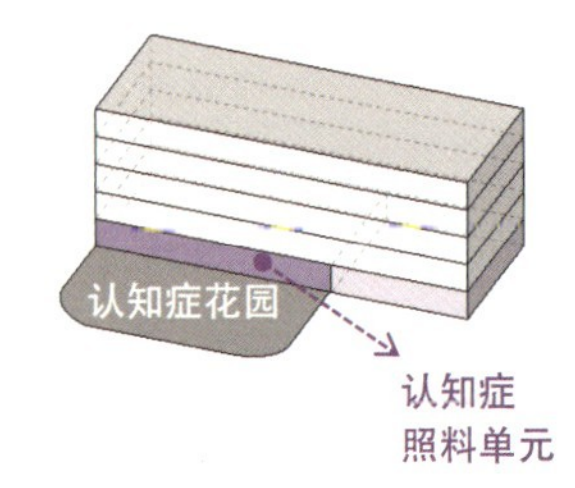

模式② 居住空间独立，共用部分活动空间

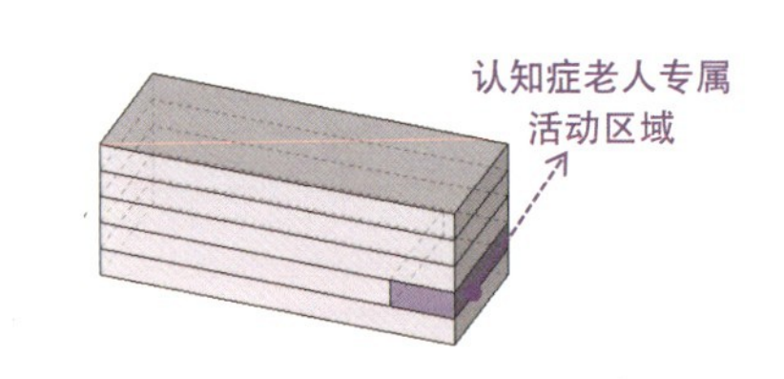

模式③ 居住空间混合，设置认知症专属活动空间

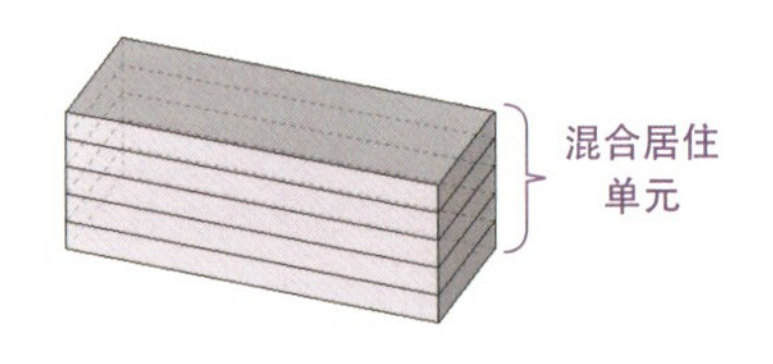

模式④ 居住、活动空间完全混合

图 6.2.1 常见认知症照料设施空间设置模式示意

应对不同程度认知症老人的空间设计策略

▶ 策略① 采用适应性设计，应对设施中认知症人群的增长

随着时间推移，入住时未患病的老年人也可能由于年龄增长认知能力逐渐衰退，导致设施中认知症老人的数量不断增长。在混合式养老设施中采用小规模单元形式，能够灵活适应这一变化。设施开业初期可以将一个单元作为认知症照料单元（可采用封闭式管理），其他单元供非认知症或早期、轻度认知症老人居住。随着入住老年人患认知症比例的增加、患病程度的加重，可将其他单元也转变为认知症照料单元。例如，图 6.2.2 所示的设施采用小单元模式，每个单元包括 14 个单人居室，配有开放式小厨房、餐厅和活动区、露台等公共空间，并有独立的出入口。每个小单元既适合作为单独的认知症照料单元，也能为其他老年人提供小尺度、亲切的居住环境。

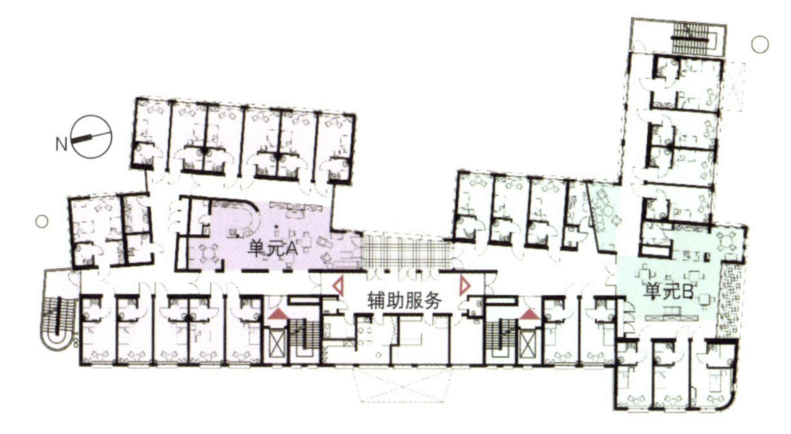

图 6.2.2 采用小单元模式的养老设施可灵活应对认知症老人数量的增长

虽然这一方式能够最大限度地适应老年人在不同阶段的需求，但也存在不足之处。通常自理或早期的认知症老年人活动范围不限于单元内，而更倾向于在公共餐厅和活动区开展社交活动，此时单元内预留的起居活动空间可能被阶段性闲置。

▶ 策略② 细分不同程度认知症老人的照料区域

在养老设施中，往往同时存在处于不同病程阶段的认知症老人，由于不同程度认知症老人适宜参加的活动类型有所不同，一些设施分别设置了早期、中期、晚期认知症老人居住单元，并提供针对性的活动区域。

例如，图 6.2.3 的案例中，回字形平面的三边分别为早期、中期和晚期认知症老人的居住单元（简称早期单元、中期单元、晚期单元）。晚期单元中，考虑到使用轮椅和躺椅的老年人的需求，活动空间面积相对较大，并配置了感官疗愈室、助浴室等。早期、中期单元活动空间面积稍小，更鼓励早期、中期认知症老人到达公共活动空间与大餐厅进行社交和开展丰富的活动。在动线设计上，早期、中期单元位置更接近公共空间，有便捷的动线联系；晚期单元距离活动空间相对较远，入住老人活动能力也有限，一般在单元内活动和就餐。

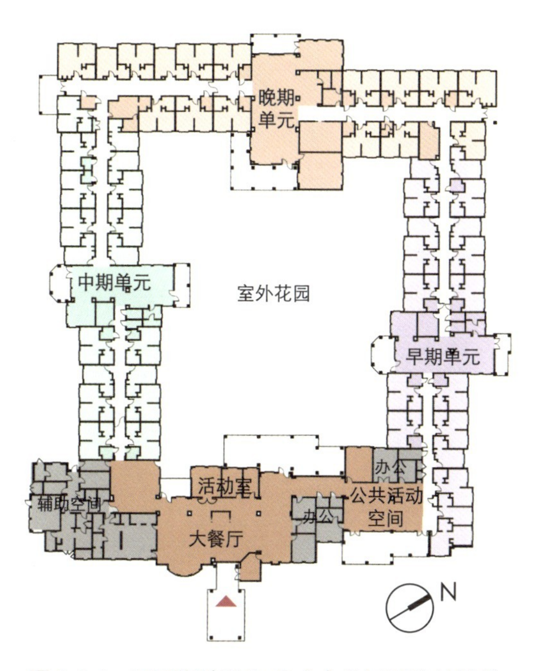

图 6.2.3 不同程度认知症老人分区居住的设施

照料单元的规模设置

国外多采用小规模、组团化的照料单元

由于认知症老人需要稳定而亲切的环境，并且需要护理人员更加密切的关注与照料，发达国家认知症照料单元[1]一般采取小规模、组团化的形式。

许多实证研究表明，相比于大规模的单元（一般为30床及以上），小规模单元（一般为20床以下）能够降低环境压力，更容易产生居家感受，并可增强认知症老人对环境的自主控制感，促进其社交，减轻其空间认知与定向难度。小规模单元也有助于员工和老年人保持紧密联系，便于视线监护、提供个性化护理、缩短护理流线（表6.2.2）。

考虑到空间条件、运营护理安排等诸多因素，不同国家认知症照料单元的规模存在一定差异，但均不超过20人。例如，日本、瑞典的认知症老人组团之家多为5~9人，法国的认知症老人特殊单元（cantou）多为12~15人。

中国认知症照料单元的规模选取建议

调研中发现，中国以往的照料单元设计中，常采取较大的单元规模，很难形成亲切的居家氛围。在《老年人照料设施建筑设计标准》JGJ 450—2018中规定，单独的认知症照料单元为20床及以下。这一规模虽然比大多数国外认知症照料单元更大，但考虑到当前中国认知症老人数量多，支付能力、运营能力、照护人员有限等特殊国情，这一规模要求还是较为合理的。建议采用9~15人作为相对适宜的单元规模，不宜超过20人。

大规模单元与小规模单元的空间特点对比分析　　表6.2.2

大规模单元	小规模单元
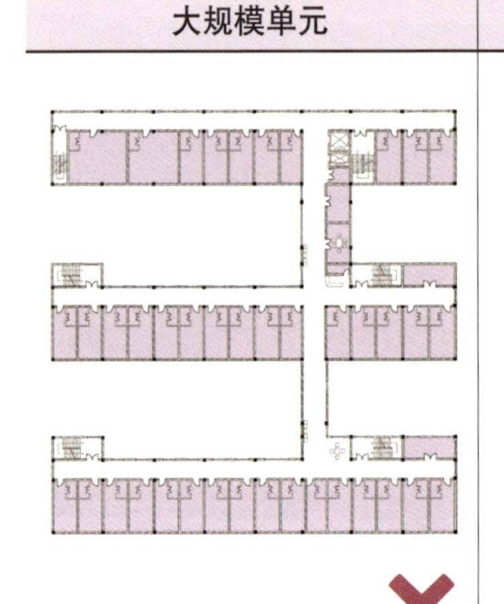	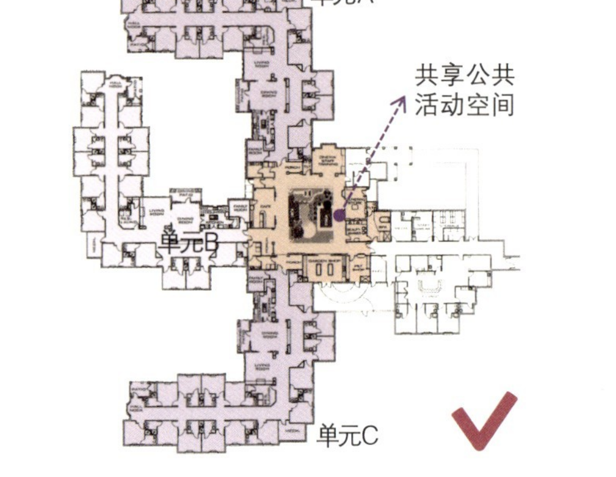
整层为一个单元，共包含82床，公共活动空间少，难以形成亲切感	美国某认知症照料设施每单元设14个单人间，共享较大的公共活动空间，满足不同层次交往需求
	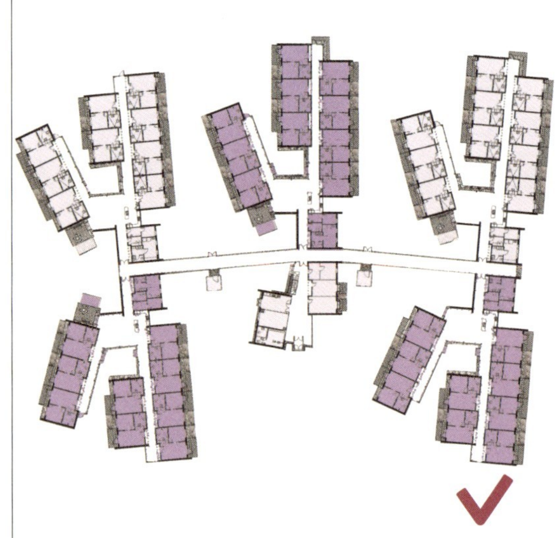
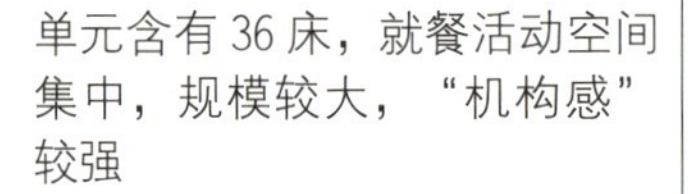 单元含有36床，就餐活动空间集中，规模较大，“机构感”较强	丹麦某认知症照料设施每单元设9个单人间，能够形成亲切的居家氛围

1　照料单元又称护理组团，是指养老设施中为一定数量护理型床位而设的生活空间组团，通常包含居室、餐起活动空间及其他配套的辅助服务空间。

照料单元的组合布局要点

确保室外活动空间的可达性

当设施内包含多个认知症照料单元时，各单元的组合布局需考虑各单元到达室外活动空间的近便性。室外活动对认知症老人有很好的身心疗愈作用，并能够帮助舒缓老年人的焦虑感。调研中发现，由于认知症老人空间定向能力减弱，护理人员常采取集体户外活动的形式以保证监护老年人安全。室外空间的可达性往往决定了老年人是否能够经常开展室外活动。

调研中发现，当照料单元与室外空间同层布置时，老年人自主使用室外活动空间，以及护理人员带领老年人集体活动的频次较其他同层未设置室外活动空间的单元大大提高。为提高室外活动空间的可达性，可将认知症照料单元设置在地面层，以便临近设置室外活动空间（图 6.2.4）。当单元设置在非地面层时，应尽可能设置可达的屋顶花园、室外平台等，为认知症老年人提供一定的户外活动空间（图 6.2.5）。同时，还应尽量使各单元到达室外活动空间的可达性具有均好性，避免一些单元去往室外活动的距离较远。

设置便于到达的单元间共享空间

当设施中设有多个照料单元时，设置单元之间的共享空间有助于开展设施内的集体或兴趣小组活动。例如举行新年联欢会、歌舞会等文娱活动，组织来自不同单元、具有不同兴趣爱好、认知能力允许的老年人开展各类小组活动和康复训练等。交通动线设计中，为避免单元之间人员穿行造成混乱或相互干扰，共享空间需布置在便于各单元老年人到达的位置，且无须穿越其他单元。有条件时，应尽量将共享空间布置于同层（图 6.2.6）；条件有限时，也应尽可能使老年人通过短捷的垂直交通到达共享空间。

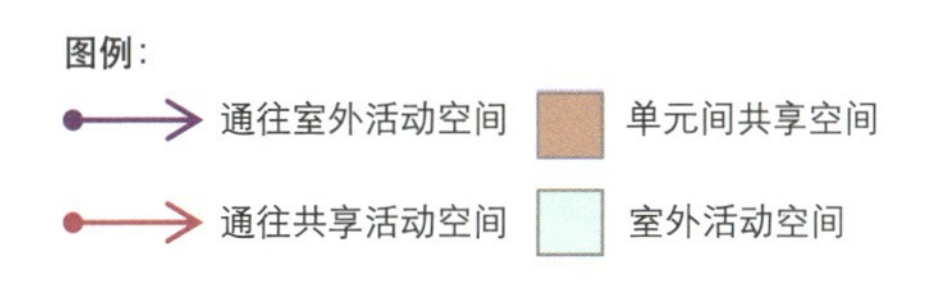

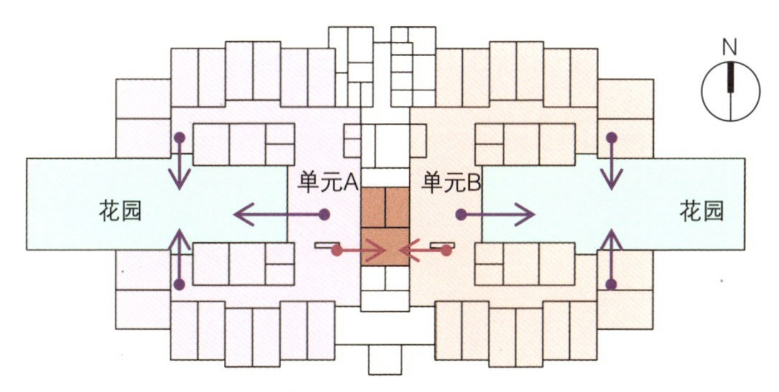

图 6.2.4　单元位于首层，两单元分别设置近便可达的花园

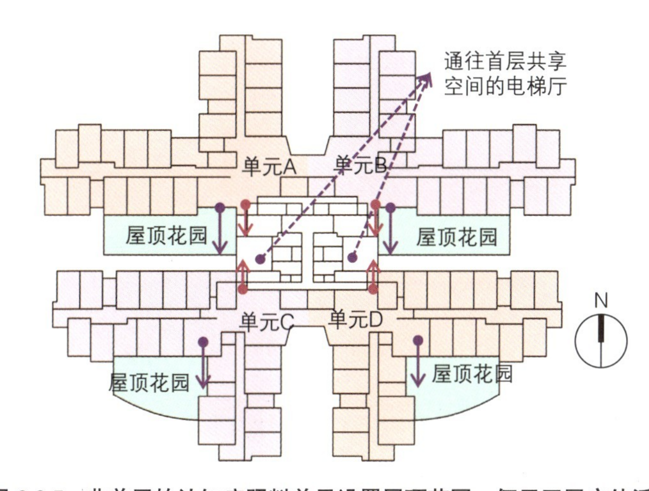

图 6.2.5　非首层的认知症照料单元设置屋顶花园，便于开展户外活动

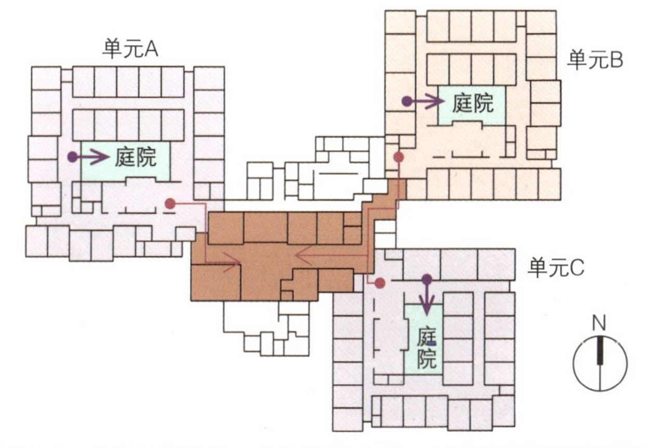

图 6.2.6　单元位于首层，各自设置中庭，中部设置共享活动区域

THE DAWN OF CIVILIZATION

第 3 节

照料单元空间设计要点

照料单元的功能空间构成

认知症照料单元的五个主要功能空间与布置要点

为满足认知症老人日常生活需要，便于其开展多样活动，以及支持工作人员提供各类服务，认知症照料单元一般包括五类主要功能空间：餐起活动空间、公共卫浴空间、居室、辅助服务空间与室外活动空间（图 6.3.1）。

① 餐起活动空间

认知症老人大部分时间在单元内生活，其中的公共空间需满足单元内老年人就餐，开展各类集体与小组活动、参与餐食准备等需求。餐起活动空间通常包括四个组成部分：餐厅、起居厅、开放式小厨房（备餐空间），以及可关门的活动室（便于个人活动和家属探访）。餐起活动空间位置一般居于单元中心位置，以便于老年人到达。

③ 居室

考虑到对老年人隐私的保护、避免相互打扰，认知症老人的居室一般以单人间为主。可设置少量双人间满足夫妇入住，或部分喜欢有室友的老年人的需求。居室内一般需设置卫生间，位置需便于老年人找到和使用。

④ 辅助服务空间

辅助服务空间一般有员工休息室（含卫生间）、污洗区（污物处理室、洗衣房等）、储藏空间等。辅助服务空间的位置安排以尽可能缩短服务动线、便于随时为老年人提供服务为目标。同时也要尽可能隐蔽，避免认知症老人因接触日化品、加热消毒设备等引发危险。

② 公共卫浴空间

在公共空间中设置近便可达的公共卫生间可便于老年人在公区活动时如厕。但各居室距离公共空间均较近时，也可不设公共卫生间。

认知症老人多需要在他人帮助下洗浴，设置面积更加宽裕的公共浴室，可便于协助老年人洗浴。当居室内有条件设置洗浴空间时，也可不设置公共浴室。

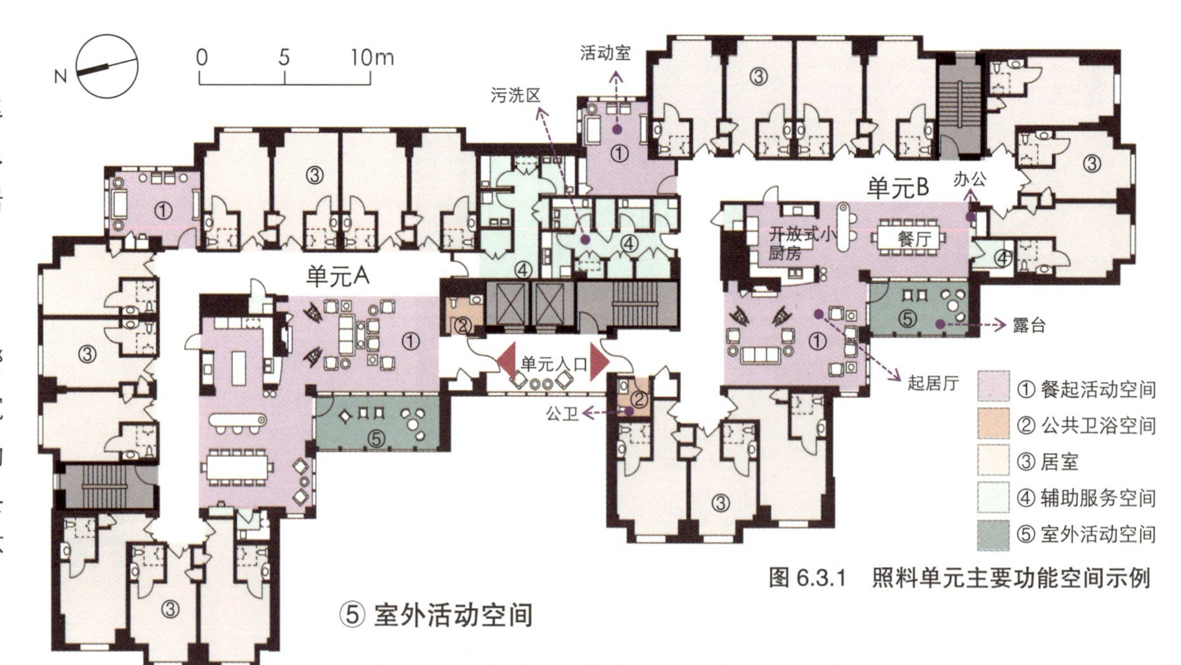

图 6.3.1　照料单元主要功能空间示例

⑤ 室外活动空间

单元内或者临近处应设置老年人能够自主到达的室外活动空间，例如围合的小花园、户外平台、屋顶花园等，尽可能支持老年人开展室外活动。

照料单元的空间布局要点

▶ 平面形式要有助于定向识别

调研中看到，认知症老人在有较多转折的走廊中常表现出迷茫与困惑，难以自主定向找到想去的空间（如活动区）。认知症照料设施单元内、单元间的主要交通动线应尽可能简洁，避免岔路口或者多次方向转折。同时也要避免过长的一字形走廊，保证老年人在走廊中可以清晰地定向自己的房间和公共空间（表 6.3.1）。

不同平面形式的空间可识别性分析　　表 6.3.1

点式平面	短廊一字形	U 形	复合型
活动区	活动区、走廊、走廊	走廊、活动区、活动区	走廊、活动区、活动区
无走廊，视野通透	走廊较短，视野通透	走廊中存在视线盲区	岔路口过多难以抉择

▶ 公共空间之间应视线通透

当空间中存在拐角时，最好使拐角处视线通透，例如图 6.3.2 中，中庭的界面采用落地窗形式，大大增强了空间的通透性和可识别性，即便空间动线存在转折，视线的通透性依然能够帮助老年人自主定向。

图 6.3.2　中庭界面通透，利于老年人识别拐角与对面空间

▶ 居室和公共空间需联系紧密

认知症老人对其所处位置视野可及的空间通常能较好辨识，而对视线范围之外的空间不敏感。空间布局时应尽可能采用环绕式，将居室围绕活动空间布局，增强居室与活动空间的联系，使老年人一目了然地明确自身位置和目标空间，促进其识别餐起活动空间，或者找回到自己的居室（图 6.3.3）。同时，环绕式布局也能缩短从居室到达单元内公共空间的距离，促进老年人参与活动。

图 6.3.3　开放式单元布局，使老年人同时可以看到主要空间与居室

餐起活动空间设计要点①

提供多元而灵活的活动空间

为不同特点的认知症老人提供可选择的活动空间

调研中发现，当照料单元中仅设置一个大的集体活动或就餐空间时，认知症老人有时不得不参与到不喜欢的集体活动中，导致其处于不安、抗拒或消极被动的状态。因此，活动空间需为同时开展多组活动提供条件，以使不同病症阶段、个性特征的认知症老人拥有更适合的活动选择。

设计时可分别设置适宜不同活动类型和规模的空间。例如，适合集体做操、拍球、唱歌等需要一定空地的大中型活动空间，以及适合读书会、书画、手工等需要桌面的中小型活动空间。活动空间功能还应具有较好的灵活性，以适应不同活动的开展。

例如图 6.3.4 中，某设施首层设置了起居厅、图书馆、餐厅等多样的活动空间，同时针对早期、中期、晚期认知症老人开展多组活动，老年人可以根据兴趣和需要选择参加小组活动。各空间较为方正、家具轻便易移动，使得空间功能十分灵活：起居厅用于开展早操、观影、音乐会等活动；图书馆则用于开展规模较小的、较为安静的活动，如读书会。

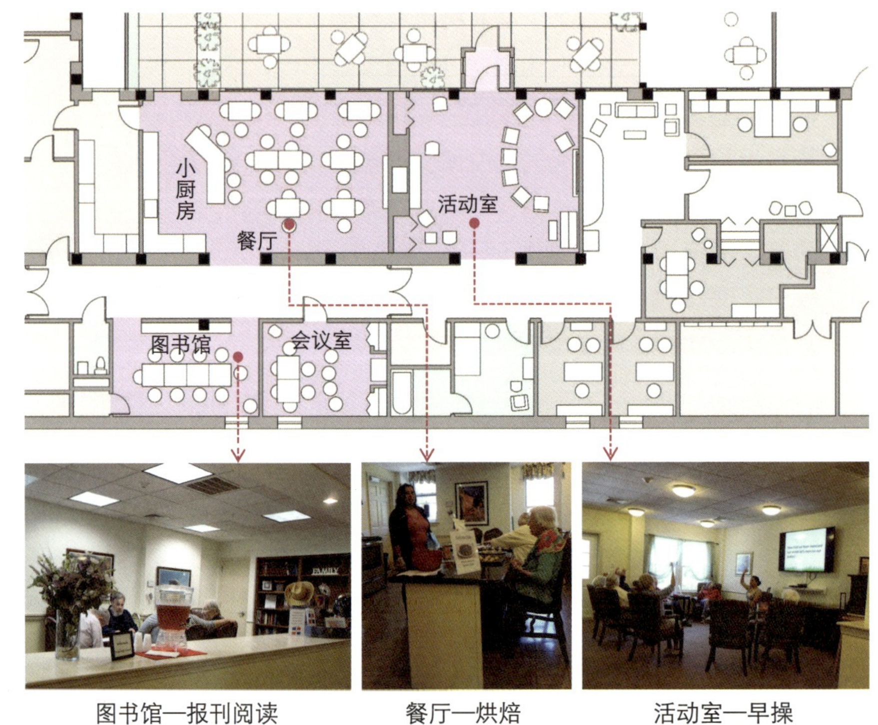

图 6.3.4 多元的活动空间支持同时开展多样活动

巧妙利用边角空间设置多元的活动空间

设计中，可利用角落空间灵活设置小型活动区域，为老年人提供多样的选择。例如图 6.3.5 中，利用走廊尽端、转角空间形成休息角、阅读角，为老年人提供了相对安静的个人活动角落。又如图 6.3.6 中，利用临近护理站的转角空间设置休息角，既能够与大空间有所区分，也便于护理人员随时照顾到老年人。

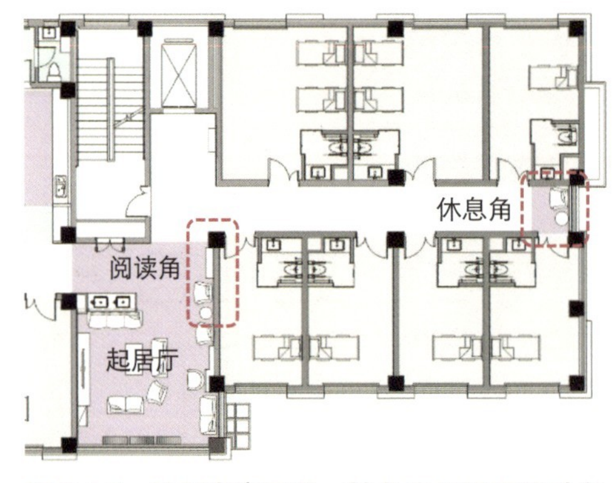

图 6.3.5 利用走廊尽端、转角空间设置活动角

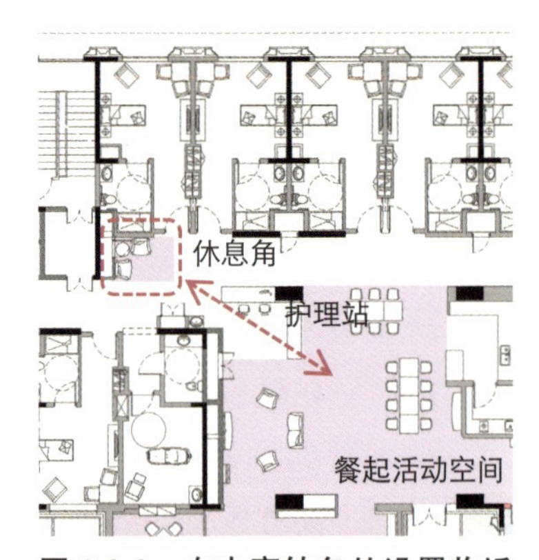

图 6.3.6 在走廊转角处设置临近护理站的休息活动角，便于看护

餐起活动空间设计要点②

营造丰富的空间层次

提供适宜的空间尺度与不同开放程度的空间

由于不同认知症老人能够接受的环境刺激差异性较大，因此需要为老年人提供适宜的空间尺度，使老年人能根据自己的状态和需求调整其在公共空间中接受到的环境刺激。当单元内的人数较多时（例如大于 15 人时），若仅设置一个大的活动空间，集体活动时容易产生较大的噪声，或因空间尺度大服务人员彼此呼喊，引发部分认知症老人的不适与激越情绪。因此，人数较多的组团应当将公共空间划分为几个尺度更小的空间，例如图 6.3.7 在组团活动空间分设了较为开敞的电视角、餐厅、半开敞的图书角、私密的谈话室等，以使不同需求的老年人获得更舒适、可控的环境刺激。

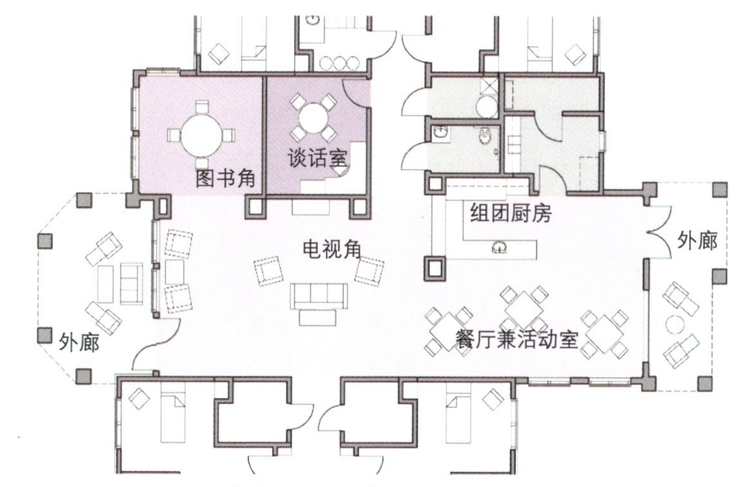

图 6.3.7　组团公共空间分设多个活动区域，使空间尺度更加适宜

集体活动空间外围设置观望空间

调研中发现，当空间较小、未考虑设置观望空间时，过度的社交刺激可能使部分老年人感到强迫和压抑，甚至引发喊叫等激越行为。此时，围绕主要的活动空间设置凹龛、在外围设置休息座椅等，能够让这部分较为内向、个性独特或新入住的老年人可以通过观望、“旁听”参与活动，从而自主控制适宜的社交刺激程度（图 6.3.8）。

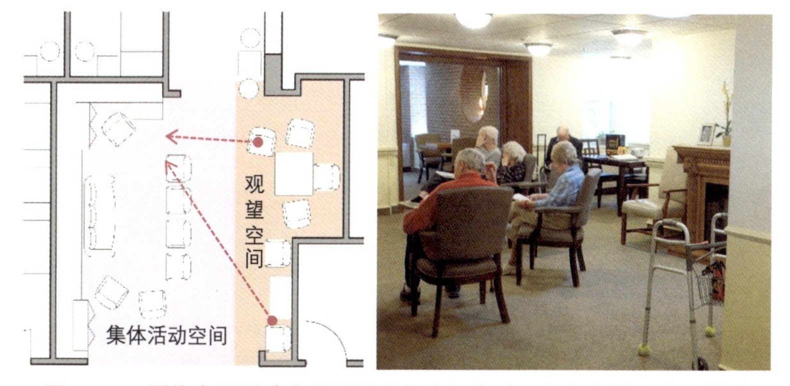

图 6.3.8　围绕主要活动空间设置观望空间有助于老年人控制社交刺激

设置可关门的安静活动区

认知症老人可承受的环境刺激通常较正常老年人低，设置可关上门的宁静小空间有助于部分较为敏感的中晚期认知症老人控制噪声及其他环境刺激，也有助于处于激越状态中的老年人平复情绪。可将宁静的空间设置为多感官治疗室，配置多媒体播放设备、香薰机等，配合舒缓的音乐、视频、香气、（仿真）宠物、窗景、植物等为老年人提供柔和的感官刺激（图 6.3.9）。同时，该空间还能够为老年人与家属聚会，家属与员工交流等提供更加私密的场所。

图 6.3.9　作为多感官治疗室的宁静空间

餐起活动空间设计要点③

设置促进生活参与的开放式小厨房

开放式小厨房形式应易用、易达

许多认知症老人还保有丰富的生活经验和技能，餐食准备、餐具摆放、洗碗等一系列家务活动不仅能促进其发挥身心机能，更能增进其归属感与成就感。将备餐区域设置为开放式小厨房，与就餐区、起居厅临近布局，有助于老年人在各空间之间自主移动，自然地参与到正在发生的备餐活动当中（图 6.3.10）。设置便于坐姿操作的低位台面有助于鼓励认知症老人更长时间地参与食物制作（图 6.3.11）。可将备餐台局部设置为高低台面，护理人员主要使用的高位台面高度 85~90cm，老年人使用的低位台面高度约 75cm。这种布局方式也更有助于认知症老人和护理人员在备餐过程中自然地交流，低位备餐台面还可供有需要（如有精神行为问题，或喜欢独处）的老年人单独用餐。

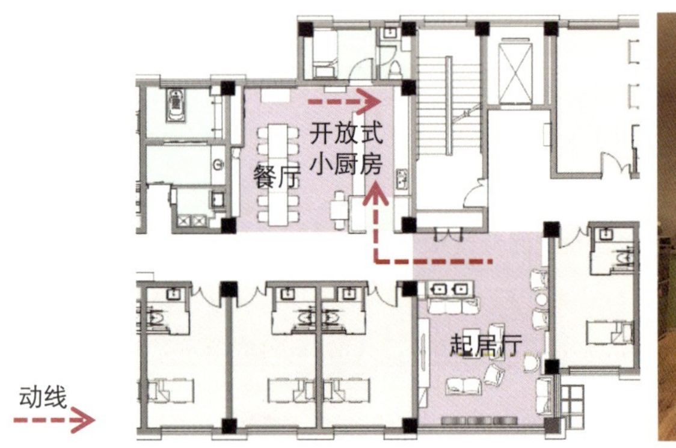

图 6.3.10　开放的小厨房形式能够吸引老年人参与餐饮相关活动

图 6.3.11　下部留空台面便于坐姿操作

布置开放易用的水池

在小厨房中设置水池能够促进老年人参与洗水果、洗碗等家务活动。水池的位置应明显易找，便于老年人从多个空间看到、到达。有条件时，宜设置两种高度的水池供坐姿和站姿使用。供坐姿用的水池需注意台面下方留空，方便使用轮椅的老年人接近、使用（图 6.3.12）。

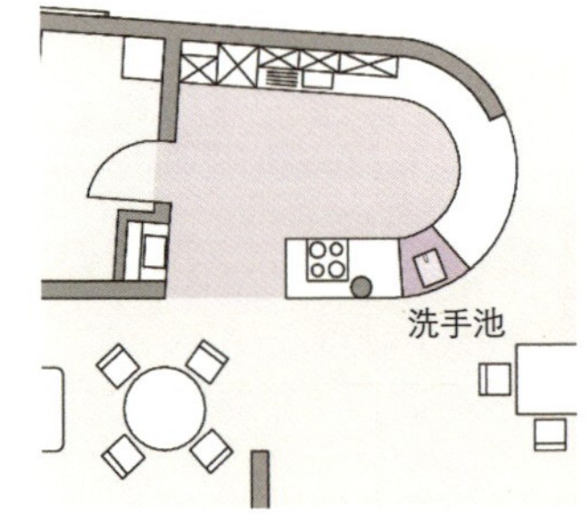

图 6.3.12　在开放式厨房外侧设置水池便于老年人参与厨房活动，与护理人员对话

提供多样化的厨房家电与用具

除设置基本的水池、冰箱、微波炉等设备外，还可设置自助饮水设备、电磁炉、面包机、电饭锅等丰富的家电用具，为老年人参与制作面包、煮汤、做饭等更多元的餐食准备活动提供硬件支持。设置充足的台面、橱柜有助于摆放、收纳各类用具（图 6.3.13）。

图 6.3.13　多样的备餐设备支持老年人开展丰富活动

餐起活动空间设计要点④
为不同身心状态的老年人布置就餐空间

▶ 设置相对独立的餐厅

调研中发现，当单元内仅设有一个兼作用餐和活动的起居厅时，可能因老年人用餐的时间、时长不同，导致用餐与活动中的老年人彼此干扰。设置功能相对独立的就餐空间，能够使老年人更专心、平静，按自己的节奏用餐（图 6.3.14）。当没有老年人用餐时，独立的就餐空间也能够灵活用于文娱活动。当空间有限，无法分设餐厅和活动厅时，也需要确保在餐厅兼起居空间之外，有其他活动空间或角落用于开展活动，以便于用餐节奏较慢、用餐时间与其他人不同的老年人安心、从容地用完餐。

图 6.3.14　餐厅相对独立、餐位充足、桌椅可灵活布置

▶ 提供可单独就餐的空间

餐厅中宜设置适合一两人用餐的角落，或在备餐区域设置吧台，供有需要的老年人有尊严地、安静地单独用餐（部分老年人需要喂餐，或容易掉漏食物，单独用餐可避免老年人产生羞耻感）。有条件时，还可以设置可关上门的小餐厅或者相对独立的用餐区，使老年人能够与亲友在安静的环境中用餐交流（图 6.3.15），部分情绪激越的老年人也可在小餐厅用餐，避免影响到其他人。

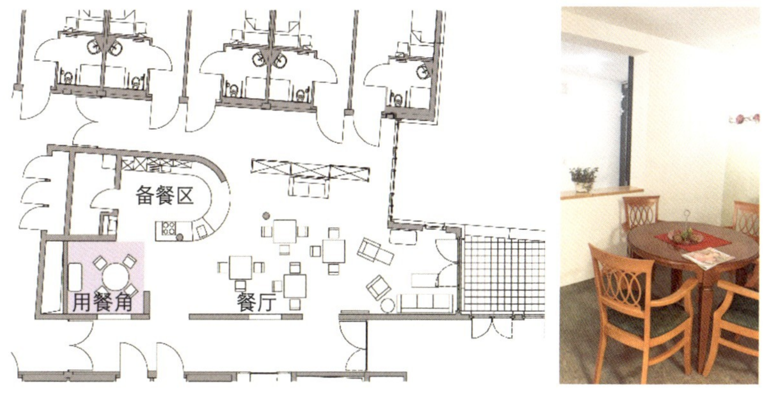

图 6.3.15　在餐厅一侧设置单独的用餐区，便于老年人单独用餐或家属陪伴用餐

▶ 考虑不同身体条件老年人的用餐形式

同一单元中可能有不同认知症程度、活动能力的老年人，餐厅需考虑不同身体情况老年人的需求。绝大多数轻中度认知症老人仍具有自己选择餐食的能力，可在餐厅设置自助取餐或选餐台，其高度和形式应便于老年人看到、自行选择或者拿取食物（图 6.3.16）。在公共空间中设置自助饮料、零食吧，提供两种以上的饮品和零食，也能促进老年人自主选择喜欢的茶点，补充能量和水分（图 6.3.17）。针对需协助用餐的老年人应加大桌椅间距，满足使用轮椅的老年人的需求，并留出协助人员空间（详见本系列图书卷 2 第 1 章第 5 节餐厅的相关内容）。

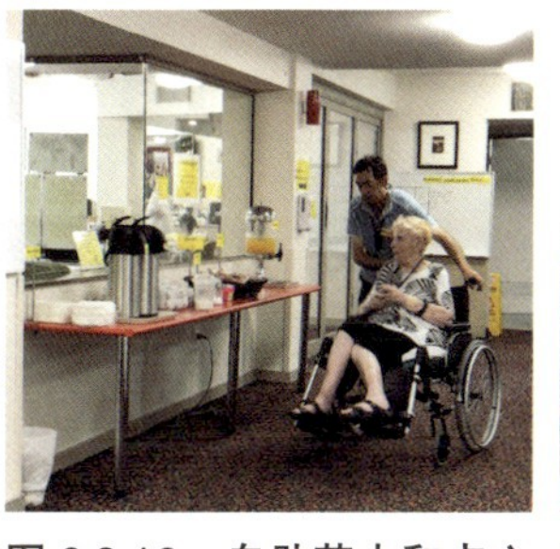

图 6.3.16　自助茶水和点心鼓励老年人选择喜欢的零食

图 6.3.17　自助取餐增强老年人的自我掌控感

卫浴空间设计要点①

卫生间位置近便易达

临近活动空间设置公共卫生间

调研中发现，当公共空间附近没有设置卫生间时，老年人需回到居室如厕，更易出现失禁情况；当老年人自主定向力不足时，还需要护理人员陪同方能找到卫生间。因此，十分有必要临近老年人经常活动的公共空间配设易识别的公共卫生间（图 6.3.18），以促进认知症老人自主使用卫生间，减轻照护负担。当单元规模较小，且老年人居室中均设有卫生间时，也可以不设置公共卫生间，但需要确保居室的可识别性和近便易达。

图 6.3.18 临近活动室设置公共卫生间便于老年人自主如厕

居室卫生间应具有可见性

由于认知症老人空间记忆能力存在障碍，卫生间的可见性十分重要，特别是对于处于认知症早期仍具有自主如厕能力的老年人。研究表明，当老年人能够直接看到卫生间中的坐便器时，其自主使用卫生间的次数将增长 600%[1]。在设计时可采用转角处开门方式，保证在卫生间门开启时，老年人从床头可以看到卫生间内部（图 6.3.19）。此外，卫生间及居室内宜设置夜灯，以引导老年人夜间自主如厕。

图 6.3.19 卫生间开门位置与床的摆放相配合，使老年人能够从床头看到坐便器

中重度认知症单元可仅设公共卫生间

中晚期认知症老人可能出现难以表达尿意便意，无法识别、使用卫生间等情况，常需要护理人员定时引导如厕。部分老年人还可能出现藏匿纸巾、玩弄涂抹粪便、饮用坐便器中的水等精神行为症状，存在较大风险。此时，可采用公共卫生间的形式以便护理人员及时引导、看护老年人如厕，减少发生与如厕相关的行为问题，也有助于节约初期建设和后期打扫维护成本。设置公共卫生间时，需注意其位置对公共活动空间和老人居室均要具有易识别性与易达性。同时，还需在居室中设置水池，便于老年人洗漱、清洁护理、清洗蔬果等（图 6.3.20）。

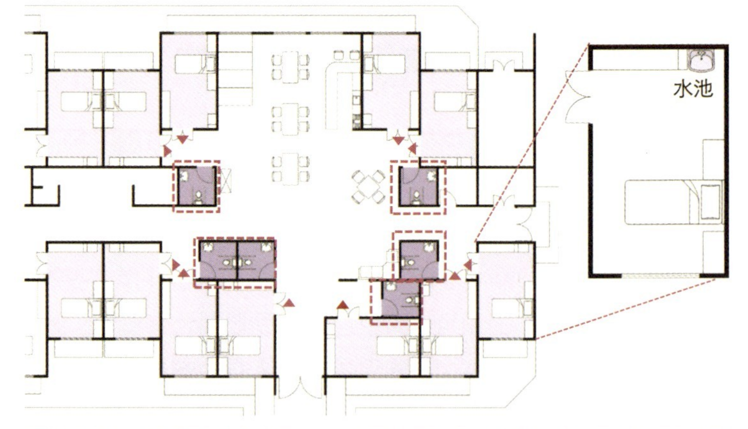

图 6.3.20 居室不设卫生间，公共卫生间分散布置支持老年人近便如厕

1 参考 NAMAZI K H, JOHNSON B D. Pertinent Autonomy for Residents with Dementias: Modification of the Physical Environment to Enhance Independence[J]. American Journal of Alzheimer's Care and Related Disorders & Research, 1992, 7(1): 16-21.

卫浴空间设计要点②
设施设备促进老年人独立与安全地使用

布置易识别的洁具、扶手

认知症老人对色彩对比的敏感度减弱，而大部分卫生间墙面、坐便器、盥洗池等洁具都是白色的，当洁具与墙面、地面融为一体难以识别时，老年人可能因找不到坐便器而失禁，或在错误的位置如厕。为便于老年人识别，可将洁具附近地面、墙面设为彩色，以突出洁具（图 6.3.21）。此外，当发现老年人无法准确找到坐便器座圈时，也可更换有色彩的座圈加强对比，帮助老年人识别（图 6.3.22）。

巧用可被隐藏的镜子

随着认知能力衰退，部分认知症老人会丧失近期记忆，难以辨识镜子中的自己，甚至认为镜中的自己是另一个真实存在的人，出现对镜说话行为，甚至引发激越情绪。因此，设计中应考虑镜子的可隐蔽性，例如采用卷帘、可隐藏镜面的柜子等，当老年人出现不适合使用镜子的情况时，能够灵活隐藏镜子（图 6.3.23）。

提供充足的洗漱用品摆放与储藏空间

刷牙、洗脸等洗漱活动往往包含多个步骤（如用牙杯接水、挤牙膏、刷牙、漱口、洗牙刷等），许多认知症老人虽然保留了一定的程序记忆（例如牙刷放在嘴里时能够自己刷），但需要在护理人员的引导下完成动作。为尽可能促进老年人独立洗漱，洗漱空间中应有充足的洗漱用品摆放空间（图 6.3.24），护理人员可以帮老年人摆放好顺序，放在明面上，使老年人能够看见并依据提示更加独立地进行洗漱操作，而不是完全由护理人员替代其完成。若有老年人出现吞食牙膏等精神行为症状时，卫生间可设置能上锁的、隐蔽的柜子、镜箱或抽屉，便于根据需要灵活隐藏洗漱用品（图 6.3.25）。

图 6.3.21　墙面与坐便器形成色彩对比有助于老年人识别

图 6.3.22　带色彩的座圈便于识别

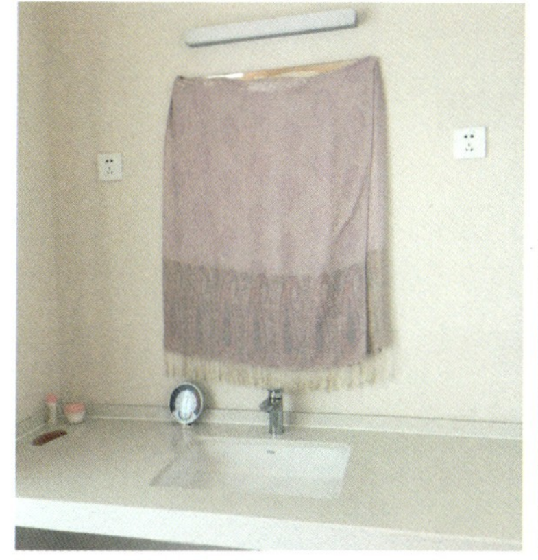

图 6.3.23　某设施将镜面用布遮盖，避免引发老人激越情绪

图 6.3.24　充足的台面有助于老年人独立洗漱

图 6.3.25　可上锁的柜子便于隐藏存在风险的日化用品

卫浴空间设计要点③

沐浴环境氛围轻松舒缓

▶ 结合设施具体情况配置洗浴空间

绝大多数认知症老人需要在护理人员的协助下洗浴，助浴既可以在居室卫生间，也可以在公共浴室内完成。如表 6.3.2 所示，老年人在居室卫生间或者公共浴室洗浴各有优势和劣势，需根据设施的实际情况选择设置洗浴空间。在居室卫生间内洗浴更有亲切感，私密性也更好（图 6.3.26）。公共浴室空间更宽敞，便于助浴，还能设置泡浴池与淋浴空间，为老年人提供多样化的洗浴体验。当空间充裕，条件允许时，建议同时设置居室内卫生间的洗浴空间与公共浴室；当空间有限时，也可只设置公共浴室或只设置居室内洗浴空间（公共浴室设计要点详见本系列图书卷 2 第 1 章第 7 节公共浴室的相关内容）。

▶ 避免噪声、眩光等不良刺激

助浴是认知症照护中较为困难的环节，昏暗的灯光或刺眼的眩光，强的水流声、风扇声等噪声都可能使认知症老人感到恐惧，产生抗拒和激越情绪，造成护理人员助浴困难。照明设计中应采用柔和的漫射光。同时，可通过采用吸声吊顶板、防水地胶等材质降低噪声。

不同洗浴地点优劣势分析与设计注意事项　　表 6.3.2

洗浴地点	居室内卫生间	公共浴室
优势	环境熟悉、亲切私密性好	可提供更宽敞的助浴空间 可设置更专业的助浴设备 可提供泡浴选择
劣势	助浴空间小 居室卫生间面积增大、造价成本提升	空间空旷可能带来恐慌 专业设备可能造成老年人抗拒
设计注意事项	确保助浴人员操作空间 坐姿洗浴与安全性设计	确保私密性 提供舒缓亲切的氛围 提供自然通风采光 位于同层，近便可达

▶ 营造舒缓的沐浴氛围

舒缓、安全的洗浴空间有助于认知症老人保持心情的平和，从而更加配合、享受洗浴过程。例如，通过高窗引入自然光线，空间界面采用柔和的色彩，设置花束或者植物，通过香薰机、音乐播放机等提供柔和的嗅觉、听觉刺激（图 6.3.27）。家具、设备、材质选用上，也应尽可能避免机构化。例如，采用家中常用的梳妆台、座椅、储物柜，尽可能为老年人带来熟悉感与安全感（图 6.3.28）。

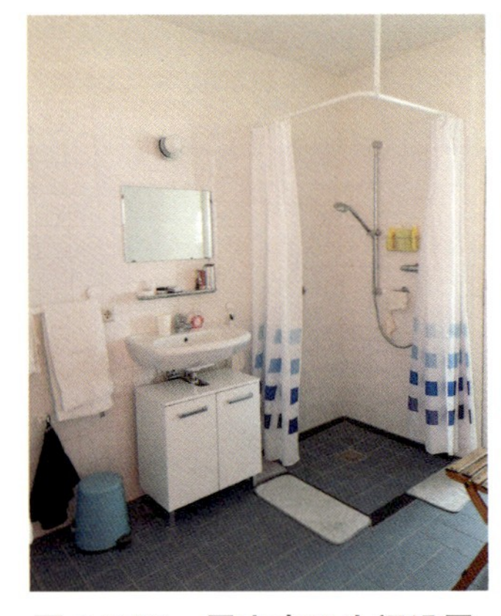

图 6.3.26　居室内卫生间设置洗浴空间

图 6.3.27　利用自然采光与植物营造舒缓的洗浴氛围

图 6.3.28　公共浴室界面采用柔和的色彩与熟悉的家居材质

居室空间设计要点

居住空间兼顾私密性与灵活性

▶ 以单人间作为主要居室类型

两位及以上的认知症老人共居一室可能引发矛盾冲突，例如部分认知症老人昼夜节律失调，会干扰其他老人夜间休息；还有一些认知症老人以为室友是陌生人，疑虑自己东西被盗，甚至引发激烈冲突。两床及以上的房间中，也常难以划分出个人领域实现居室空间的个性化布置。因此，认知症老人居室户型应以单人间为主，避免相互干扰，并保证老年人拥有空间的完整使用权，可进行个性化布置（图 6.3.29）。

图 6.3.29　小规模的单人间

▶ 为夫妇共同居住提供选择

当夫妇两人有一位患认知症，另一位照料有困难时，可能会双双入住养老设施。又因认知症老人难以表达自己的需求，而伴侣较为熟悉情况，可能会在入院初期暂时性陪住。因此，设施中可适量设置双人间或夫妇间，满足老年人的不同居住需求，也可设置面积较大、能够灵活布置两个床位的单人间，作为夫妇间使用（图 6.3.30）。

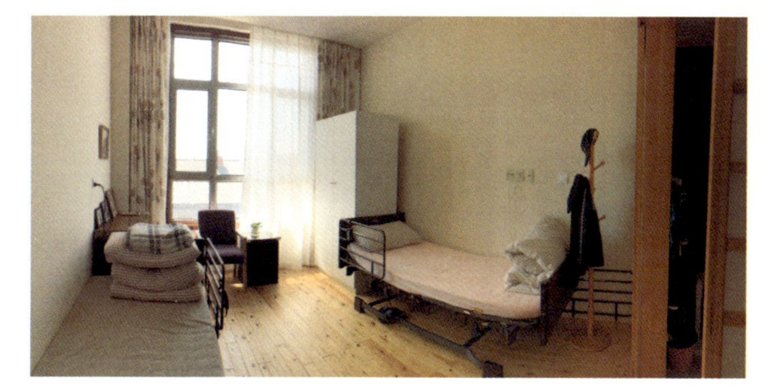

图 6.3.30　可灵活容纳两人居住的单人居室

▶ 双人间设计考虑私密性

调研中了解到，部分认知症老人仍希望有室友，彼此照应。平面中的走廊尽端、转角处的空间往往不易布置标准户型，可灵活利用这类空间设置少量双人间。双人间内部可通过隔墙、家具或屏风等灵活隔断进行划分，营造相对私密的个人领域（图 6.3.31）。还需注意通过墙地面和家具色彩等方式区分个人的居住、收纳空间，避免老年人混淆。

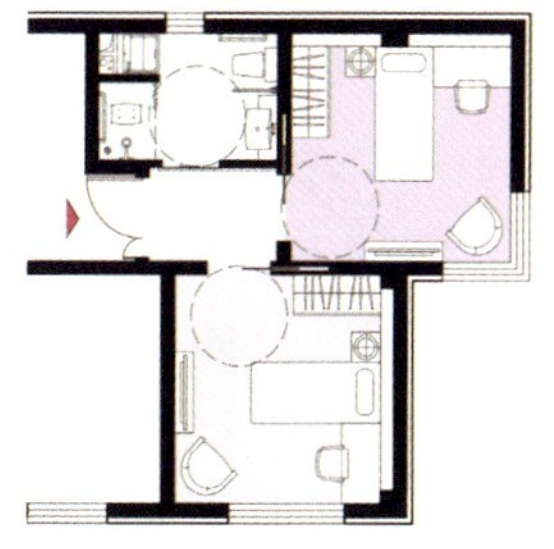

图 6.3.31
考虑私密性的双人居室

▶ 空间具有灵活布置可能

每位老年人的生活习惯和护理需求都有所不同。例如，部分老年人习惯将床贴墙摆放以获得安全感或避免坠床，而部分老年人则习惯床头垂直于墙，便于双侧下床或方便护理人员从双侧护理。因而，在空间尺寸、床头呼叫装置布点等方面，应考虑多种家具布局的可能性（图 6.3.32）在家具形式的选择上，应充分考虑到老年人从家中自带家具的可能，最好不要设置过多固定家具，以免空间布局僵化。

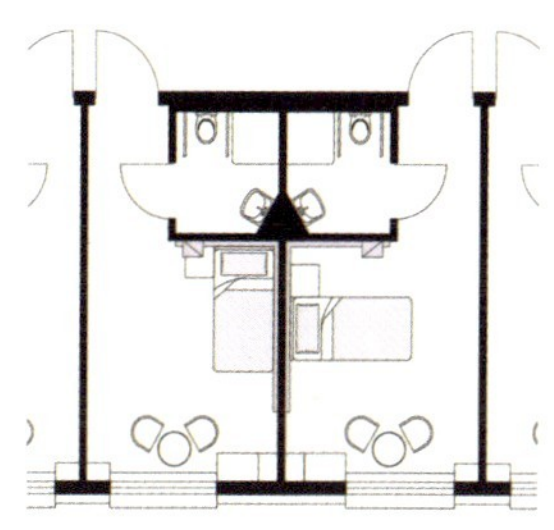

图 6.3.32　带有插座、开关的一体式床头板便于老年人灵活改变床的摆放方位

交通空间设计要点①

走廊空间促进自主寻路与有意义的活动

设置令人印象深刻的空间节点

认知症老人空间记忆能力下降，难以形成对空间结构的整体认知，但许多老人可通过认知训练记忆一些关键空间特征（例如“我的房间门是红色的”）。可将走廊尽端、拐角等关键空间方向选择点设计为令人印象深刻的空间（例如有特色的活动角），或摆放有特点的装饰物（如毛绒玩具、大的钟表等）帮助老年人创造“空间锚点”，加强空间认知（图6.3.33、图6.3.34）。

图6.3.33　在走廊尽端设置独特的装饰物便于记忆

图6.3.34　走廊尽端的红色门可作为识别点

设计通透的公共空间界面

公共空间临走廊的界面采用开敞的空间形式或通透的隔断，能为认知症老人提供直接的视觉信息，并使其提前了解空间中止在发生的活动，从而促进其自主寻路、参与活动。可采用矮墙、柱廊等要素（图6.3.35、图6.3.36），也可采用透明的玻璃划分和隔断空间，提高可识别性。

图6.3.35　通透的窗洞便于识别餐厅空间

图6.3.36　开放式空间促进自主定向

提供趣味休息活动角，减少无意义的徘徊

认知症老人常有沿走廊持续徘徊的行为，这往往并非正常的散步行为，而是其找不到想去的地方、缺少有意义的活动，或内心需求没有得到满足时，感到焦虑或无聊的表现。在走廊中设置休息座椅，既有助于老年人在疲惫时恢复体力，也能够吸引其停留与交往（图6.3.37）。休息空间可结合有趣的活动元素布置，使其转化为小型活动、交流空间，如宠物角、棋牌角、书报角等，促进老年人参与有意义的活动，减少无目的徘徊（图6.3.38）。

图6.3.37　走廊尽端设置休息空间

图6.3.38　走廊中结合鸟笼、照片墙等布置座椅吸引老年人来休息

交通空间设计要点②

出入口设计确保安全与尊严

隐蔽不希望老年人使用的出入口

设施中往往会有一些不希望认知症老人到达或使用的空间，如后勤空间、楼梯间等。管理者往往会为这些空间设置门禁，避免老年人自主进出。然而，行动自由被限制易使老年人感到挫败，引发老年人激越情绪。因此，这些出入口需尽可能采取隐蔽的形式，以降低老年人的被限制感，维护其尊严。为避免引起老年人的注意，最好不要将带有门禁的出入口设置在走廊尽端，以及老年人经常活动的区域（图 6.3.39、图 6.3.40）。在形式上，可通过降低门禁与周边环境的色彩对比，避免引起老年人的注意，例如单元楼梯间的门、门框可与周边墙面采用同一颜色。此外也可采用壁画、门贴等形式，使出入口和周边环境融合在一起（图 6.3.41）。

图 6.3.39　走廊尽头的出入口易引发关注

图 6.3.40　出入口位于走廊侧面，避免引发注意

图 6.3.41　采用壁纸隐蔽日常不使用的逃生出入口（虚线框所示）

设有老年人能自由进出的出入口

由于存在走失风险，认知症老人通常无法单独离开设施。为避免认知症老人产生“被监禁感”，至少需要设置一个老年人能够离开单元的出入口，例如通往安全花园的出入口、通往其他单元间共享空间的出入口等，尽可能使认知症老人在相对安全的前提下，享受最大程度的行动自由（图 6.3.42）。

图 6.3.42　通过光线明暗对比突出花园出入口，引导老年人自由出入

促进自主、安全使用的电梯

调研中发现，为避免风险，设施中电梯往往设置密码盘或刷卡器，不允许老年人自主使用。然而，一些早期、轻度认知症老人可能需要到其他楼层参加活动，也具备独立使用电梯的能力。此时，可在电梯系统设定权限，令地下室、顶层等危险楼层需刷卡到达，一般楼层则无须刷卡，在确保老年人安全的前提下支持其独立活动。同时，可使用色彩辅助老年人使用电梯，例如将每层电梯厅涂刷成不同颜色，并在电梯按钮边设置大字提示色卡，辅助老年人选择目标楼层（图 6.3.43）。

图 6.3.43　每层电梯厅色彩与电梯按钮色卡对应，便于老人记忆、选择目标楼层

辅助服务空间设计要点①

确保护理人员的监护视野通透

▶ 使护理人员能随时看到老年人主要活动空间

伴随认知功能衰退，老年人的安全意识降低，并可能具有一定精神行为症状，独处、独自活动的风险增加。护理人员白天一般会引导老年人在公共空间中活动，便于集中看护和提供服务。

单元内老年人主要活动空间应当尽量彼此临近，保持通透的视线联系，就近设置护理站或工作台，确保护理人员能够随时监护老年人的动态、响应老年人的需求（图 6.3.44）。

▶ 将护理工作空间与老年人生活空间有机融合

在认知症照料单元中，护理人员往往需要填写护理记录，或处理各类文件表单，需要能够存放档案、摆放电脑的护理站。然而目前许多设施中设置的护理站参考医院护士站的形式，过于突出或尺寸过大，容易使空间环境丧失温馨的居家氛围，给老年人带来“被监视感”。

在“以人为中心的护理”理念中，护理人员是与老年人共同生活的，而非老年人的“监管者”。护理工作空间设计应尽可能融入老年人的生活空间，尽量消隐护理站带来的“机构感”（图 6.3.45、图 6.3.46）。

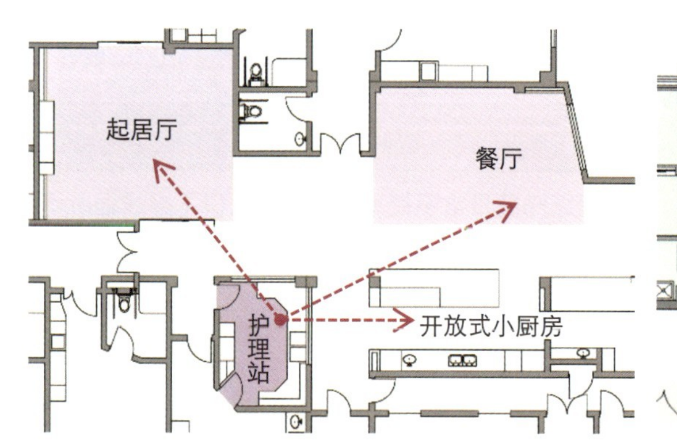

图 6.3.44　护理站的位置便于监护在主要公共空间活动的老年人

图 6.3.45　工作站与开放式小厨房结合设置，形式隐蔽且能够随时看护餐厅中的老年人

TIPS：配置可移动的记录设备

随着无线网络的普及，许多记录文书工作能在可移动的设备（如平板电脑、笔记本电脑、手机）上完成。这使得护理人员能根据老年人活动区域随时调整工作地点，更灵活地监护老年人（图 6.3.47）。

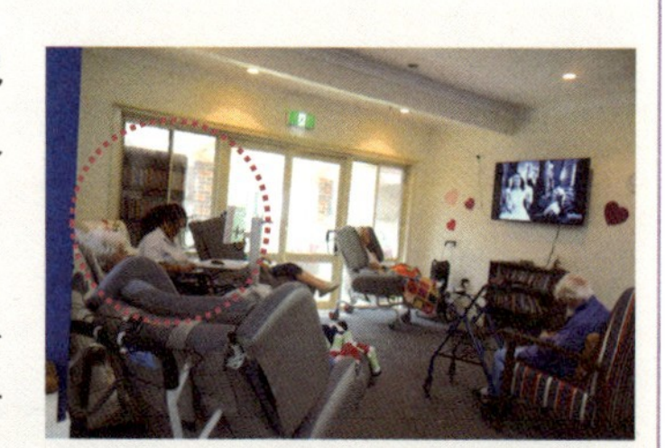

图 6.3.47　护理人员使用可移动电脑做记录，兼顾看护老年人

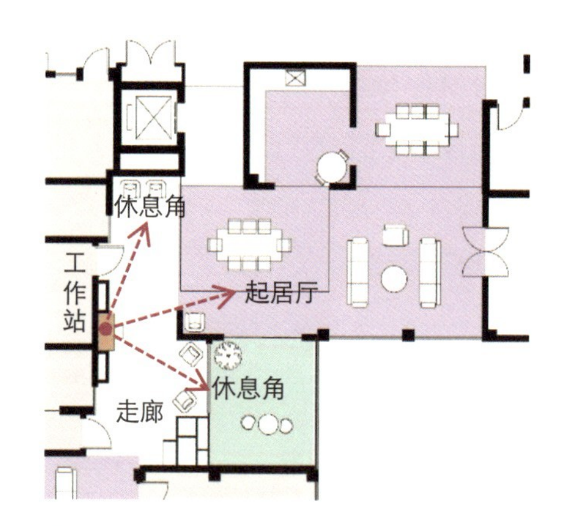

图 6.3.46　走廊边的嵌入式护理工作站有助于护理人员随时关注不同空间中的老年人

辅助服务空间设计要点②

处理好员工专属空间

▶ 设置隐蔽、近便的员工休息空间

养老设施中个别认知症老人因情绪波动可能会出现踢打、辱骂护理人员等激越行为，使护理人员产生委屈负面情绪。为帮助员工纾解压力、缓和情绪，需要为其提供能够放松休息的空间，确保员工可持续地为老年人提供高质量的服务。休息空间也可兼用于办公、档案存储、会议等。

员工休息空间应能够完全关闭，并开设透视小窗，员工即便在房间内喝水、打电话、交接班，也能及时了解老年人的情况（图 6.3.48）。有条件时，应提供自然采光和窗景，利用自然元素促进员工恢复精神。还可设置水吧、冰箱、电视等设施，便于员工补充水分食物，放松心情（图 6.3.49）。此外，最好单独设置员工卫生间，避免与老年人共用卫生间造成使用冲突。

▶ 隐藏不希望老年人使用的辅助服务空间

污物间、开水间、储藏间、备餐间等辅助服务空间对认知症老人来说具有较高的风险（例如烫伤、误食清洁剂等），应加以隐藏（图 6.3.50）。可将具有潜在风险的辅助服务空间设置在老年人不常活动的区域、出入口避开老年人视野，并采取与周边墙面相近的色彩隐蔽辅助服务空间的出入口（图 6.3.51）。

图 6.3.49　员工休息空间提供小厨房与窗景

图 6.3.50　非就餐时间采用推拉木板隐藏专业备餐间

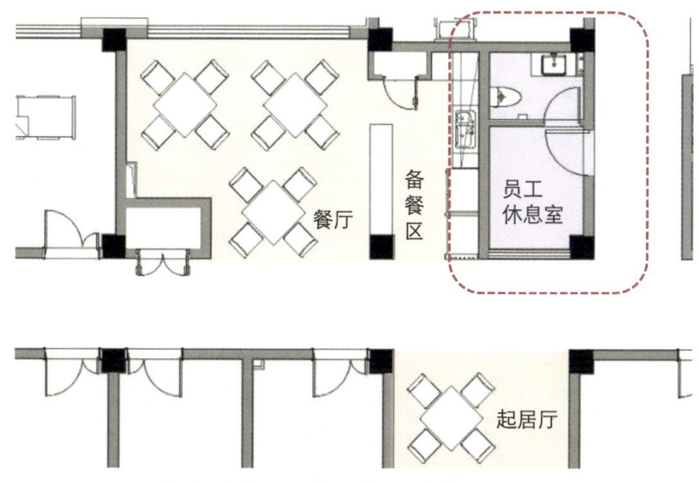

图 6.3.48　附带卫生间的员工休息室

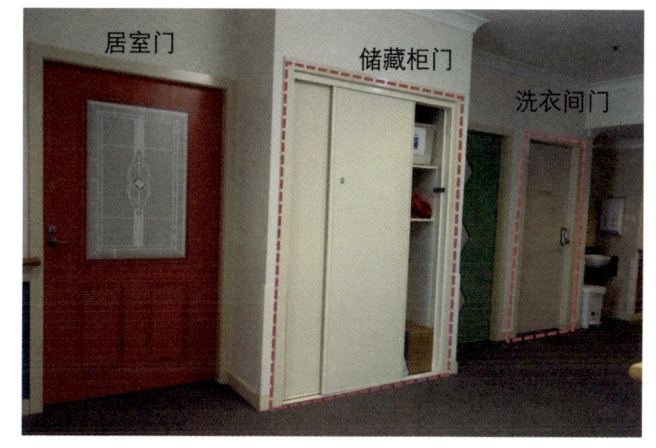

图 6.3.51　储藏柜、洗衣间门采用与走廊墙面相近色彩加以隐藏

LET'S CELEBRATE
INTERNATIONAL
WOMEN'S DAY
MARCH 8 2019
International
WOMEN'S
DAY
March
8
Equality
Rights
Progress
WHO
WHAT
she wants
Diversional Therapy
Notice board
Better Homes
THE
GIRL
ON THE
TRAIN

第 4 节

通用细节设计要点

环境氛围设计要点

营造熟悉与安心感

营造熟悉的环境氛围

认知症老人常因不知道自己身在何处、应该做些什么，产生迷惑和焦虑感，熟悉的空间环境有助于缓解老年人焦虑不安的情绪。空间环境设计宜选用家庭常用的材质（如木地板、壁纸）。小尺度的家具（如布艺沙发、小型的茶几等）、带有温馨感的装饰物（如书画作品、手工艺品）、室内盆栽等都有助于营造出轻松平和的家庭氛围。应避免空间过高、过大，使尺度尽可能接近居家感受（图 6.4.1、图 6.4.2）。

图 6.4.1　带有居家感的木地板、植物营造熟悉的氛围

图 6.4.2　家庭中常见的装饰物、小尺度的家具营造温馨感

采用简单易操作的设施设备

由于认知症老人学习新鲜事物相对困难，面对自己不熟悉、不会使用的事物时，往往会产生无助、挫败感，甚至焦虑、激越的情绪。但认知症老人往往对过去熟悉的物件的使用方式保存着一定的程序记忆，因而在选择洁具、电器等设施设备时，应尽可能采用老年人熟悉的样式，避免过度求新，选用智能化设备时更需慎重。

洁具、电器设备的形式应利于认知症老人的理解和易操作。例如，水龙头开关建议采用老年人熟悉的抬掀式，最好避免采用感应式开关，部分认知症老人可能因不了解出水方式而尝试掰龙头，甚至暴力将其拆卸（图 6.4.3）。开关面板形式不宜采用声控、触摸式等老年人不熟悉，导致不会用的样式。宜采用大面板、少按键的开关（例如单联或双联），便于老年人识别、使用（图 6.4.4），开关过程中的声音、触感等也有助于老年人产生确认感。

感应水龙头

抬掀式开关水龙头

图 6.4.3　水龙头开关形式的正误比较

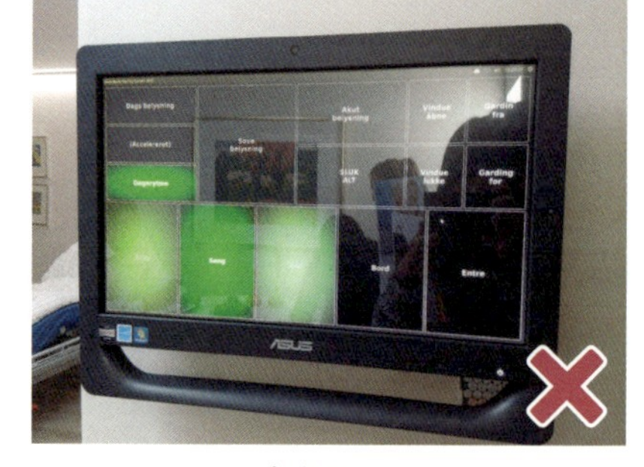

智能开关

普通开关

图 6.4.4　灯具开关形式的正误比较

色彩设计要点

辅助空间认知

用色彩增强居室、公共空间的辨识度

适宜的空间色彩对比设计能够帮助认知症老人更好地识别和利用空间，增加老年人行动的独立性。可通过门与周边墙面的色彩对比，突出老人居室、卫生间等空间的出入口，便于老年人找到。有条件时，各居室的门套可采用不同的色彩，便于老年人识别自己的房间（图 6.4.5）。当空间中有多个活动区域时，可营造不同色彩主题（例如餐厅采用蓝色系、起居厅采用橙黄色系等），辅助老年人识别各区域（图 6.4.6）。

图 6.4.5　居室入口门采用不同色彩便于老年人记忆，找到自己的居室

图 6.4.6　起居厅采用黄色主题色与装饰树可增强空间识别性

增强空间界面交接处色彩对比

认知症老人对三维空间的认知能力减弱，当墙面与地面色彩接近时，空间认知更加困难（图 6.4.7）。墙、地面色彩最好在色相和明度上均具有鲜明对比（图 6.4.8），还可设计与墙、地面色彩对比明显的踢脚线或在地面边缘设置色带，以提示老年人水平与垂直界面的交界处所在。

图 6.4.7　色彩相近的墙和地面易造成迷惑感

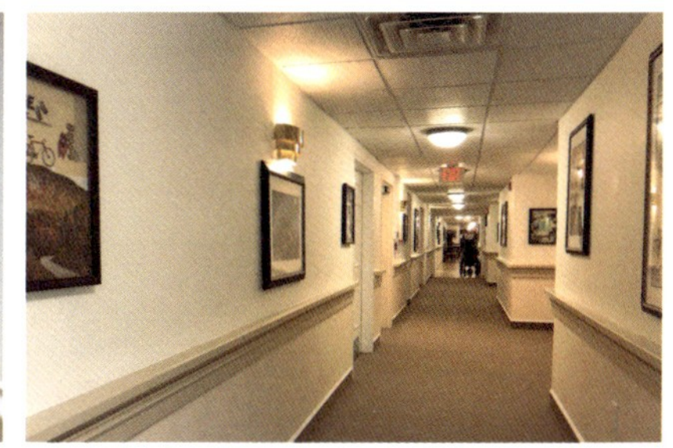

图 6.4.8　地面与墙面交界处色彩对比明显易于识别

选对色彩图案避免引发错觉

许多认知症老人对空间深度的判断能力降低，深色地垫、过门石、电梯的金属门槛、色彩明度对比较大的条纹、格纹、锯齿纹图案等都容易让老年人误认为地面不平、有坑或有障碍，不敢前行、害怕靠近（图 6.4.9、图 6.4.10）。此外，认知症老人很容易将小面积的地面图案错认为是落地的异物，反复尝试捡起，从而引发跌倒（图 6.4.11），还有可能将椅面上的碎花图案看成虫子、污点，尝试打掉、抠掉。因此，在地面、墙面、家具布艺选择中应注意图案、色彩块的式样，避免造成误解。

图 6.4.9　易被视为门槛的电梯金属门轨

图 6.4.10　地面拼花可能被认知症老人错认为纸片尝试捡起

图 6.4.11　地毯直线条纹可能被看作有高差

标识设计要点①

标识的形式设计

标识常见设计错误

认知症老人对标识的易识别性要求较高。调研中发现，一些设施的标识存在色彩对比不足（图 6.4.12）、文字图标过小（图 6.4.13）、箭头方向不明确（图 6.14.14），以及标识过于抽象缺少文字提示等问题，导致认知症老人无法有效识别和利用标识。

图 6.4.12　文字色彩与背景接近，不易辨识

图 6.4.13　原设计的卫生间图标过小，运营方在门上加设标识

图 6.4.14　门牌号箭头与引线粗细接近，难以辨认方向

标识内容可同时包括文字、箭头与图标

许多早期、中期认知症老人仍保有阅读能力，但对图案标识较为陌生。研究表明，箭头加文字的导引标识较易被认知症老人理解和有效使用。例如，写有“厕所”二字配合箭头的标识比单纯的厕所图形标识更能促进老年人自主使用卫生间。考虑到老年人对图标和文字的敏感度不同，可同时采用图标、文字、箭头的形式，最大程度支持不同认知能力的老年人理解标识（图 6.4.15）。

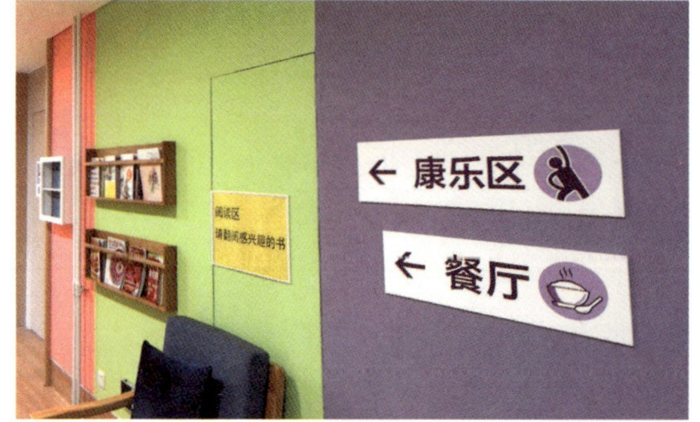

图 6.4.15　包含箭头、图标、文字的标识有助于不同认知能力的老年人识别

图 6.4.16　大的时钟表盘与黄底黑字利于老年人识别

采用对比清晰的色彩与易识别的字体

标识中的色彩与字体选择十分关键。研究表明，在各种光线强度下，黄底黑字对比度最高、最易被老年人识别（图 6.4.16、图 6.4.17）。标识字体宜选择新宋、黑体等笔画轮廓清晰的样式，字体大小也应适当加大，以利于老年人理解（图 6.4.18）。

图 6.4.17　活动用具标识采用黄底黑字

图 6.4.18　适当增大字体、增强图底色彩对比有助于老年人识别

标识设计要点②

标识的位置设置

在重要空间选择点设置标识

认知症照料单元中，标识数量应较普通照料单元有所增加，确保老年人在行动过程中能够随时看到标识，获取有帮助的信息。走廊尽端、拐角往往是老年人容易迷失、无法做出选择决策的地点，是设置标识的重点位置（图 6.4.19）。同时，可在门边、门上摆放、贴挂个性化的标识物（如老年人喜欢的物品、记忆板等），帮助老年人记忆、识别自己的房间（图 6.4.20）。

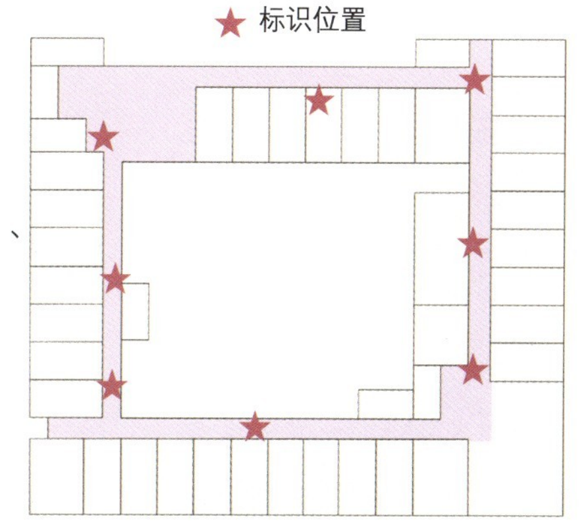

图 6.4.19　在走廊尽端、拐角、中部等处设置标识，便于老年人定向

图 6.4.20　居室门口设置记忆箱和花环，辅助老年人找到房间

标识高度便于老年人看到

适宜的标识高度能够使老年人更方便地看到、阅读标识。许多老年人因颈椎病等原因走路视线偏向下方，因此标识的高度不宜过高。考虑到中国成人平均视线高度为 1.5m，使用轮椅的老年人视线高度约在 1.15m，标识高度可设置在 1.15~1.5m 的范围内（图 6.4.21）。此外，在地面设置导向标识也有助于老年人跟随提示自主找到重要的目标空间，例如卫生间、活动室等（图 6.4.22）。

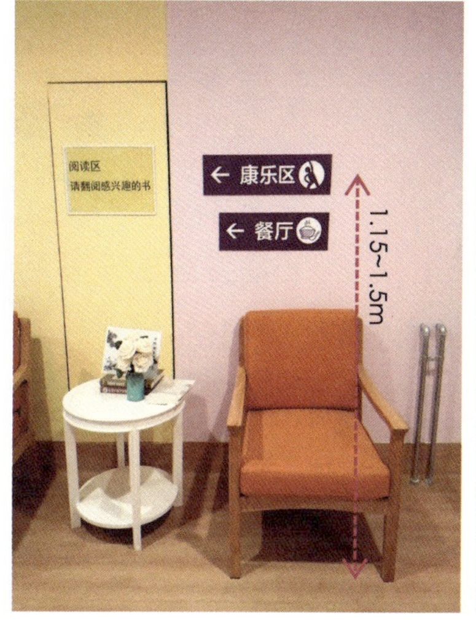

图 6.4.21　标识距地高度应在 1.15~1.5m

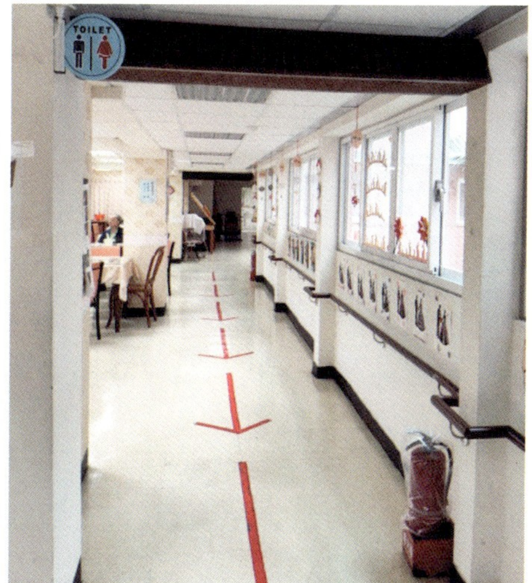

图 6.4.22　可在地面设置通往卫生间的标识线

在多个角度设置标识

由于认知症老人对视野外的事物不敏感，当空间中仅设置了一处标识，且老年人身处的视角难以看到该标识时，可能会错过或忽视标识。例如，当仅在门上设置标识且门处于打开状态时，老年人在走廊中往往难以看到。应尽可能在地面、墙面、门上等多个方位设置标识，以使认知症老人从不同距离、高度、方向都能轻松识别标识，促进其自主定向（图 6.4.23、图 6.4.24）。

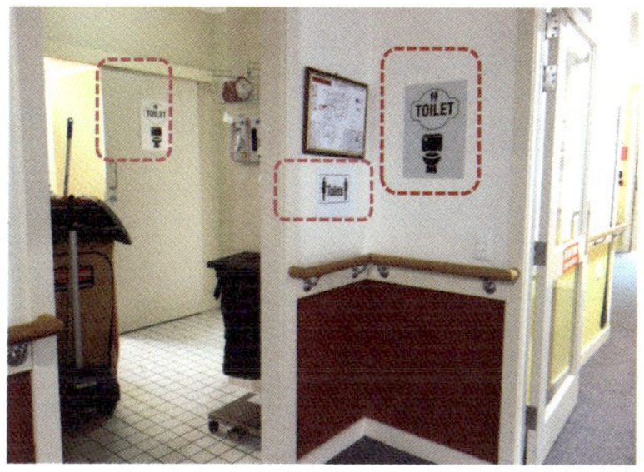

图 6.4.23　在卫生间入口不同方向的墙面设置标识，便于老年人从不同角度识别

图 6.4.24　在卫生间门上与门边分别设置不同大小的标识，便于老年人在不同距离识别

设施设备配置要点

确保安全性

▶ 窗户形式考虑安全性

认知症老人自行开启窗户可能存在坠落的危险，在设计时需要充分考虑窗户开启的安全性。在开启方式上，内开相对外开更安全，为避免内开后窗扇磕碰到室内的老年人，可采取能够 180° 平开的形式，也可采用上悬、下悬窗或高窗等方式（图 6.4.25）。此外，还可以采用限制窗扇开启幅度、加装隐形防护网等方式避免老年人跌落（图 6.4.26）。但也应避免设置封闭感过强的栅栏式防盗窗，以免造成老年人的被监禁感，以及形成机构化的氛围。

图 6.4.25　高窗兼顾通风与安全

图 6.4.26　安全窗开启扇外设置透明玻璃板兼顾美观与安全

▶ 用水设备设置隐蔽开关

部分认知症老人可能会误打开淋浴开关、坐便冲洗器等弄湿地面，导致跌倒。可选择带有止水按钮的淋浴花洒（图 6.4.27），或者在隐蔽的位置设置开关阀门。这样即使老年人打开了平时常用的水龙头开关，也不会出水，降低风险。

▶ 设施设备操作方式具有容错性

认知症老人有时会忘记设施设备正确的使用方式。设施设备应尽可能具有容错性，减少由于错误使用带来的风险或困扰。例如，冷热水混水龙头宜安装温度控制阀，以避免老年人使用不当导致水温过高而烫伤（图 6.4.28）。又如，坐便器可同时设置手动与延迟自动冲水设备，避免老年人忘记冲水，或发现便器中排泄物后产生困惑感（例如，以为他人在自己房间排泄）。

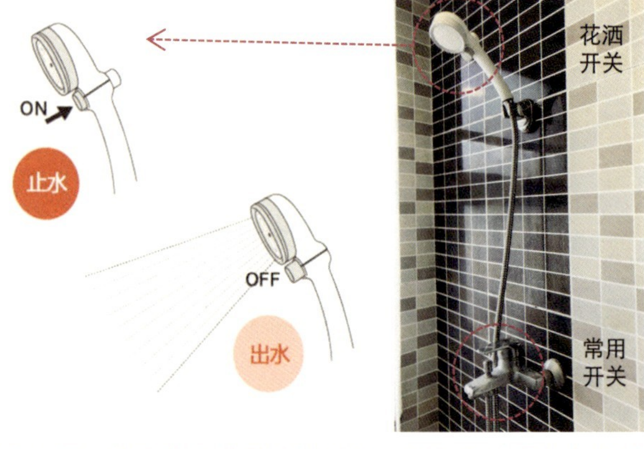

图 6.4.27　淋浴花洒设置隐蔽开关，避免认知症老人误打开水龙头

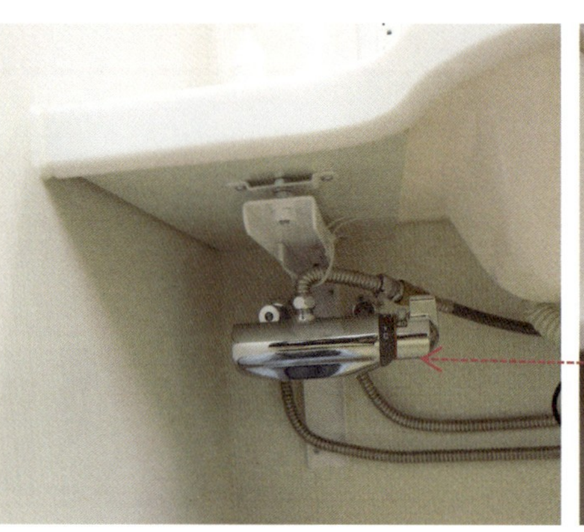

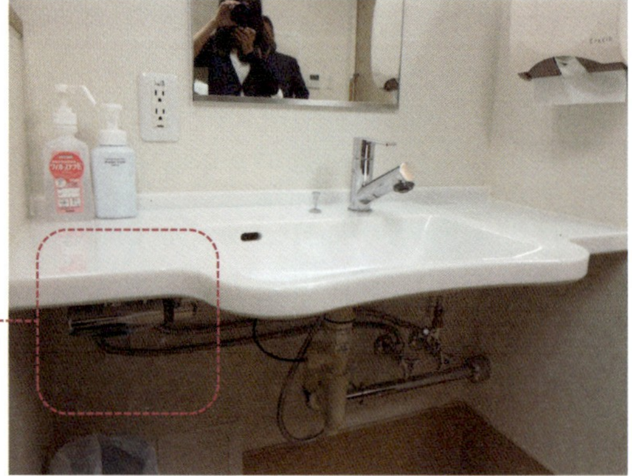

图 6.4.28　台面下设有水温控制阀的混水龙头避免老年人误用烫伤

隐藏电表、管井等设备

一些认知症老人出于好奇，有翻找、玩弄电器设备的行为。电表箱、设备管井等不希望老年人触碰的设施设备宜进行隐藏性设计，或设置于老年人不易触碰的位置，以免其接触引发危险。可将电表箱设置在高处（图 6.4.29），并保持与墙面色彩一致，管井门的颜色也可与周边墙面保持一致，并采用隐藏式把手（图 6.4.30）。此外，少数认知症老人可能会拉拽护理人员使用的打印机、电脑等设备的电线，此时可采用灵活的隐藏形式。例如图 6.4.31 中办公区为凹龛式，上部设置了可下拉的布帘，必要时能够避免老年人注意到这些设备。

图 6.4.29 将电表箱置于老年人不易接触的高处

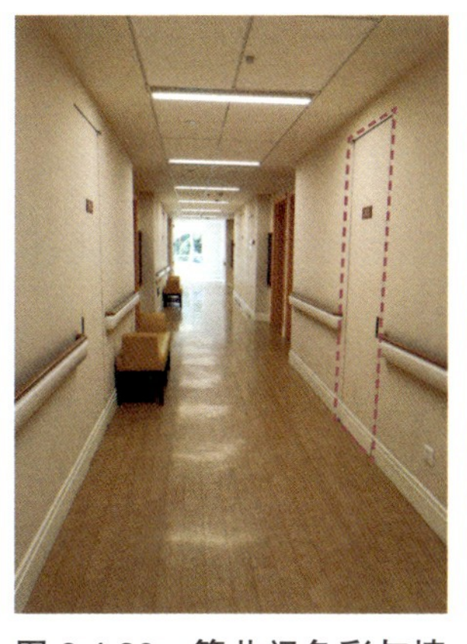

图 6.4.30 管井门色彩与墙面一致，避免引起老年人注意

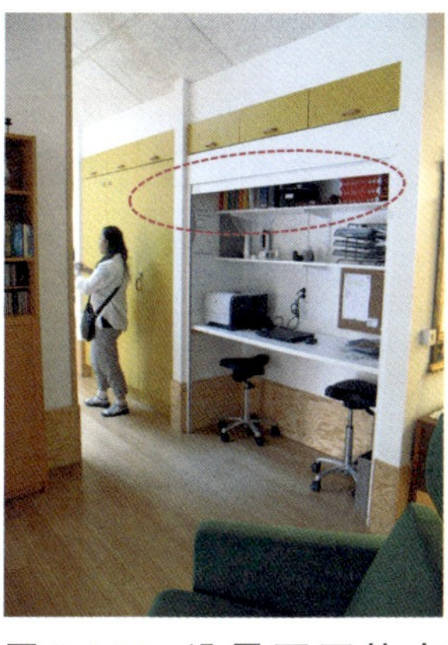

图 6.4.31 设置可下拉布帘，必要时隐藏办公设备

考虑厨具设备的安全性

开放式小厨房需要设置一些隐蔽、可上锁的储藏空间（如地柜、吊柜），储藏刀具、打火机等存在风险的物品（图 6.4.32）。一些设施中为规避风险而隐藏、取消所有厨具设备，这对老年人自主活动造成限制。应尽可能选择带有安全性设计的设备，例如，采用带有智能童锁的电热水壶、带有电子锁和过热保护功能的电磁炉等，确保具有使用能力的老年人可以自主开展倒水及其他日常活动，同时避免部分没有使用能力的老年人误用设备带来危险（图 6.4.33）。

在选配小厨房中的设施设备时，需要综合考虑单元中老年人的认知和行动能力。当单元中多数老年人存在重度认知症衰退、难以识别潜在的风险时，需尽可能避免在老年人可及处设置带有风险的设备。

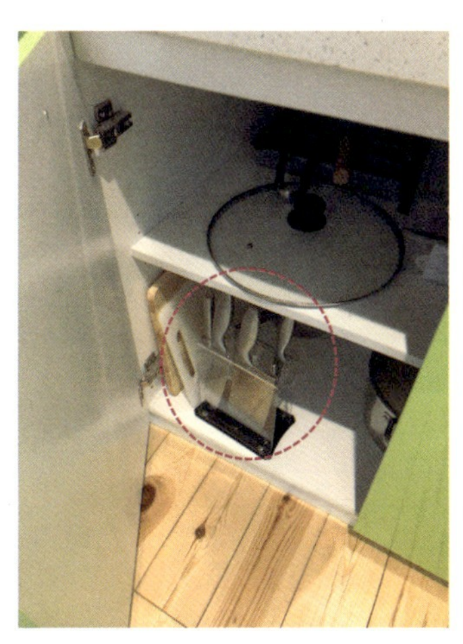

图 6.4.32 将刀具存放在较隐蔽的地柜内或上锁，防止老年人自行拿取

图 6.4.33 电热水壶带有童锁，可避免风险意识较差的老年人误用烫伤，并支持具有一定认知识别能力的老年人使用

物理环境设计要点①

照明采光设计

提供充足、柔和的照明条件

研究表明，认知症老人在对比敏感度、视空间构建、色彩识别等方面的能力显著低于非认知症老人。良好的照明设计能够有效帮助老年人识别空间和物体，减少跌倒风险，提升活动参与度。

室内环境的照度需充足，有条件时宜在现行规范要求基础上适当提升照度（图6.4.34）。各空间照度应均匀、柔和，避免照度突变、阴影和眩光等引发老年人眼部不适（图6.4.35）。设计时不宜采用过于光滑的地面材质和裸露的灯具，以免造成眩光。

图6.4.34　均匀、明亮的漫射光有助于老年人的空间认知

图6.4.35　昏暗，有眩光和阴影的光环境不利于认知症老人识别空间和物体

照明设备具备可调节性

有条件时，照明灯具的照度、色温等应具有可调节性，使老年人或工作人员能够根据天气、活动场景等需求调节照明强度（图6.4.36）。例如，在开展活动，或阴雨天时增强照明可使老年人精神振奋，而在晚间调暗照明则有助于营造睡眠氛围。

图6.4.36　可调节色温与照度的照明设施满足不同时段或场景下的照明需求

充分利用场地条件引入自然采光

研究表明，认知症老人接受充足的日间自然光能够帮助其改善昼夜节律紊乱，减少傍晚、夜间的精神行为症状。设计时应当最大化利用场地条件，在老年人主要居住活动空间提供自然采光。例如，围绕中庭设置活动空间，开设天井、天窗等（图6.4.37、图6.4.38）。

图6.4.37　环中庭布置活动区，通过大面积窗扇引入自然光

图6.4.38　利用侧高窗为中廊空间提供自然光

物理环境设计要点②

噪声的控制

通过空间隔断控制噪声

为便于老年人定向及为照护者提供通透的视野，认知症照料单元常采用开放式布局，但这也会使不同空间之间形成噪声干扰，过度的噪声可能引发认知症老人的不适，甚至激越行为。规模较大的活动室或音乐舞蹈活动空间应设置灵活的，具有隔声效果的隔断（例如推拉门、折叠门等），确保部分不愿参加集体活动的老年人能够获得安静的环境体验（图 6.4.39）。此外，还可设置能关门的小空间，引导处于激越状态的老年人在该空间单独活动，避免其喊叫声影响他人（图 6.4.40）。

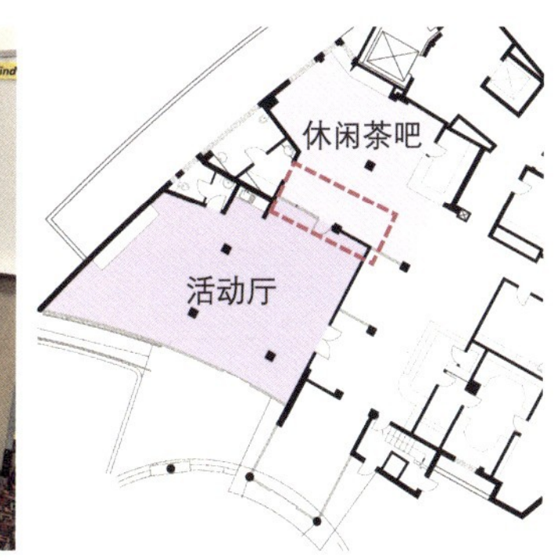

图 6.4.39　集体活动室设置玻璃隔声门，便于隔断噪声

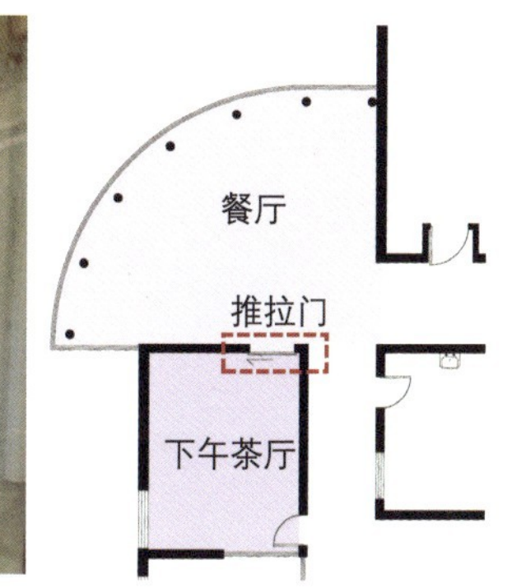

图 6.4.40　下午茶厅设置隔声推拉门与餐厅分隔，避免部分激越老年人喊叫影响到他人

使用界面材质吸声降噪

在较大型的活动室、餐厅中，常存在多人讲话、推车等噪声，要避免空间中大面积采用硬质、难以吸声的材料如瓷砖、金属板等。可在墙面、顶棚设置吸声的板，降低空间中的混响时间和反射声（图 6.4.41）。同时，有弹性的 PVC 地板、地毯、布艺沙发等也具有一定的吸声、降噪效果，可在空间中灵活采用。

避免设置层高过高或面积过大的空间

一些设施中活动厅、门厅等空间面积较大，或层高较高，使得混响时间长，话语难以被听清，噪声久久难以消除。设计中应避免设置体量过大的活动空间，并需为小组活动和亲密对话提供适宜的空间。例如图 6.4.42 中，设计者利用角落、走廊空间布置了小尺度的活动、休憩场所，有助于为老年人提供更安静舒适的活动交流环境。

图 6.4.41　吊顶采用吸声板降低噪声

图 6.4.42　小尺度的活动空间更利于控制噪声，促进交往

第 5 节

认知症花园设计要点

认知症花园的重要性和特殊性

为什么要设置专门的认知症花园？

室外活动对认知症老人能够起到显著的身心疗愈作用，也有助于缓解其精神行为症状。有研究表明，在花园中接触植物、阳光等自然元素，能帮助认知症老人调节昼夜节律、减轻日落症候群与睡眠问题[1]。在花园散步、从事园艺劳动、参加集体活动等还可以缓减认知症老人的身心压力、焦虑情绪，减少其攻击性行为，从而提高认知症老人的生活质量。

由于认知症老人身心状态与能力的特殊性，其对室外空间的需求也与其他老年人有所不同。同时，考虑到部分认知症老人会出现妄想、激越等精神行为症状，当与其他老年人共用室外花园时，可能会影响到其他老年人的活动。因而，在独立的认知症照料单元中设置针对认知症老人的花园，既可以满足认知症老人就近室外活动的需求，便于护理人员、家属引导其室外活动，也能避免其与其他老年人相互干扰（图 6.5.1）。

图 6.5.1　某认知症照料单元设置的专属认知症花园

认知症花园的特殊设计要求

认知症花园设计是在一般的室外环境适老化设计的基础上（详见本书上卷第 3 章的相关内容），进一步满足认知症老人的特殊需求。

① 确保安全

随着认知能力的衰退，认知症老人的安全意识往往较弱，难以识别或判断环境中存在的安全隐患，更容易发生走失、跌倒等事故。认知症花园的设计应最大限度地减少环境中的各类风险因素，保证老年人能够安全地进行室外活动。当室外环境的安全性得到保障时，也更有助于护理、管理人员促进和支持认知症老人自主开展室外活动。

② 支持寻路

认知症老人的信息感知、理解、执行能力逐渐衰退，复杂的空间环境会使其难以识别自身所在的位置或无法找到目的地（如花园出入口），还可能引发其焦虑、激越等情绪。

认知症花园应采用简单清晰的空间格局，增强空间可识别性，帮助认知症老人降低寻路过程中的认知负荷，促进老年人独立寻路。

③ 提供适宜的感官刺激

认知症老人可适应的环境刺激程度比一般老年人更有限。一方面，当环境刺激水平过高时（例如过度的车辆噪声），可能引发部分认知症老人的不适。另一方面，当环境刺激水平过低时（如花园缺少有吸引力的元素），认知症老人可能会感到无聊、乏味，进而产生焦虑不安或徘徊行为。

花园设计中需提供适宜的感官刺激，使认知症老人处于舒适、平和的状态，从而帮助其最大限度地发挥尚存机能。

1　日落症候群与睡眠问题：指认知症老人从黄昏时分开始出现精神错乱、焦虑等问题，该症状可能持续一整夜，并影响认知症老人的睡眠。

认知症花园的常见设计问题

室内外高差限制老年人自由进出

调研发现，不少认知症照料单元的花园出入口存在高差，而设施管理者考虑到老年人进出时的安全问题，会限制认知症老人自由进出（图 6.5.2），由于室内地平与花园存在约 1.5m 的高差，认知症老人必须通过一个三折的长坡道才能到达花园，管理者担心老年人独自活动不安全，将花园门上锁，使得其利用率大大降低。

图 6.5.2　通往花园的坡道过长，对老年人室外活动形成较大阻碍

花园出入口与主要活动空间视线联系差

一些认知症照料单元虽然附设了专门的室外花园，但由于花园出入口与花园主要活动空间的视线关系弱，导致老年人无法同时看到两者，难以被吸引外出活动。如图 6.5.3 所示，老年人在花园出入口只能看到一条尽端路，看不见花园的主要活动空间，而在室内活动区看到花园时却找不到出口，必须有人带领才能去花园，导致花园的使用率不高。

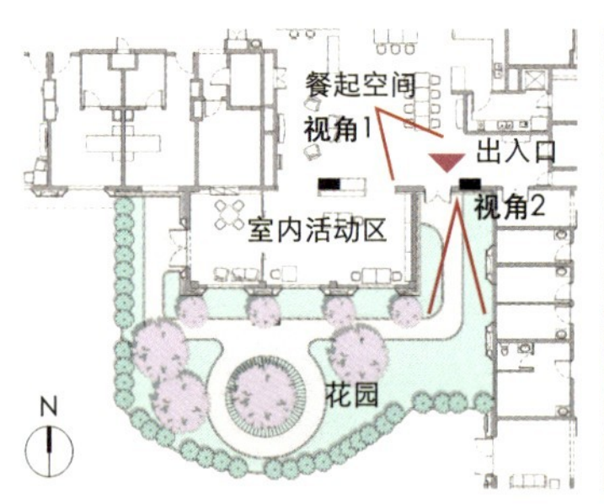

图 6.5.3　花园出入口视野促狭，无法看到主要空间，难以吸引老年人到花园活动

植物配置不当带来视线盲区

为了营造丰富的景观效果一些认知症花园种植了大量的植物，但忽略了视线的通透性。如图 6.5.4 中，部分树木树冠较低，使护理人员无法随时观察到老年人在花园中的活动情况，存在安全隐患。另一方面老年人在花园中活动时也难以定位，易迷失方向。

图 6.5.4　树冠位置较低，不利于护理人员看护和老年人寻路

花园空间布局单调

一些认知症花园空间较为单调，难以激发认知症老人室外活动的兴趣。例如图 6.5.5 中，花园中仅设有一条环形散步道与基础绿化，缺少老年人可以活动休憩的设施，也缺少有吸引力的感官刺激元素，因而令老人感觉无聊、无趣，甚至导致焦虑和更多无目的的徘徊等精神行为症状。

图 6.5.5　仅布置了循环散步路的花园乏味单调

认知症花园的设计策略①

设置隐蔽安全的围护措施

为避免认知症老人走失，在设计认知症花园时需要考虑花园的可围合性。例如，可在花园周边设置安全围护措施，或利用建筑物围合形成庭院。围护措施的形式最好较为隐蔽，以避免老年人产生“被关起来”的感觉，引发“逃离”行为。例如，可以种植较为高大、密集的植被，以遮蔽栅栏或围墙，形成更加自然的边界（图 6.5.6）。

围护措施的形式设计也需要考虑安全性，避免设置易于攀爬的横向构件。此外，当花园边缘设置有不希望老年人使用的出入口时（例如通往停车场、公共道路的后门），可采用与周边围护措施一致的形式消隐出入口，避免引起认知症老人的注意。

图 6.5.6 利用植物遮蔽围墙形成自然的花园边界，减少封闭感

保证室内外空间具有密切的视线联系

为促进老年人开展室外活动，便于护理人员随时看护室外活动中的老年人，室内外空间需有通透直接的视线联系。可将花园出入口设置在起居厅、餐厅等老年人经常活动的空间一侧，提升花园的可及性，促进老年人自主外出活动。同时，室内外空间的划分界面需确保一定的通透性，可采用大面积透明玻璃窗扇形式。有条件时，最好使备餐台、护理站等工作人员常用空间能直接看到花园，为看护提供便利（图 6.5.7）。

注重花园内空间视线的通透性

花园内树冠的高度不宜遮挡视线，可修枝使其保持在 2m 以上，也不宜种植过密的中等高度的灌木，确保认知症老人在室外突发状况时能被及时发现。同时，应保证老年人在花园内绝大多数位置都可以看到花园的出入口，便于其确定自身所处方位，自主回到室内，增强其空间掌控感（图 6.5.8）。

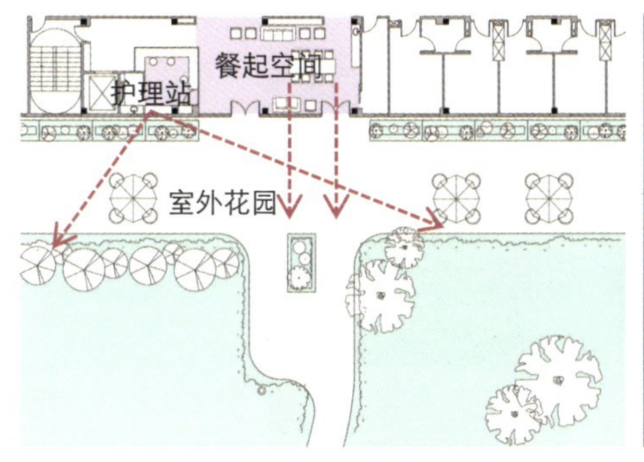

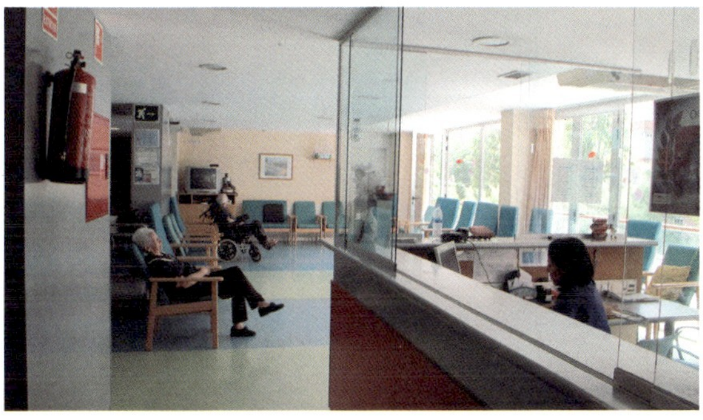

图 6.5.7 花园紧邻餐起活动空间与护理站，并采用落地窗形式确保视线通透

图 6.5.8 花园内主要活动空间视线通透，一览无余

6-5 认知症花园的设计策略②

▶ 确保出入口易于进出和识别

▷ 避免高差，易于进出

在室内外出入口处，由于两侧地面铺装构造的不同，容易产生高差，在设计时要特别注意避免，例如进行降板处理。同时，考虑到一些认知症老人体力有限、行动不便，出入口门扇要便于老年人开启，例如采用轻便的推拉门或自动门等（图 6.5.9）。

图 6.5.9
通往花园的自动门能很好地支持认知症老人自主进出，尤其是使用轮椅和助步器的老年人

▷ 明显易找，易于识别

花园出入口要明显易识别，便于老年人独立寻路。在室内一侧，可通过导向标识、色彩和光线明暗对比等设计手法，引导老年人看到花园的出入口。在花园一侧，可采用造型独特的门斗、门廊或摆设雕塑等手法使出入口更加明显，以便于认知症老人识别，自主返回室内（图 6.5.10）。

图 6.5.10
突出的入口造型能够便于老年人独立找到出入口

▶ 设置清晰简洁的散步路径

认知症老人空间记忆能力下降，在室外活动时容易迷失，散步路径的设置应尽可能清晰、简单，避免设置过多岔路口。主要散步道可采用环形布局，便于老年人以花园出入口为起点，自然地循着散步道回到出入口。花园较大时，也可设置一些连通小径，为老年人提供更丰富的路径选择（图 6.5.11）。

细节设计上，散步道沿途可设置一些趣味的小品作为记忆点，或设置清晰的标识，帮助老年人记忆、寻路。散步道的铺装宜使用统一的材质和颜色，形成连续性，并注意与相邻种植区域的色彩对比清晰，避免老年人误踩而崴脚（图 6.5.12）。

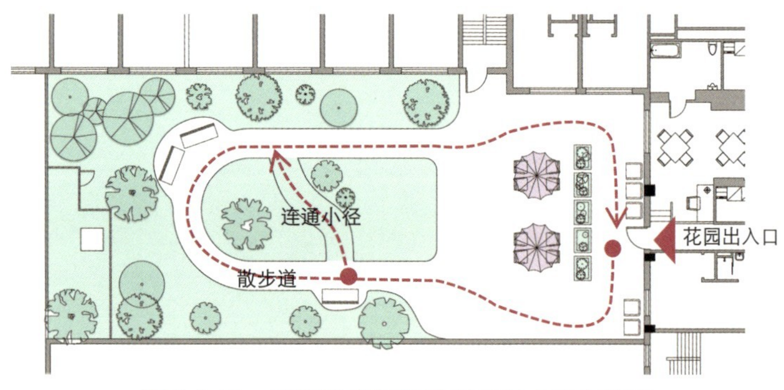

图 6.5.11　环形散步道有助于老年人自主寻路

图 6.5.12
散步道与周边种植区颜色对比清晰

认知症花园的设计策略③

提供丰富有益的感官刺激

营造丰富、安全、适宜的刺激环境，能够延缓认知症老人认知和交流能力的退化。具体的设计要点包括：

- 选配能够反映四季变化的植物，通过不同植物生长、开花、落叶来帮助老年人感知时节更替（图 6.5.13）；
- 通过抬高的种植箱鼓励老年人通过栽植、触摸、欣赏植物获得感官刺激，植物应无毒无刺、叶片没有锋利边缘，以保证老年人的安全（图 6.5.14）；
- 设置高度适宜的小型水景小品，可为老年人提供抚触水流、聆听水声、欣赏波光倒影等多种有益的感官刺激；
- 设置有趣的小品元素，如出行的公交站牌、有象征意义的雕塑或工艺品等，可引发老年人的回忆和交流（图 6.5.15）；
- 通过设置喂鸟器，种植可开花、结浆果的植物等方法，吸引蝴蝶和鸟类来到花园，使花园更具生气和活力，为老年人提供丰富的视觉、听觉刺激（图 6.5.16）。

图 6.5.13　通过植物的颜色、形态刺激老年人对自然的感知

图 6.5.14　抬高的种植箱便于老年人近距离触摸植物

设置多样的活动场所

多样的室外活动场所能够支持不同需求的认知症老人开展丰富的室外活动。花园中除设置集体活动的场所外，还需设置老年人可以独处或进行私密对话的小空间，能遮阳的座位、凉亭等，为老年人提供丰富的选择。

当条件允许时，可设置鸡舍或其他宠物饲养设施，使老年人有机会与宠物互动，甚至参与照料，增进其情感体验和成就感。还可在花园中加入用于开展日常家务活动的空间，如晾衣角、园艺工具角等，促进认知症老人通过简单的劳动重拾自信与生活乐趣（图 6.5.17 、图 6.5.18）。

图 6.5.15　花园一角的公交站牌可引发老年人的回忆和话题

图 6.5.16　开花植物和喂鸟器吸引蝴蝶和鸟类进入花园

图 6.5.17　散步道一侧的凉亭给老年人提供了舒适的休息空间

图 6.5.18　鸡笼为花园带来生机，也促进了代际互动

认知症花园设计实例分析

项目基本信息

本案例位于美国的马萨诸塞州，为炉石・马尔伯勒认知症照料设施（Hearthstone Marlborough）所附设的专属花园。该设施共三层，可容纳 44 位老年人居住，首层为公共活动区和花园，二、三层为居住层。花园面积约 460m^2，紧邻设施首层的公共活动空间，十分便于老年人到达。运营方与设计者将室外空间看作公共活动空间的重要组成部分，精心布置了丰富的活动空间和设施，经常组织开展各类活动，如园艺栽植、茶话会、地滚球、烧烤晚餐等，员工和家属都可以共同参与。

平面功能布局分析

花园紧邻餐厅、活动厅等空间，并设置了多个大面积窗扇，老年人和工作人员可随时看到花园中的情况。出入口附近设置了带有灵活座椅的休息活动区，可适应不同形式的活动，也便于老年人在室外活动前后休息。沿花园外围设置了环形散步道，步道两侧布置了草坪、种植区、花箱、休息座椅等丰富的景观元素和活动设施，可为老年人提供多样的体验（图 6.5.19）。

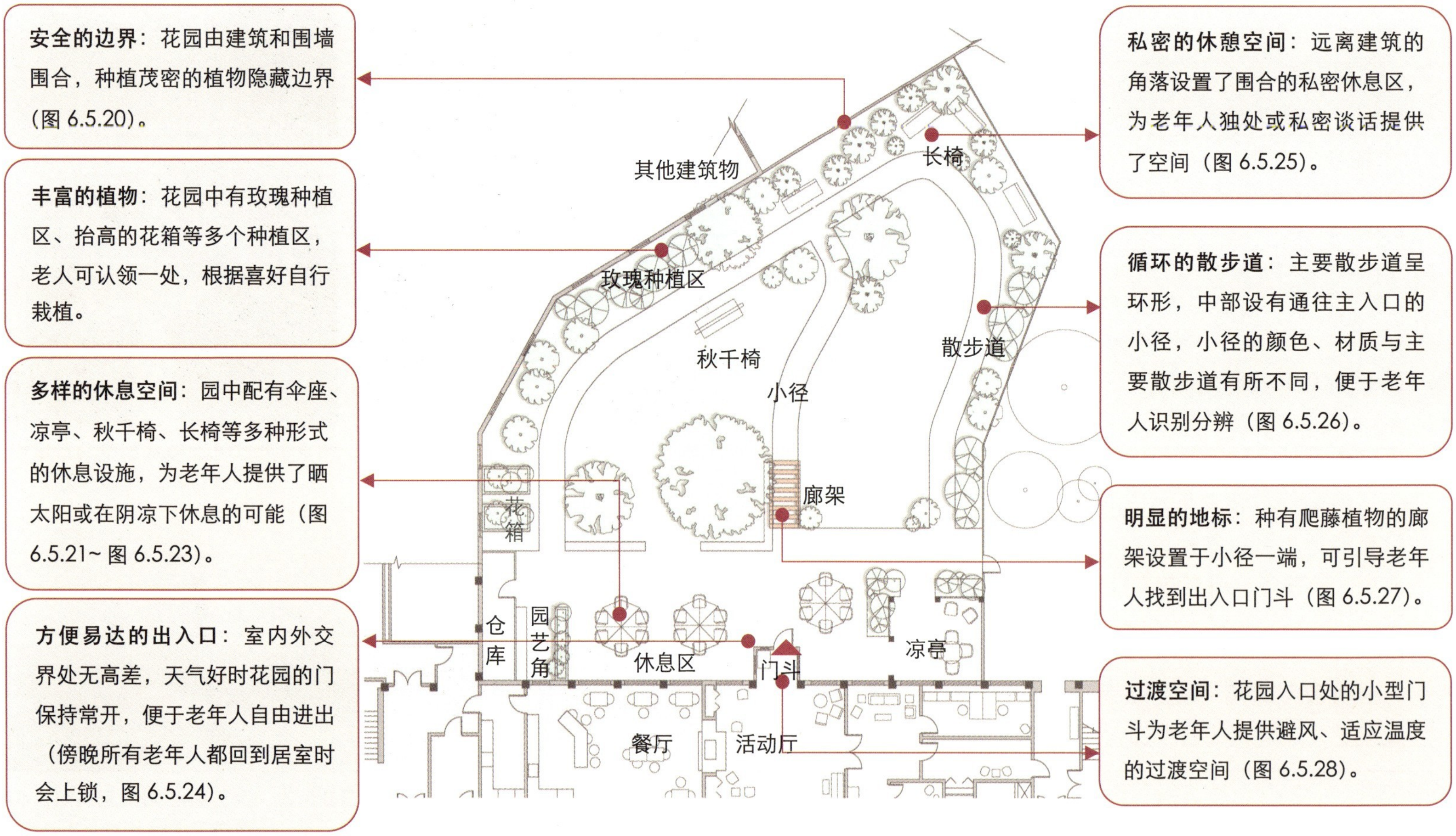

安全的边界：花园由建筑和围墙围合，种植茂密的植物隐藏边界（图 6.5.20）。

丰富的植物：花园中有玫瑰种植区、抬高的花箱等多个种植区，老人可认领一处，根据喜好自行栽植。

多样的休息空间：园中配有伞座、凉亭、秋千椅、长椅等多种形式的休息设施，为老年人提供了晒太阳或在阴凉下休息的可能（图 6.5.21~ 图 6.5.23）。

方便易达的出入口：室内外交界处无高差，天气好时花园的门保持常开，便于老年人自由进出（傍晚所有老年人都回到居室时会上锁，图 6.5.24）。

私密的休憩空间：远离建筑的角落设置了围合的私密休息区，为老年人独处或私密谈话提供了空间（图 6.5.25）。

循环的散步道：主要散步道呈环形，中部设有通往主入口的小径，小径的颜色、材质与主要散步道有所不同，便于老年人识别分辨（图 6.5.26）。

明显的地标：种有爬藤植物的廊架设置于小径一端，可引导老年人找到出入口门斗（图 6.5.27）。

过渡空间：花园入口处的小型门斗为老年人提供避风、适应温度的过渡空间（图 6.5.28）。

其他建筑物　长椅　玫瑰种植区　秋千椅　小径　散步道　廊架　花箱　仓库　园艺角　休息区　门斗　凉亭　餐厅　活动厅

图 6.5.19　花园平面分析图

项目实景及设计细节分析

图 6.5.20　茂密的植物隐藏边界

图 6.5.21　休息区座椅可灵活移动，便于开展多种活动

图 6.5.22　凉亭为老年人提供遮阴的空间

图 6.5.23　秋千可根据季节灵活移动，满足遮阴、晒太阳等需求

图 6.5.24　花园出入口易进出，使用助步器的老年人也可轻松进出

图 6.5.25　花园一角设置独处的空间

图 6.5.26　散步道和小径材质明显区分，帮助老年人识别判断

图 6.5.27　廊架可作为花园的地标，帮助老年人定位

图 6.5.28　门斗内放置太阳帽提示老年人注意光线变化

项目所在地	荷兰斯滕贝亨（Steenbergen）
开设时间	2019 年
项目类型	认知症照料中心
总建筑面积	8700m^2
建筑层数	2 层
总床位数	120 张
照料单元 数量及规模	设有 15 个照料单元，每个照料单元能照护 8 名老年人
设计方	Inbo
运营方	Tante Louise

第 6 节

霍夫范纳索认知症照料中心设计实例分析

项目概况与核心理念

项目概述

霍夫范纳索认知症照料中心(Verpleeghuis Hof van Nassau)位于荷兰斯滕贝亨市区内，西、北侧毗邻海港，周围多为居住社区。照料中心为一栋新建的二层建筑，共设有 15 个照料单元，包括 13 个认知症老人照料单元，以及 2 个特殊失能老人(如渐冻症、帕金森病等)照料单元。其中 7 个单元位于建筑首层，8 个单元位于二层；此外建筑首层还设有餐厅、社区商店、理发店等公共空间(图 6.6.1、图 6.6.2)。

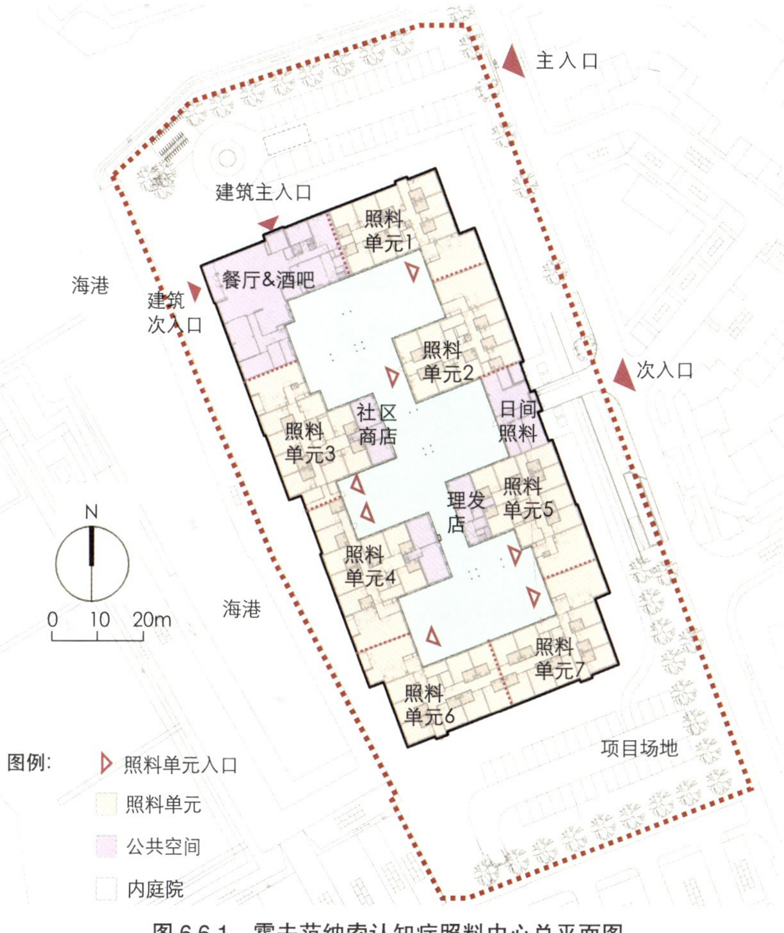

图 6.6.1　霍夫范纳索认知症照料中心总平面图

运营理念

照料中心的运营方 Tante Louise 是荷兰一家卫生健康领域的非营利机构，其主要业务围绕**认知症护理**及**康复**领域展开。中心围绕“living with maximum freedom”(最大化的生活自由)这一核心理念，结合建筑环境和科技手段，营造出社区化的照护环境，帮助认知症老人建立自主、积极、有品质的生活。

设计理念

项目周边住宅建筑大多沿街排列，在中部围合出活动区域或绿地。建筑师根据这一特征，将照料中心从外观上分解为一个个小体量的住宅立面，中部围合出内庭院与街道，为认知症老人营造出轻松、平常化的社区氛围。

图 6.6.2　霍夫范纳索认知症照料中心设施外观(沿海港界面)

空间环境设计特色①

建筑外观与布局共同营造社区氛围

建筑外观融入周边社区

运营方对于项目的愿景是让老年人“像在家一样生活”(living like home)。为此，设计师提出了“村庄”模式，将建筑外立面划分为一个个彼此紧贴的小住宅立面，削弱了公共建筑的大体量感，营造出“家”的空间尺度。这些小体量“建筑”多采用砖墙、坡屋顶的形式，并具有多样的色彩，与周边的建筑外观相协调(图 6.6.3、图 6.6.4)。

图 6.6.3　外立面划分为小住宅形式，使内庭院更具街区氛围

图 6.6.4　照料中心主入口采用小住宅外观，尺度亲切，削弱了机构感

建筑布局营造街区氛围

沿中心内庭院布置有社区商店、理发店、康复室、洗衣房、维修空间等公共空间(图 6.6.7)。这种空间布局形式将公共空间与庭院空间结合，形成热闹的街道和广场，营造出街区的氛围。中心举办一些开放活动时也会吸引周边社区的居民到中心内活动，室内外公共空间为举办各类活动提供了丰富的场地(图 6.6.5、图 6.6.6)。

图 6.6.5　庭院内设置商店，营造商业街的气氛

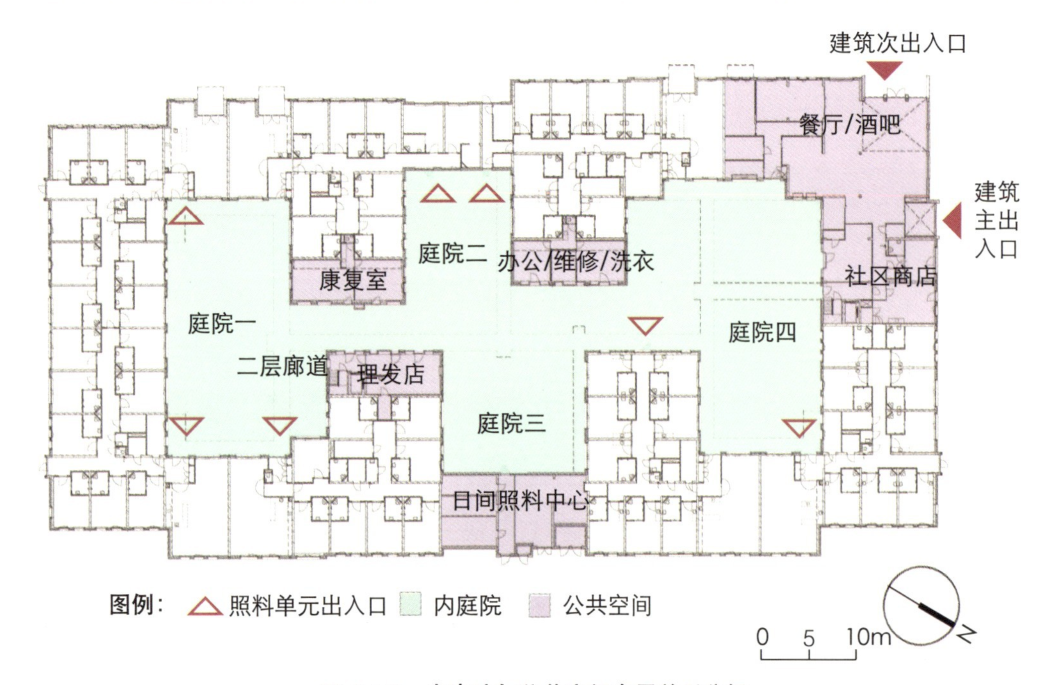

图 6.6.7　内庭院与公共空间布局关系分析

图 6.6.6　周边社区的居民被邀请到照料中心内参加活动

空间环境设计特色②

重视识别性和导向性

▶ 采用多种手段增强空间可识别性及导向性

考虑到认知症老人寻路能力较弱的特点，设计中注重交通流线的简洁性，并通过多种手段增强内庭院及照料单元内部的空间可识别性，以使认知症老人能够轻松识别自身所处位置，找到目标空间。

▷ 开放式交通空间提供开阔视野

开放式的交通空间让通往各单元的交通动线更加明晰。首层单元通过庭院和街道相联系，二层单元则通过空中连廊相联系。开放的步道形式使老年人能随时统览整体社区，更直接地看到目标空间，也更容易明确自身所处的位置（图 6.6.8）。

图 6.6.8　二层连廊开阔的视野支持老年人统览全局，定位到目标空间

▷ 内庭院中设置丰富的记忆点

设施内庭院被划分为 4 个小庭院，每个庭院都设置了不同的记忆点，即使老年人忘记了自己的门牌号，仍然可以通过颜色、形式不同的标志物找到自己居住的地点，比如“我住在那个喷泉附近”“我家门口有橘红色的花”，等等（图 6.6.9、图 6.6.11）。

▷ 设置不同空间氛围的照料单元

每个照料单元内部的颜色、室内材料、环境氛围都有所不同，这些丰富的特征可提供良好的识别性，便于老年人记忆。同时，每个居室门前设置了记忆箱，里面放有老年人喜欢的摆件或者照片，便于其辨认出哪个房间属于自己（图 6.6.10）。

图 6.6.9　庭院中的花架可作为地标便于老年人识别自己所居住的区域

图 6.6.10　居室门前设有记忆箱，便于老年人辨认自己的房间

图 6.6.11　庭院中设置景观小品作为记忆点

空间环境设计特色③

空间环境与运营管理紧密配合支持行动自由

▶ 划分空间层级，最大程度保障认知症老人的行动自由

运营方基于多年来对认知症老人的照料经验，希望在保障老年人安全的同时让其保持最大程度的自由。以往在认知症老人的照护中常通过限制老年人活动来规避其受伤、走失的风险。但本项目的运营方认为，当老年人的自由活动得到最大程度的支持时，其精神行为症状发生的频次会降低，也能延缓其认知症的病程进展。反之，限制老年人的自由活动也可能带来其他风险（比如更高的镇静类药物使用率，更多的抑郁和狂躁行为的发生等）。

为了实现这一目标，运营方提出了“四级自由度”的照护理念，即根据老年人不同的身体状况和认知能力，设定了四个级别的空间活动权限，每个级别所对应的自由活动范围不同（表 6.6.1、图 6.6.12）。

▶ 智能设施设备辅助行动自由度的管理

工作人员会根据老年人不同的身体状况和认知能力，判定其自由度等级，在系统中为其所佩戴的智能化设备（例如手环）设定相应的空间通行权限，每个级别所对应的自由活动范围不同，例如一级自由度老年人的手环不能开启所在单元门禁。这一方式可以确保不同身体状况的老年人都能在合适层级的公共区域中自由活动，降低走失、跌倒等意外的发生率。此外，工作人员也会根据老年人的身心状态定期调整老年人的自由度分级。

不同自由度下老年人可活动的范围　　　表 6.6.1

自由度分级	一级	二级	三级	四级
活动范围	老年人居住的照料单元内部	所有照料单元以及内庭院	照料中心内部（包括公共餐厅、酒吧等区域）	照料中心内部及周边社区

一级自由度的老年人主要在本单元内活动，手环没有开启单元门禁等权限，以避免出现危险（图 6.6.13）。

二级自由度的老年人可使用手环开启单元门禁或乘坐电梯到达内庭院中活动（图 6.6.14）。

三级自由度的老年人可用手环通行到餐厅、酒吧等区域。手环中的GPS定位设备便于护理员随时了解老年人的位置（图 6.6.15、图 6.6.16）。

四级自由度的老年人可以走出中心到周边社区内活动。其佩戴的智能手环会用短信通知社区中接受过认知症友好化理念培训的志愿者（如面包店老板）。志愿者们会随时关注老年人的情况，及时与工作人员沟通（图 6.6.17）。

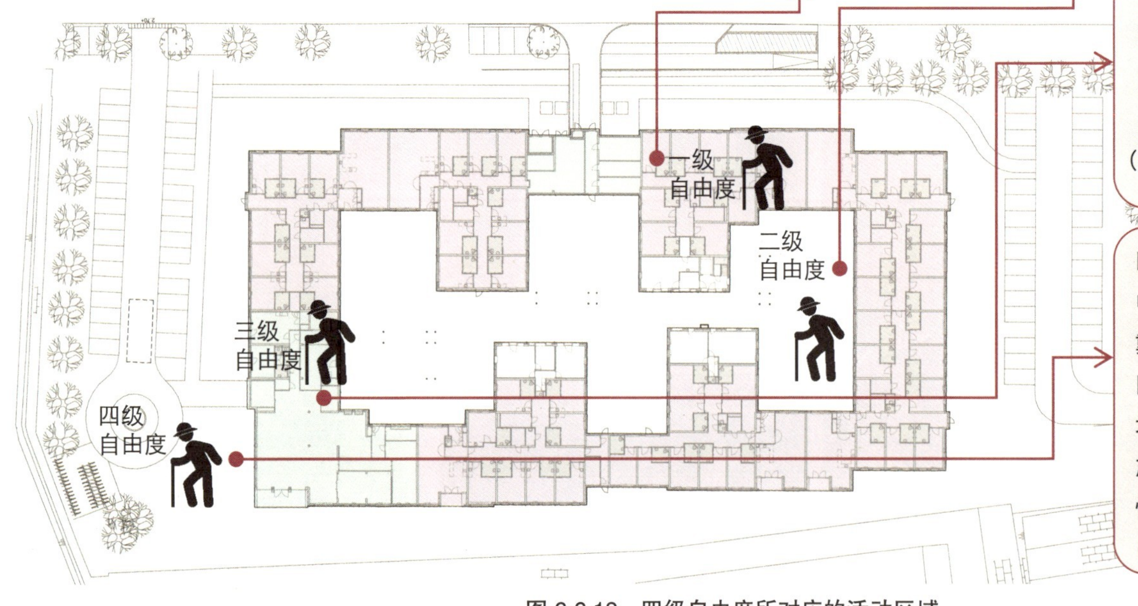

图 6.6.12　四级自由度所对应的活动区域

图 6.6.13　照料单元内公共活动空间能满足老年人的基本生活需求

图 6.6.14　内庭院丰富的活动空间吸引老年人外出活动

图 6.6.15　酒吧和餐厅等公共空间能促进老年人彼此交往

图 6.6.16　单元间共享的公共活动室常开展各类活动

图 6.6.17　部分老年人可以在设施周边的社区内活动

项目所在地	美国得克萨斯州奥斯汀
开设时间	2013 年
项目类型	认知症照料中心
总建筑面积	5248m^2
建筑层数	1 层
总床位数	90 张
照料单元数量及规模	设有 3 个照料单元，每个照料单元能照护 30 名认知症老人
设计方	Pi Architect
运营方	Silverado Senior Living Inc.

第 7 节

奥涅克里克
认知症照料设施
设计实例分析

6-7 项目概况与核心理念

项目概述

奥涅克里克认知症照料设施位于美国得克萨斯州的奥斯汀市，是美国著名认知症照料连锁品牌 Silverado 公司旗下的一所照料中心。该设施为单层建筑，包括 18 个单人居室和 36 个双人居室，总计 90 张床位。设施的室内外环境设计中充分结合该品牌独有的认知症照料体系，打造出别具特色的空间格局。

运营理念

“用爱战胜恐惧”(love is greater than fear)是 Silverado 的核心运营理念。设施的护理服务重点是关注老年人能做什么，提供与其认知症程度相适宜的活动，借助宠物与孩子的力量使老年人感受到爱意。Silverado 研发了 Nexus 活动体系，主要针对部分处于早期和中期的认知症老人（MMSE 不小于 15[1]），通过早诊断、早干预的方式延缓其病情发展。该体系包括五大支柱：体育锻炼、减压练习、认知训练、有目的的社交、支持小组等；每周活动 20 小时。研究表明，与其他不参加活动的老年人相比，参与 Nexus 活动的老年人的认知能力提升了 60%，日常活动能力也有所提升，老年人的抑郁情绪减少，生命意义感也更强[2]。

设计理念

设施的建筑设计紧密结合运营需求，平面呈回字形，三边分别按照老年人病症程度划分为早期、中期、晚期三个单元，每个单元约 30 人，均设有独立的活动区域（关于不同认知症程度单元的分析可参考本章第 2 节“空间模式与整体布局要点”的相关内容）。对应 Nexus 活动体系，设施设有丰富的室内外活动空间，如内庭院、外围花园，以及建筑主入口附近设置的共享活动区（包括餐厅、家庭室、健身区、商店等），营造出了热闹的社区感。

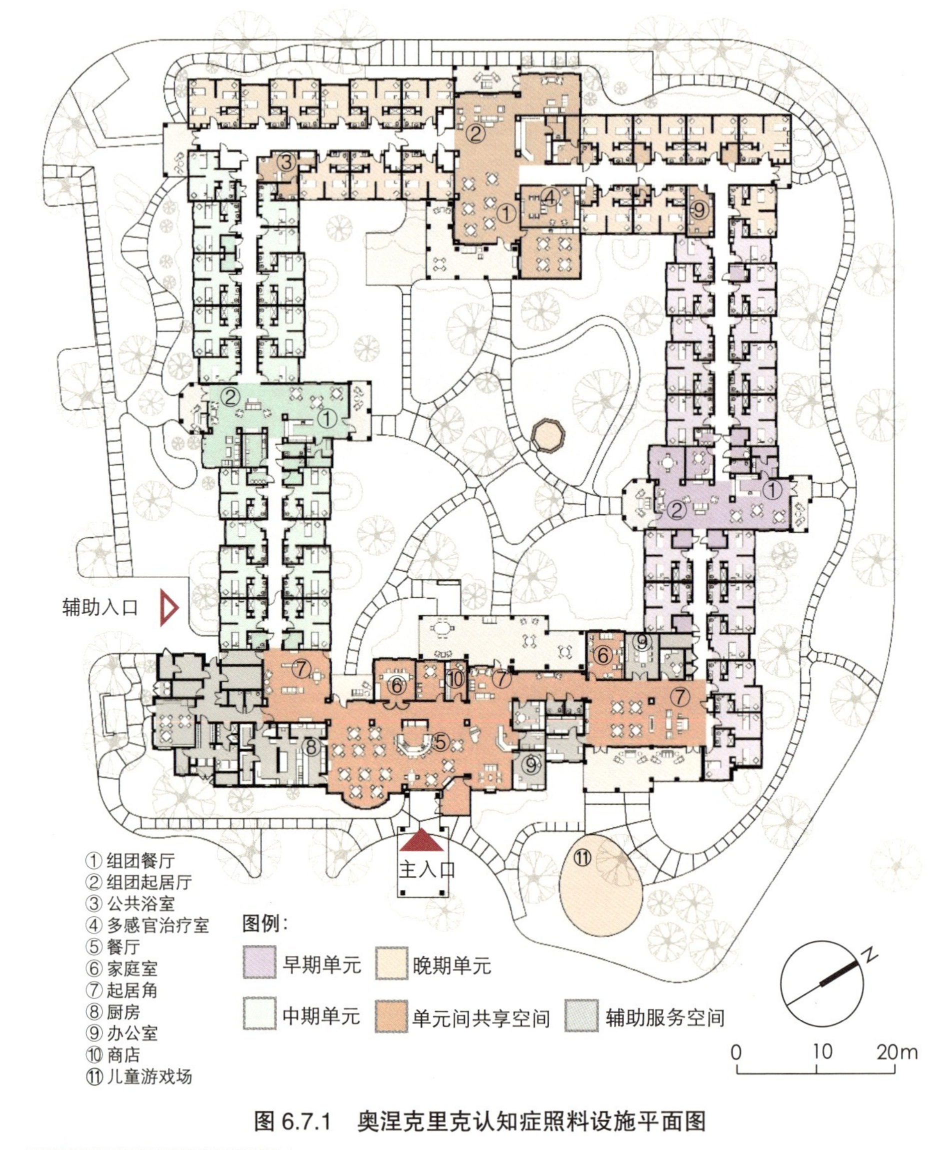

图 6.7.1 奥涅克里克认知症照料设施平面图

1 MMSE（Mini-Mental State Examination），又称简易精神状态检查表，是目前最广泛采用的认知障碍检查工具之一。

2 数据来源：https：//www.silverado.com/nexus-program/nexus-at-silverado/.

空间环境设计特色①
为不同病程阶段的认知症老人配置适宜的活动空间

▶ 为早期和中期认知症老人提供丰富的活动场所

为更好地助力实践 Nexus 活动体系中的六大类活动，设施中除了设置有单元内的餐起活动空间以外，还设置了图书室、台球室、健身区、休闲电视角、商店、餐厅、家庭室等（图 6.7.2~ 图 6.7.5）。丰富的活动设施有助于促进老年人发挥尚存机能，开展多样的活动。同时，设施鼓励早期、中期认知症老人步行到大餐厅中就餐，而非一直待在单元内。共同就餐的过程也能促进老年人进行自然的交往活动，帮助其保持言语、社交能力。因此轻度、中度单元中的餐厅规模相对较小，餐位约为单元床位数量的一半。

图 6.7.2　为早期认知症老人设置阅读角

图 6.7.3　健身区可开展乒乓、瑜伽等活动

图 6.7.4　台球室是设施中的“男性俱乐部”

图 6.7.5　大餐厅与开放式厨房促进自然的社交

▶ 为晚期认知症老人提供多感官治疗室

晚期认知症老人的活动能力与认知能力严重衰退，更适合参与感官疗愈类活动。晚期单元中设置了多感官治疗室，通过多媒体设备播放自然的声音、影像，并配有灯光束、鱼缸等丰富的感官刺激元素，为老年人提供舒缓和平静的体验（图 6.7.6、图 6.7.7）。此外，晚期认知症老人通常需要轮椅、躺椅等助行设施，不便于集体至大餐厅用餐，一般在单元内用餐。因此，重度单元内的餐厅相较于其他两个单元更大，设置了充足的餐位，并为助行设备的使用与协助人员的操作提供了充足的空间。

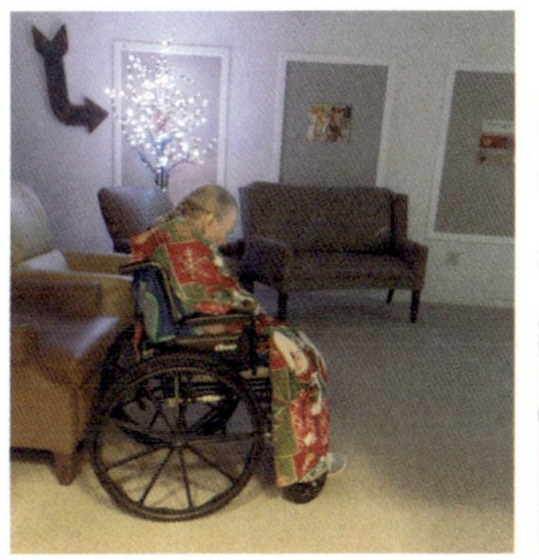
图 6.7.6　多感官治疗室为晚期认知症老人提供安静舒缓的空间

图 6.7.7　色彩鲜艳的鱼缸提供丰富的感官刺激

空间环境设计特色②

通过循环散步道串联起丰富的活动空间

循环散步道为老年人创造丰富的活动体验

建筑中部的回形走廊既是主要的交通动线，也是一条供老年人活动的循环散步道，串联起了三个单元内的和单元间共享的公共活动区域。散步过程中，老年人可以观看、参与不同单元内的活动，途径活动角、商店、餐厅等丰富的公共空间。随处可见的座椅、休息角也便于老年人随时坐下来小憩，与他人聊天。多样化的散步体验能够避免认知症老人无目的地徘徊，为老年人提供丰富的感官刺激，促使其参与有意义的活动（图 6.7.8~ 图 6.7.13）。

图 6.7.8 散步中能看到餐厅，促进老年人参加下午茶及其他休闲活动

图 6.7.9 路过起居厅的老年人可加入看电视的活动中

图 6.7.10 散步道沿途的小型商店引发老年人兴趣

图 6.7.11 老年人路过单元活动区时可观望、参与各类活动

图 6.7.12 各单元起居厅可作为老年人散步时的休息点

图 6.7.13 宠物狗的陪伴增加老年人的步行乐趣

空间环境设计特色③

提供丰富易达的室外活动空间

室外活动空间便捷易达

建筑内庭院和外围均设置了丰富的室外活动空间，每个单元的餐厅和起居空间各设置了一个出入口，分别通往内庭院和外围花园，便于老年人到达室外活动空间（图6.7.14、图6.7.15）。餐起活动空间局部采用了阳光房形式，并设置了大面积窗扇，让老年人能充分享受自然采光与庭院景观（图6.7.16）。

图6.7.14　建筑内庭院布置散步道、凉亭、烧烤台等空间

图6.7.15　建筑外围花园布置种植花箱和休息座椅

设有宽敞而富有趣味的过渡空间

考虑到当地夏季日照强烈、气温较高，每个室外空间出入口都设置了十分宽敞的、带遮阳顶棚的外廊，为老年人提供了舒适的室外休闲区域。同时，紧邻每处外廊还设置了园艺工作区、迷你高尔夫球场、儿童游乐设施等，为老年人观望、参与有趣的活动提供了机会（图6.7.17、图6.7.18）。

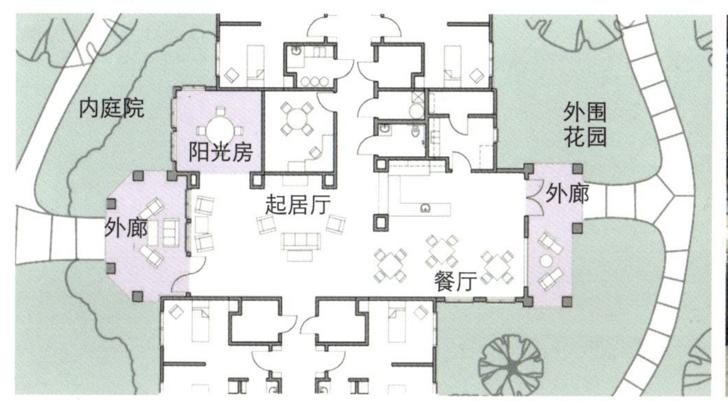

图6.7.16　外廊过渡空间紧邻单元内餐起活动空间

图6.7.17　外廊下，老年人和宠物狗一起观看其他老年人打迷你高尔夫

图6.7.18　外廊临近儿童活动场，可促进老幼互动

项目所在地	北京市朝阳区
开设时间	2019 年
项目类型	认知症照料中心
总建筑面积	8212m^2
建筑层数	3 层
总床位数	114 张
照料单元数量及规模	设有 12 个照料单元，每个照料单元能照护 9~12 名认知症老人
设计方	清华大学建筑学院周燕珉居住建筑设计研究工作室
运营方	长友养老服务集团

第 8 节

长友认知症照料中心设计实例分析

项目概况与核心理念

项目概述

长友认知症照料中心位于北京市朝阳区，属于长友养生村的一部分。养生村内还设有健康老人自理生活公寓（图 6.8.1）。照料中心由一栋圆形的商业建筑改造而来，共有 3 层，其中首层为养生村的社区服务中心，为养生村内所有老年人提供餐饮、活动等服务，二、三层为认知症老人的居住活动空间（图 6.8.2）。

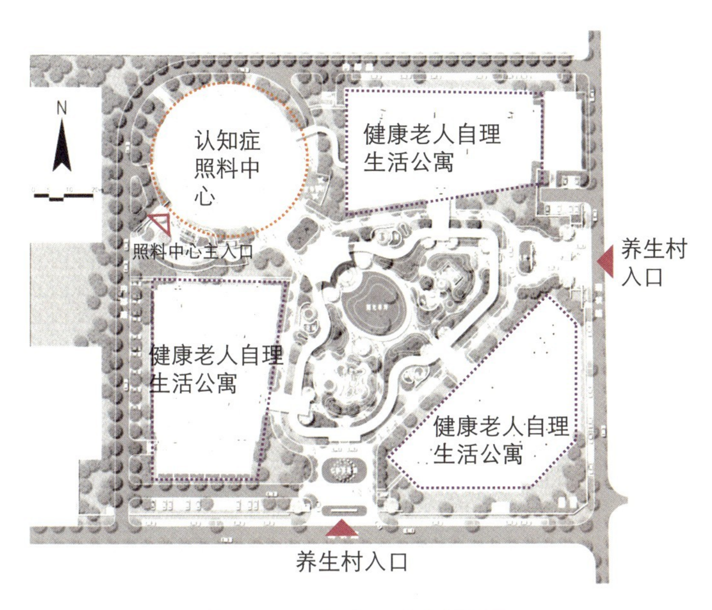

图 6.8.1　长友养生村总平面图

设计理念

为了实现运营方提出的“小组团、大家庭”理念，在建筑设计中，采用了 9~12 人的小规模照料单元。在原建筑圆形平面基础上，将二、三层平面分别划分为 6 个照料单元，呈环形排布，中部围绕中庭设置单元间共享活动空间，老年人走出小单元即可享受丰富的社交活动。二、三层的认知症老人也能通过电梯来到首层的社区服务中心，参与热闹的社区生活——使老年人走出“小家”即能够进入“大家”。

运营理念

运营方希望通过“小组团”的照护模式，为老年人提供熟悉、亲切、稳定的照护环境。同时，运营方希望各照料单元的认知症老人之间、认知症老人与养生村内其他老年人之间能够形成“大家庭”，为老年人提供正常化的生活体验，创造丰富的社交活动机会，而非将认知症老人过分孤立和隔离。

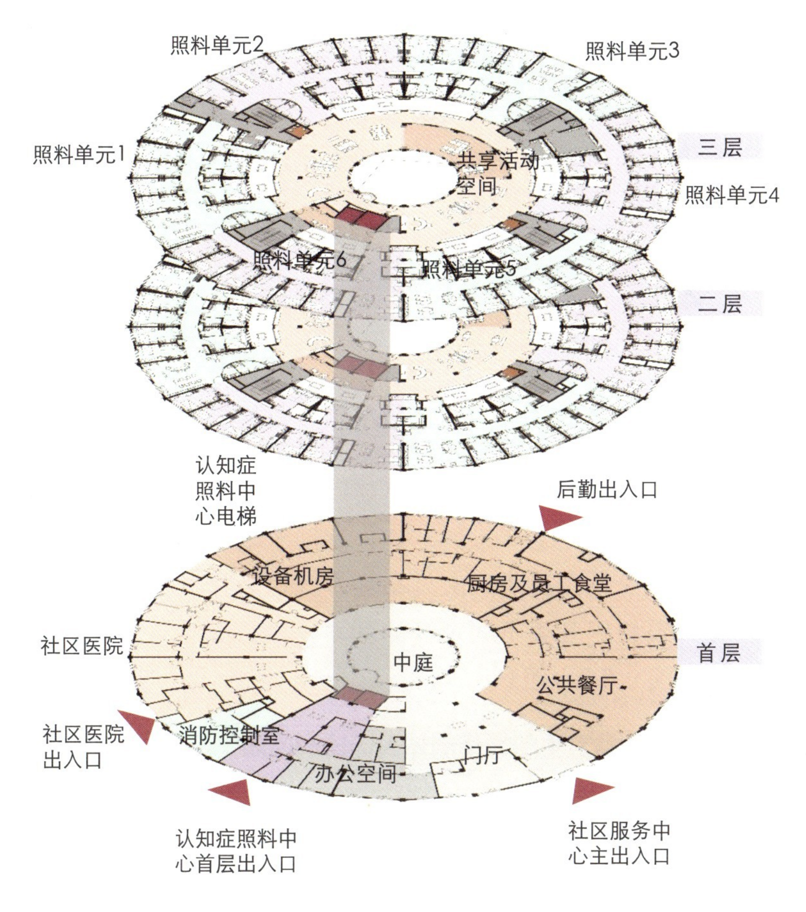

图 6.8.2　长友认知症照料中心功能分区分析图

标准层公共活动空间设计特点

设置单元间共享活动空间

二、三层为标准层，6 个照料单元沿平面外环分布，内环则围绕中庭设置了丰富的 6 个单元的共享活动空间，包括多功能的开放式活动区、认知康复训练室、家庭室等。通过通道中的隔断门，共享空间可灵活划分为两个半圆形活动区，为运营管理提供了灵活性。改造设计时增设的中庭空间，为共享活动空间提供了良好的通风、采光条件（图 6.8.3、图 6.8.4）。

单元间共享活动空间设计特色

利用灵活隔断提高共享活动空间的适应性

共享活动空间内设置了两间康复室，中部采用折叠式隔断门与其他空间灵活划分，开展大型集体活动，如音乐治疗室，可减少对周边活动空间的声音影响（图 6.8.5）。举办大型活动时还可将两间康复室连通成为大的活动空间，从而适应和满足不同活动的需求。

开放式布局易于老年人识别定位

共享活动空间采用开放式布局，老年人在活动区中可以直接看到照料单元出入口，便于找到自己居住的照料单元。开放式布局视野开阔，也便于护理人员随时关注在不同活动区域中老年人的动态，有助于节约人力。此外，灵活的家具布置方式也为护理人员组织各类不同规模的活动提供了便利（图 6.8.6、图 6.8.7）。

近便的公共卫生间方便老年人活动时使用

共享活动空间两侧各设置了一处公共卫生间，满足老年人在不同区域活动时就近如厕的需求。

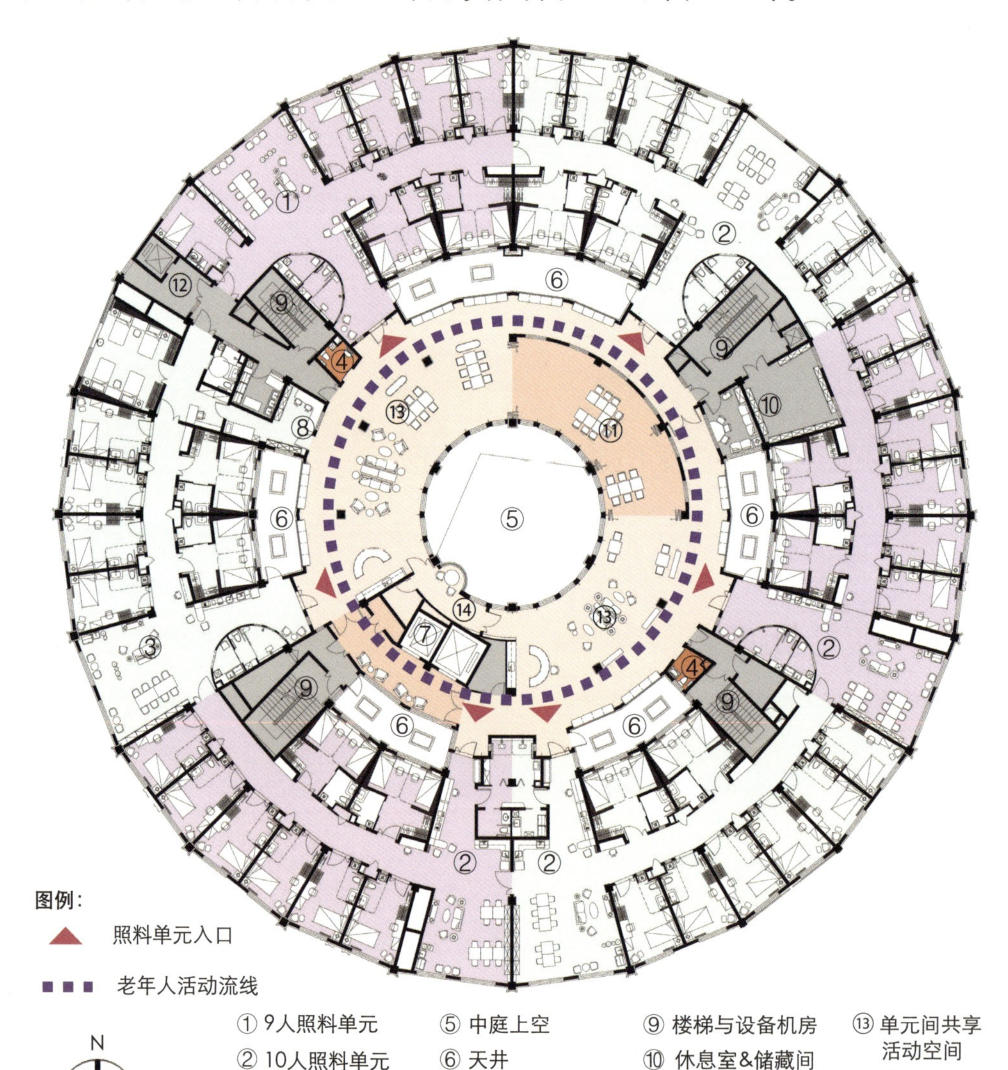

图 6.8.3　认知症老人照料中心二层平面图

图 6.8.4　临中庭空间设置家庭室（半圆形空间）

图 6.8.5　康复室设置折叠式隔断门，可实现空间的灵活划分

图 6.8.6　共享活动空间采用灵活的开放式布局

图 6.8.7　天井与中庭为共享活动空间带来充足的自然采光

照料单元设计特点①

标准照料单元

照料单元内设置完善的功能空间

照料单元顺应平面形态设置老年人居室，照料单元内侧设置双人居室，外侧设置单人居室。照料单元入口附近设置餐厅、起居厅、开放式备餐区、公共浴室及洗衣房等公共空间，可满足老年人的日常生活和护理服务需求（图 6.8.8）。

开放式备餐区吸引老年人参与生活活动

照料单元入口一侧设置了开放式备餐区，能够吸引照料单元内的老年人自然地参与生活活动。备餐区局部设计成下部架空的形式，便于老年人坐姿使用（图 6.8.9）。

照料单元空间采用主题色彩便于老年人识别

室内色彩设计上，每个照料单元都设定了一种主题色，单元入口处公共浴室空间的外侧半圆形弧墙采用单元主题色（图 6.8.10），便于老年人识别自己居住的单元。此外，每个单元入口外侧还设置了与单元主题色对应的彩色艺术玻璃窗（图 6.8.11），便于老年人从单元外部找到自己的单元。

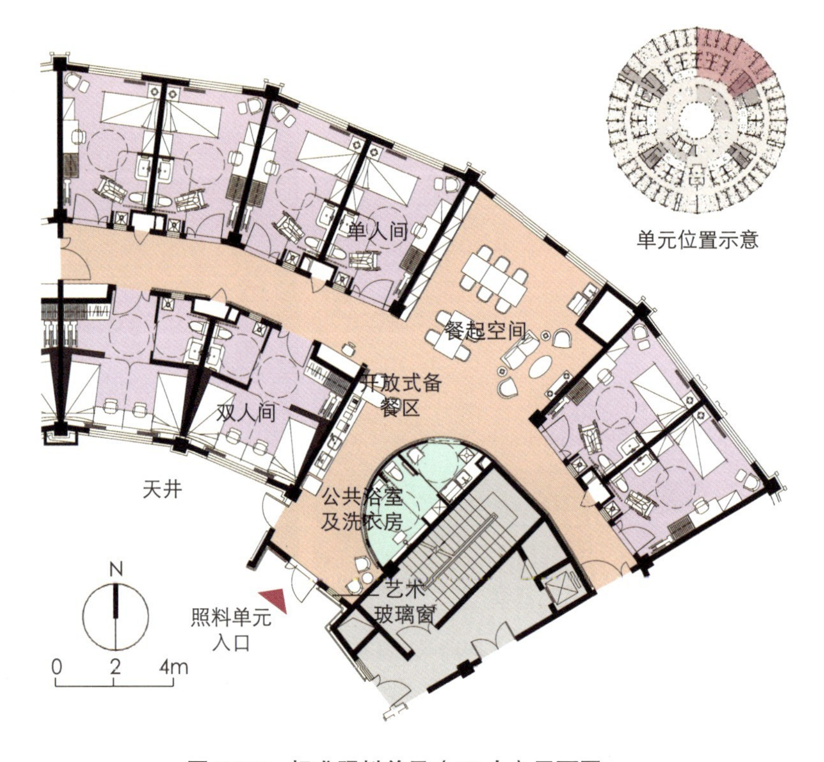

图 6.8.8　标准照料单元（10 人）平面图

图 6.8.9　备餐台底部架空便于老年人坐姿使用

图 6.8.10　照料单元入口可看到带有主题色的弧墙，便于老年人记忆识别

图 6.8.11　单元入口采用主题色的彩色艺术玻璃，促进老年人辨识

照料单元设计特点②

双拼单元

设置双拼单元提高运营服务灵活度

标准层南侧的两个 10 人照料单元的餐起活动空间临近设置，中部隔墙设置连通门，既可以作为独立的照料单元使用，也可以打开连通门，合并作为 20 人（症状较轻的老人）的双拼单元使用（图 6.8.12、图 6.8.13）。合并为大单元时只需设置一组护理人员就可以兼顾两个起居厅中的老年人，可提升照护效率。两个单元独立使用时，也可在夜间打开连通门形成便捷通道，由一组护理人员值班，节约人力。

照料单元共用公共浴室提高空间使用效率

双拼单元的公共浴室设置在两个单元的中部，面积比独立照料单元中的公共浴室更大，包括洗浴、卫生间、污洗间。浴室面向两个单元开门，便于两个单元的老年人和护理人员到达。浴室内通道可作为两个单元的连接通道，方便护理人员在单元间穿行，缩短服务动线。

图 6.8.12　双拼单元两个起居厅中间的连通门可打开，形成一个大单元

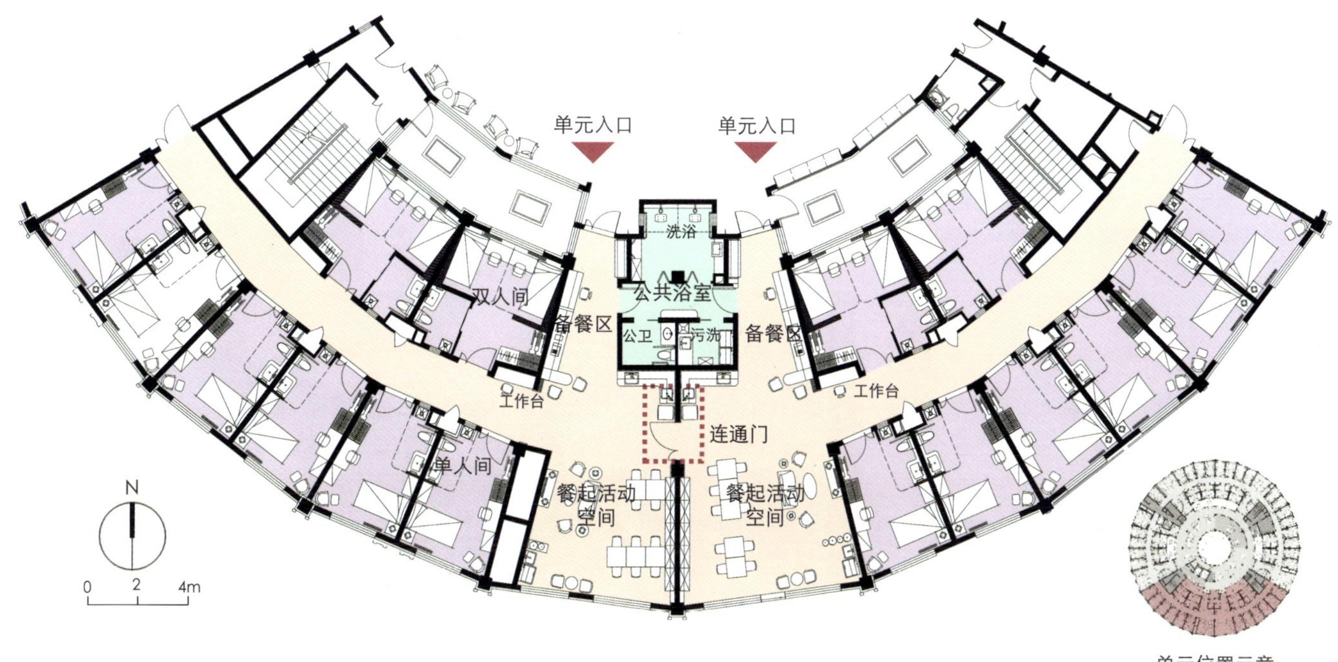

图 6.8.13　双拼单元平面图

照料单元空间实景及设计细节

图 6.8.14　照料单元内走廊实景

图 6.8.15　双人居室实景

图 6.8.16　单元入口外侧设置休息空间，便于老年人休息、交流

图 6.8.17　单元出入口内侧设置休息交流区

图 6.8.18　照料单元起居厅内实景

图 6.8.19　单元起居厅内设置沙发电视角，形成小尺度的交流空间，为老年人提供更多选择

图 6.8.20　照料单元内设洗衣间，便于护理人员及时处理老年人的衣物

图 6.8.21　单元内的工作台设置在走廊一侧，既方便护理人员随时观察到餐起活动空间中的老年人，也较为隐蔽，避免“机构感”

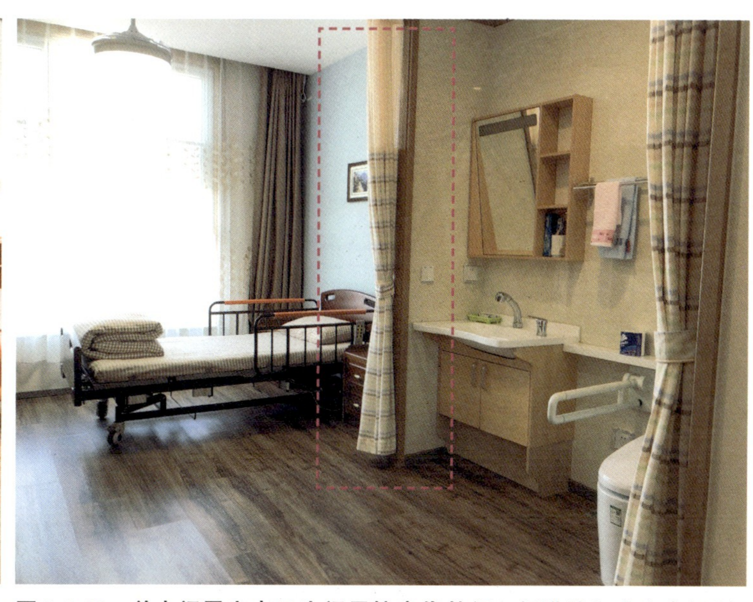

图 6.8.22　单人间居室内卫生间用拉帘代替门，促进认知症老人识别、独立使用卫生间，宽敞的空间也方便乘轮椅的老年人使用

项目所在地	北京市朝阳区
开设时间	2017 年
项目类型	认知症照料中心
总建筑面积	3500m^2
建筑层数	3 层
总床位数	67 张
照料单元数量及规模	设有 4 个照料单元，每个照料单元能照护 10~20 名认知症老人
设计方	惣道建筑设计事务所
运营方	北京康语轩老年公寓投资管理有限公司

第 9 节

康语轩孙河老年公寓设计实例分析

项目概况与核心理念

项目概述

康语轩孙河老年公寓是一家以认知症专业护理为特色的照料机构，创始人是一位毕业于日本医科大学的博士，同时也是有着多年研究经验的内科医生和国际认知症医学专家。该项目旨在将日本的照护经验带到中国，为中国的认知症老人提供有质量、有尊严的生活。

设施位于北京市朝阳区孙河乡下辛堡村，与地块内的一所幼儿园共同设计、建设，设施的花园紧邻幼儿园的操场（图 6.9.1）。

建筑由南北两栋楼组成，包括 4 个独立的认知症照料单元、公共活动空间和辅助服务空间。其中，南栋为面积约 500m^2 的单层建筑，设有一个认知症照料单元，以及多功能活动厅。北栋为 3 层建筑，面积约 3000m^2，设有三个认知症照料单元、公共活动空间和辅助服务空间。

照护理念

设施在照护中借鉴瑞典和日本的照护方法，采用“缓和介护”理念，让认知症老人在不刻意、零压力的状态下，充分发挥其尚保有的身体机能，促进其日常基本生活的自立和行动的自由。同时，设施采用小组团照护模式，希望认知症老人与护理人员如同家人般共同生活，并在护理人员的鼓励和陪伴下开展各类日常活动。在不断增进彼此了解与信任的过程中，使老年人与护理人员之间逐渐形成稳定的人际关系产生安心感。

设计理念

设施的建筑设计理念承接了照护理念，设计师希望通过营造亲切、平和的居住环境，支持认知症老人的自立生活，助力护理服务。每个照料单元内部配有小型化的备餐区、起居厅和餐厅，空间尺度、布局和室内软装尽可能接近居家空间，营造出具有亲切感的生活氛围。同时，设计师通过打造不同私密性层次的空间，为不同身心状态的认知症老人提供了适宜的活动场所，帮助老年人获得轻松、平和的感受。

图 6.9.1 康语轩孙河老年公寓外观

平面功能布局分析

南北楼栋分设针对不同程度认知症老人的照料单元

建筑主体分为南北两个楼栋，有利于设置小规模的照料单元，也有助于削减建筑体量，营造亲切感。南北楼栋分别服务于不同认知症程度的老年人，北楼主要供轻、中度认知症老人居住，南楼主要供重度认知症老人居住（图 6.9.2、图 6.9.3）。

南北楼栋照料单元空间布局相近，在卫生间的设置上有所不同。北楼的照料单元中居室内均设有卫生间，南楼的居室内均未设置卫生间，而是分散设置了公共卫生间和洗手池。这主要是考虑到重度认知症老人可能出现如厕相关的精神行为症状，需要护理人员引导如厕。

充分利用室外空间设置花园

南北楼栋共同围合出了主花园，每个单元都有一处公共空间能看到主花园，有助于吸引老年人到室外活动。花园出入口位于连接南北楼栋的活动平台，该平台也为老年人提供了舒适的室内外过渡空间。同时，北楼二层设置了屋顶花园，为二层单元提供了近便可及的室外空间（图 6.9.4）。

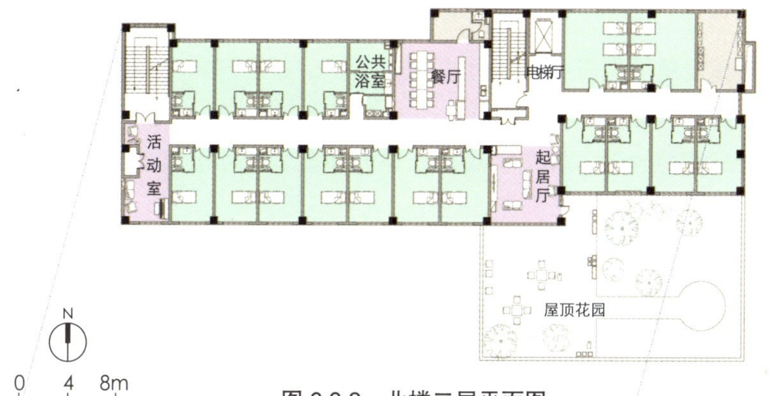

图 6.9.2　北楼二层平面图

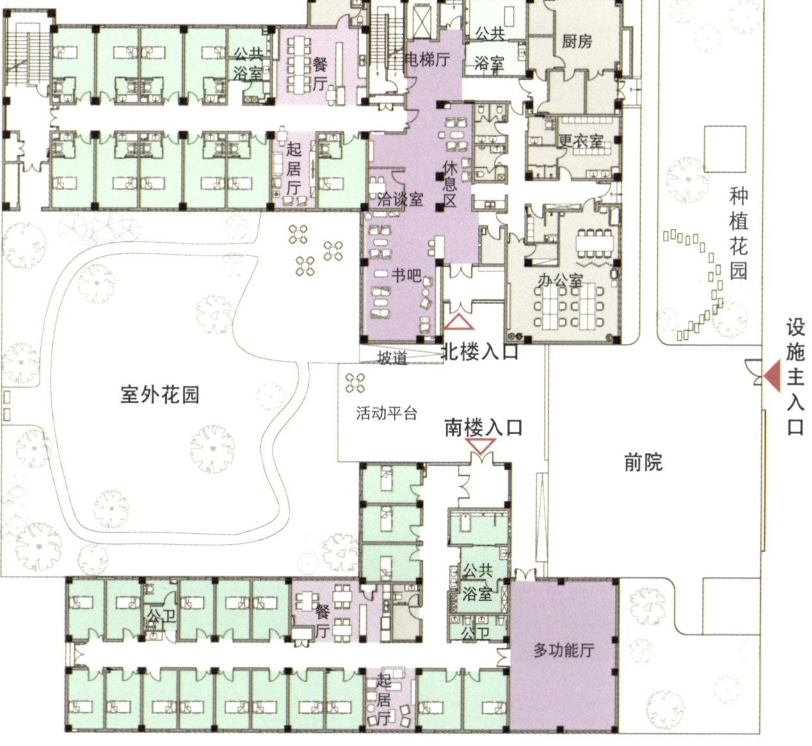

图 6.9.3　建筑首层平面图

图 6.9.4　设施首层的主花园

空间环境设计特色①

打造丰富的私密性层次

▶ 多层次空间为不同社交需求的认知症老人提供选择

设施中空间根据私密性程度划分为 4 个层级：公共—半公共—半私密—私密，丰富的私密性层次为不同社交意愿和能力的认知症老人提供了有意义的选择（图 6.9.5）。例如，喜欢热闹、保有较好社交能力的老年人可以和外来访客志愿者在多功能厅、书吧开展大型集体活动；喜欢安静、较为内向的老年人则可以选择在单元内的起居厅中读书、看电视，或参加小组活动。同时，运营方充分尊重认知症老人的意愿，并不勉强其必须参与集体活动，这使老年人对自己的生活保有充分的掌控感，有助于其获得平和的身心状态。

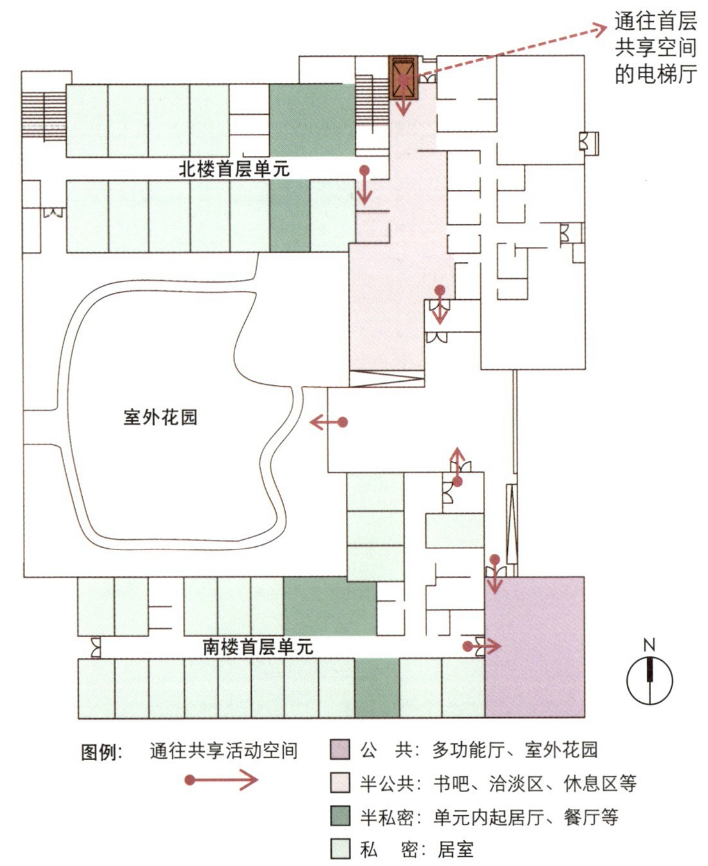

图 6.9.5　多层次生活空间分布图

公共　向社区开放的多功能厅

设施南楼设有一个能够容纳 100 人左右的多功能厅，是面向社区开放的公共空间。多功能厅经常举办公开活动，如认知症照护讲座，入住的认知症老人和家属也常会参加。外来人员可直接通过独立出入口到达该空间，无须穿行老年人的生活区（图 6.9.6）。

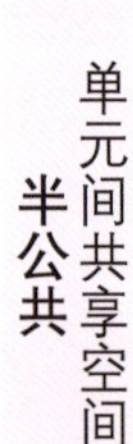

单元间共享空间是 4 个照料单元内老年人共享的活动空间，设置于北楼首层入口附近，包括能够容纳数十人活动的书吧、可供十人左右洽谈的休息区，以及可关门的小型洽谈室等不同规模的空间。单元间共享空间经常举行合唱、观片会、音乐会等丰富的活动。各单元内的老年人到达共享空间均较为近便，且不需要穿行其他单元（图 6.9.7）。

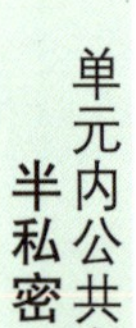

单元内公共空间主要包括起居厅和餐厅，部分单元还在走廊尽端设置了小型活动室和休息角。各单元内护理人员会根据本单元入住老人的兴趣和能力开展更加有针对性的小组活动。每个单元的家具、活动设施也根据单元内老人的需求特点灵活布置，具有很好的家庭化氛围（图 6.9.8）。

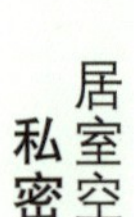

居室空间是最为私密的个人空间，设施内绝大多数居室为单人间，并设置了少量夫妇间，充分保障了认知症老人的居住私密性，能够促进其产生安心感。方正灵活的居室空间也为老年人进行个性化的空间布置、营造个人领域提供了条件（图 6.9.9）。

图 6.9.6 多功能厅常举办对社会开放的认知症讲座活动

图 6.9.7 单元间共享的书吧空间中常开展合唱、观片等集体活动

图 6.9.8 单元内餐厅、起居厅中，护理人员根据单元内老人特点组织开展各类小组活动

图 6.9.9 左侧床位留给老伴探望陪住时使用

6-9 空间环境设计特色②

营造居家感的环境氛围

采用居家化的空间尺度和装饰

照料单元内起居厅和餐厅分开布置，使得空间尺度更亲切。室内装饰上运用居家感的色彩、材质、照明等，营造出令人安心、具有亲切感的环境氛围（图 6.9.10、图 6.9.11）。

巧妙消隐护理站

设计中将护理站作为备餐台的延伸，“弱化”了护理站的存在感，增进了餐厅的家庭化氛围（图 6.9.12）。同时，护理人员在护理站工作时也能看护到老年人的活动，确保了老年人的安全。

居室可供自主布置

为了让认知症老人把设施当成自己的家，运营方没有对居室内家具进行标准化配置，而是留出了充足的个人家具、物品摆放空间。老年人自带的家具和纪念品等使居室空间更加具有亲切感和熟悉感，为认知症老人带来归属感与生活延续感（图 6.9.13）。

图 6.9.10 起居室尺度接近居家空间，布置多组小型沙发为老人提供亲密的交往空间

图 6.9.11 备餐区空间布置接近家庭厨房，并配设电磁炉、电饭锅等家用小电器，营造家庭氛围

图 6.9.12 护理站“隐蔽”设置在备餐台一侧

图 6.9.13 一位老人在居室中布置了自己喜爱的老式家具

空间环境设计特色③

支持老年人的生活自主性

▶ 空间布局促进老年人独立定向

照料单元采用短廊的布局形式，交通动线十分简洁。餐厅、起居厅等主要活动空间与老人居室临近布置，既缩短了老年人在各空间之间移动的距离，降低了空间转移难度，也便于认知症老人独自寻路，找到想去的空间（图6.9.14）。

图6.9.14　餐起空间临近设置，便于老人在各空间之间自由移动

▶ 开放式备餐区支持老年人共同参与餐饮活动

开放式的备餐区有助于促进认知症老人自主开展餐前食物准备、餐具摆放等家务活动。厨房中配备的各类家用小电器，为老人参与制作面包等餐食准备活动提供了硬件支持。考虑到老人使用设备的安全性，运营方也采用了一些方法将风险降低到相对可控的范围，例如设置带有安全锁的电热壶、保证备餐区总有人值班等（图6.9.15）。

图6.9.15　老人在护理人员的引导下开展日常餐饮活动

▶ 卫生间鼓励老年人自主如厕

居室卫生间采用木框架转角推拉门的形式，轻巧易推拉，便于老年人自主使用（图6.9.16）。当卫生间门开启时，老年人从床头便可以看到卫生间内的水池等设施，可提示老年人卫生间的位置，帮助老人自主如厕（图6.9.17）。

图6.9.16　居室内卫生间推拉门轻便、灵活，便于老人独立使用

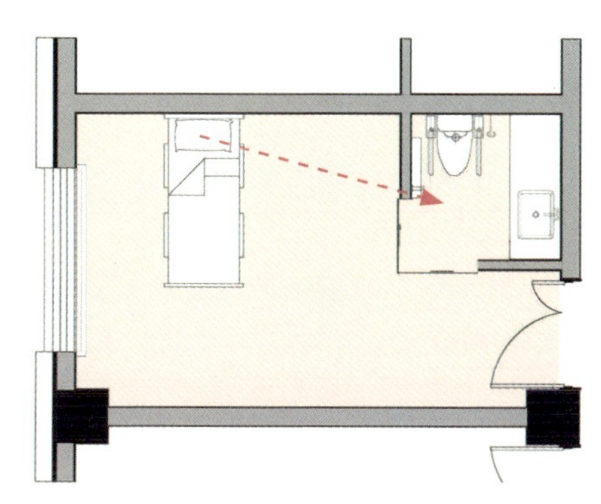

图6.9.17　居室内从床头可看到卫生间，便于老人自主如厕

第七章　创新设计理念专题

目前，中国养老设施的建设正处在高速发展的过程中，养老设施的设计也逐渐从对床位数的追求转向对品质的重视。中国的养老设施正在经历着从医疗化的设计模式向“去机构化”的设计特征的转变，但从调研中看到，许多虽然贴着居家化设计标签，却仍然只具备“医疗—护理”功能的空间环境无法满足和真正支持老年人身心健康的需求。近年来在国际护理理念的变革下，尊重老年人的自主能力、社交需求与情感权利的空间设计成为趋势。本章从三个视角梳理和归纳了国内外养老设施的创新设计理念，并辅以实践案例进行详细的阐释。具体内容包含：

①延续老年人既往生活的设计理念——如何营造老年人熟悉的生活场景，使其保持原有的生活方式。

②激发老年人内在情感的设计理念——如何通过空间环境为老年人创造积极的情感体验，唤醒老年人的生命动力。

③促进老年人与社会融合的设计理念——如何增强老年人与外部环境的互动，为其创造更多接触社会的机会，促进交往的形成。

CHAPTER.7

第 1 节

延续老年人的既往生活

延续老年人既往生活的设计理念

延续既往生活对老年人的重要意义

在传统观念中，设计师和运营方在设计养老设施时往往更多考虑的是空间环境的无障碍、老年人日常活动的安全、服务运营的效率等因素，并采用一些特定的空间形式或配置一些特殊的构件来达到相应的目的。例如，平面布局将护理服务效率放在首位，各空间均安装扶手以保证安全。这样的设计虽然能够带来许多好处，但无形中也造成了养老设施特殊化、机构化的环境氛围。对于老年人而言，入住养老设施后，面对的是一个与原先居所迥异的陌生环境，很容易产生排斥或抗拒心理，在生活及心理层面需要较长时间才能够适应。

20 世纪 80 年代以来，以瑞典为代表的一些国家逐步在养老设施中推行“正常化”理念，倡导尽可能避免将老年人置于特殊的环境中，要充分地尊重和考虑老年人原有的生活习惯，延续他们熟悉的居住环境氛围（图 7.1.1）。这不仅能加强老年人的心理认同感和归属感，也能增强其对环境的自我掌控感，尊重和保障老人自由选择权和决定权。

图 7.1.1　丹麦某养老设施中，老年人可按照自己的意愿布置自己的居室，从而最大限度地延续原先住所的环境氛围

延续老年人既往生活的常见设计思路和手法

通过对国外养老设施的实地调研，笔者团队切实感受到，很多养老设施的设计师和运营方在“延续老年人既往生活”层面做了许多创新尝试。本节从两个角度归纳了这些设计思路，并总结出了与之相对应的 5 种常见设计手法（图 7.1.2）。

设计思路	常见的设计手法
①为老年人营造熟悉的环境 让老年人在心理上感受到“家”一般的熟悉环境，而非进入一个陌生的、特殊化的新环境。	弱化带来机构感的空间元素 提供老年人自主布置居室的可能性
②让老年人保持原先的生活方式 让老年人在生活中不过度依赖他人，尽可能发挥自主能力，延续原有的生活状态。	提供老年人维持独立生活的条件 适当保留生活中的“不便之处” 创造老年人个体生活选择的可能性

图 7.1.2　延续老年人既往生活的设计思路和常见手法

弱化带来机构感的空间元素

减少或弱化机构感的空间构件与装饰风格

养老设施中常会有一些带给人们“机构感”的空间特征，例如随处可见的扶手、未经设计处理的墙面等。这些空间构件和装修风格通常让人联想起医院，与老年人所熟悉的居住环境有较大差异，缺乏温馨感和居家感。陌生的空间感受容易让老年人感觉紧张，无法像在家中一样随意、放松。

一些养老设施开始尝试各种设计方法来削弱这些带来机构感的空间特征，例如减少或弱化带来“机构感”的构件，采用更加温馨的装修装饰风格等。中国的一家养老设施通过将墙裙的顶部稍加扩大，形成一个小平台供老人撑扶。这种设计既保证了老年人的安全、满足老年人的撑扶需求，又减弱了带给老年人的机构化感受（图 7.1.3）。事实上，使用助行设备出行的老年人越来越多，一些养老设施也会因此减少一部分设置在交通空间中的扶手。

图 7.1.3　特殊设计的墙裙顶部可供老人撑扶，却没有扶手的“机构感”

弱化工作人员及其管理空间的存在感

国外越来越多的养老设施开始模糊服务人员工作空间的边界，让老年人能够经常与工作人员产生自然而然的交流，减少老年人对于“工作人员”的特殊身份和“工作空间”的特殊区域的觉察。例如，取消大型护理台，让工作人员“散点”办公（图 7.1.4）。公共起居厅设置开敞备餐空间，工作人员像在家中一样制作下午茶，老年人也可以随时加入，一同制作零食（图 7.1.5）。

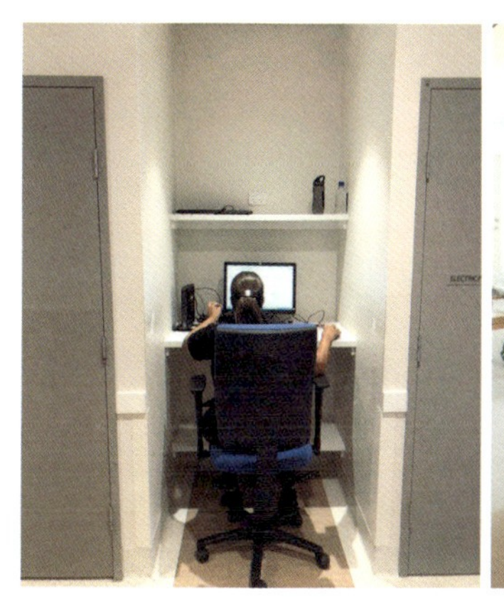

图 7.1.4　通过将工作人员的办公桌分散布置在设施各个角落、墙边，弱化工作空间的存在感

图 7.1.5　设置开敞式备餐空间，并鼓励老年人和工作人员像在家中一样一起准备餐食

7-1 赋予老年人自主布置居室的可能性

▶ 能够自主安排空间对老年人有重要意义

在调研国内的养老设施时发现，有些设施在老人居室内设置的固定家具并不能很好地契合入住老人的使用需求和生活习惯，但由于占用空间较大且无法移动（图7.1.6），导致老年人无法再添置自己的家具，或根据个人需求和偏好调整房间布局，不得不接受这样的居住环境。

发达国家的养老设施大多允许老年人自主布置居室空间，具体包括让老年人携带用惯的、有纪念意义的家具和物件，按照个人生活习惯布置居室空间等，通过这种方式营造家一般熟悉的生活环境。此外，让老年人自主布置居室还能加强他们的归属感和领域感，赋予他们更多的自主决定权和选择权，这对于老年人的身心健康具有重要意义。

图7.1.6　老人居室中设置了过多的固定家具，不能满足个性的生活需求，缺少自主布置的灵活性

▶ 居室设计给予老年人自由安排的灵活度

一些养老设施的居室设计作了适度“留白”，以方便老年人自由布置。例如，尽量避免设置大件固定家具，更多使用灵活可移动的家具，以便让老年人能够根据个人需求保留或替换（图7.1.7）。一些设施还通过一些细节设计手法为老人装饰房间提供方便，例如在墙面上预先设置轨道、置物板和挂钩，方便挂画或摆放照片等装饰物（图7.1.8）。

TIPS：居室内应为老年人预留布置哪些家居物品的空间？

在发达国家和地区，养老设施大多允许老年人将个人物品带入居室。在调研中发现，老年人最常带入设施的物品主要包括：自家的小件家具（如坐具、茶几、床、小装饰柜等）、自己喜爱的照片和装饰品等。因此在居室设计中，应注重给这些物品留出摆放空间。

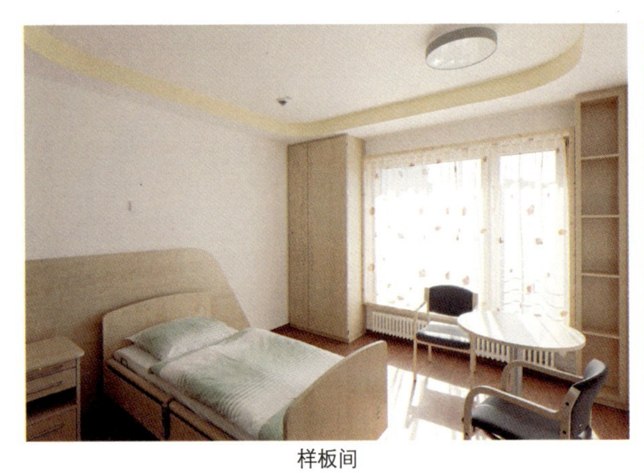

样板间

个性化布置后的居室

图7.1.7　老年人入住后改变了床的方向，添置沙发、茶几、挂画等个人物品，按照自己的喜好装点居室

图7.1.8　墙上设置轨道和挂钩，方便老年人自行布置墙面

提供老年人维持独立生活的条件

▶ 创造条件帮助老年人延续自主的生活

随着年龄的增长，老年人的身体机能会出现不同程度的衰退，但他们内心深处依然希望自己能够像过去的几十年一样独立、正常地生活。发达国家和地区的一些设施通过精心的设计，帮助老年人提升生活能力，让他们能够不借助他人，独立自主地饮食起居，甚至做一些力所能及的家务，有效延缓了其身体机能的衰退，维护了自尊与自信。

▷ 用设计助力老年人饮食起居

国外有些养老设施注重在常见的饮食起居场景中，用精心的设计帮助老年人“自我服务”。例如，自助取餐台高度适中且餐台之间间距较大，使得用轮椅、助行器的老年人也能像普通人一样，无阻碍地通行、取餐（图 7.1.9）。又如，取餐台设置了餐盘托架，让手部力量较弱的老年人也能够轻松地推着餐盘，依次经过各个取餐口（图 7.1.0）。一些养老设施中提供统一的取餐小推车，既作为老年人的助行器具，也用于盛放老年人挑选的食物（图 7.1.11）。这些设计都让身体条件不如从前的老年人也能自己完成取餐过程、挑选喜爱的食物，让他们不会因为身体孱弱而自卑，或因“自己不如别人”而产生沮丧感。

▷ 为老年人提供参与劳动的可能性

一些养老设施设置了易于老年人接近和使用的台面（图 7.1.12），让老年人能够做些力所能及的家务。开敞式厨房中的低位台面、可升降台面让使用轮椅的老年人更易接近台面、拥有合适的操作高度，让他们也能像原来一样切菜、洗菜（图 7.1.13）。

图 7.1.9　取餐台间距和高度适宜，让使用助行器具的老年人也能自行取餐

图 7.1.10　取餐台周边的托架方便老年人放置和移动餐盘

图 7.1.11　设施提供推车方便老年人取餐

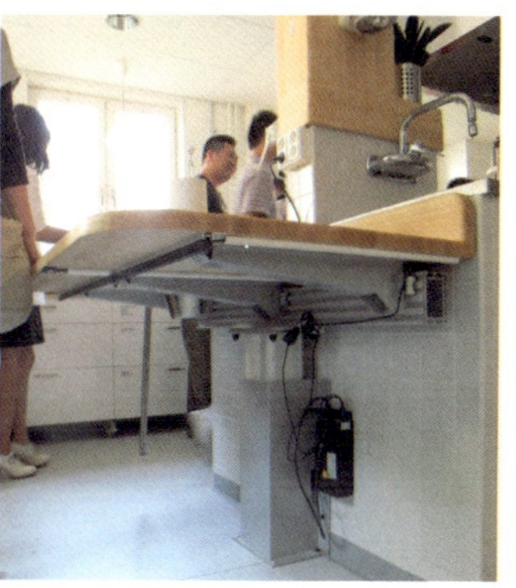

图 7.1.12　可升降操作台让更多老年人能够使用

图 7.1.13　使用轮椅的老年人使用低位操作台切菜

适当保留生活中的“不便之处”

▶ 特意营造日常环境中的“小障碍”

在老年人以往的生活中常常会遇到种种不便、风险与未知因素，例如台阶、高差等，它们是老年人日常生活中的一部分，也是使他们保持警觉、维持体力的要素。日本一些先进的养老设施并没有选择消除一切环境障碍，而是在保证安全的前提下特意创造一些“不便”，让老年人适应并克服，这对于维持老年人的身体机能具有重要作用。

▷ 保留入口门厅处的一步高差

日本住宅门厅处通常有一步台阶的高差，作为洁污分区的界线，人们出入时会在此换鞋。日本某养老设施特意在入口处保留了这一级台阶，老年人每次进出时都要完成坐立、脱穿鞋的动作，这些动作可以让老年人练习起坐、抬腿，保持平衡等能力。同时，设施在出入口一侧也设置了坡道，以便使用轮椅的老年人使用（图 7.1.14）。

图 7.1.14　门厅处保留了一步台阶，贴近老年人过往生活，老年人能够自行应对这种“小障碍”

▷ 利用“不便之处”，促进日常锻炼

养老设施出于安全考虑，通常不鼓励老年人自己走楼梯，但日本梦之湖养老设施将一部楼梯命名为“富士山”，希望借登山的寓意鼓励力所能及的老年人“攀登”楼梯，从而达到锻炼的目的。设施还为老年人提供“成功登顶”的奖励。这一设计增加了锻炼的趣味性和成就感，也使“登山”的老年人锻炼了腿部力量和身体协调能力。楼梯一侧设置了座椅式爬楼机，如果老年人在锻炼时感觉体力不支，也可以随时终止，借助楼梯爬楼机上下到安全地点（图 7.1.15）。

图 7.1.15　设置名为“富士山”的楼梯，促进老年人攀登锻炼

TIPS：养老设施中也可以有“高差”

在一些情况下，养老设施允许小高差的存在，或故意设置高差。例如日本梦之湖养老设施中，老年人日常使用的就餐区与通道有两级台阶的高差，台阶边缘用醒目的彩色贴纸提醒老年人注意脚下（图 7.1.16）。老年人每日就餐时需依靠自己的能力，端着餐盘跨过这些不大不小的“障碍”，于不经意间锻炼平衡感和协调性。

图 7.1.16 就餐区有两级台阶的高差

创造老年人个体生活选择的可能性

▶ 尊重老年人的“嗜好”，并为其提供空间条件

一些老年人有延续多年的个人嗜好，即便入住养老设施，也依然希望维持原来的生活，继续做这些喜欢的事。例如，许多老年人喜欢喝酒、吸烟，但这类行为常因不利于健康而在养老设施中受到限制。不过也有养老设施认为，应当尊重老年人的习惯及自主选择权，如果老年人喜欢，在不影响他人或不会引发健康恶化的情况下，可以允许这些“嗜好”存在，并为之提供方便，而非严格限制或者禁止。

▷ 开放的酒吧空间促进老年人交流

荷兰的许多生命公寓系列项目中都设置了小酒吧，满足了老年人“喝一杯”的需求。生命公寓的墙上写着一句话“There is always time for a glass of wine”（再忙也要喝一杯），提倡老年人随心所欲地安排自己的生活。小酒吧是公寓中最受欢迎的空间之一，傍晚时分，三两好友一边喝酒，一边高谈阔论，是最开心的事情了。这一空间满足了老年人的小小“嗜好”，让他们既往生活中的乐趣得以延续（图 7.1.17）。

图 7.1.17　生命公寓中的酒吧让老年人能够像以前一样随心地“喝一杯”

▷ 小天地让老年人拥有“吸烟自由”

长期吸烟的老年人通常难以一下子戒烟，如果入住养老设施后不被允许吸烟，对他们而言很难适应。一些养老设施专门设置了吸烟室，在不影响他人及设施消防安全的情况下，为老年人提供了一个满足需要的空间（图 7.1.18）。

图 7.1.18　具有展示功能的吸烟室中，老年人可以边欣赏展品、边抽烟放松而不影响他人

第 2 节

激发老年人的内心情感

激发老年人内心情感的设计理念

关注养老设施中老年人内心情感的重要性

随着身体机能、感官和认知等各项能力的衰退，老年人的心理状态会发生很大的转变。心力和体力的衰弱会使老年人的自信心和自尊心受到很大影响。入住养老设施的老年人由于行动条件的限制，以及家庭和社会关系的减弱，更容易产生孤独、悲观等心理感受。研究表明，全球约 7% 的老年人患有抑郁症，而在入住养老设施的老年人当中，抑郁症的发病率最高可达 52%。

许多养老设施中的老年人看起来缺乏活力、神情呆滞、沉默寡言，终日呆坐或独处。这其中除了他们自身身体条件受限之外，居住环境的消极影响也不容忽视。许多养老设施的设计仅停留在满足基本使用功能的层面，空间环境枯燥单一。有的设施虽然在室内装修及装饰上花费了大量物力财力，但却主要是为了满足营销噱头的“表面功夫”，对丰富老年人的精神生活并没有实际作用。目前越来越多的设计师及运营方已经意识到，养老设施的空间环境设计应当更加关注老年人的内心情感及精神需求。

以“激发老年人内心情感”为出发点的设计探索

如上所述，养老设施的设计不仅应考虑物理环境的安全性和舒适感，还应该更加深入地思考如何迎合及满足老年人的心理和情感诉求，从而激发老年人的内心情感，使其重新燃起对生活的兴趣和动力。

具体来说，“激发老年人内心情感”的设计是以老年人的情感需求为导向，通过空间环境施以适当的引导、支持与刺激，为老年人创造积极、有益的情感体验，从而补偿和调整老年人因能力衰退所流失的信息摄入和情感波动。这将有助于老年人保持并使用自身尚存的能力，减少对他人照护的依赖，保持自尊、自信和自我成就感（图 7.2.1）。

TIPS：日本养老设施的先锋理念——环境情感化设计

国外一些养老设施对于老年人的内心情感的关怀极为重视，比如日本的作业治疗师杉本聪惠女士提出了“环境情感化设计”的理念。

杉本聪惠认为，设计应当以激发、维持、提高老年人生命力为目标，在充分了解老年人的身心能力和需要的基础上，综合医学领域的作业疗法理念，通过细致的设计营造出令人心动的空间环境。设计的逻辑是将行为拆解到“我和谁”“在哪里”“以何种形式”“做什么”这一完整的行为过程之中。

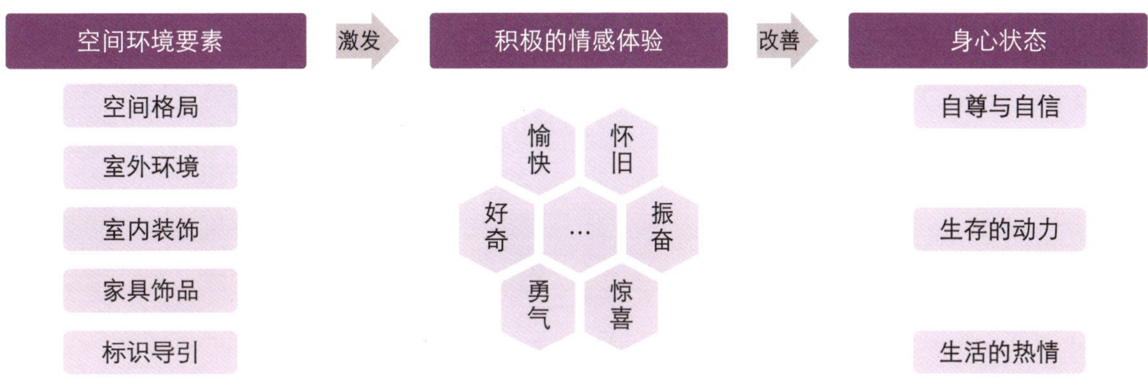

图 7.2.1　以“激发老年人内心情感”为导向的设计

增添怀旧元素引发情感共鸣

▶ 采用多种方式打开怀旧视角

近年来，随着老年心理学相关研究的发展，怀旧情绪被作为一种能够满足老年人情感需求的积极心理资源，受到养老行业的广泛认可和实践应用。许多养老设施通过各种方式，如打造怀旧风格的空间、陈列具有年代感的物品等，试图为老年人提供一些情感上的抚慰。事实证明，怀旧的环境确实有利于帮助老年人找到熟悉的感觉，具有怀旧属性的物品还能为老年人带来一定的环境安全感和归属感。

▷ 将怀旧元素融入日常的生活空间内

激发老年人的怀旧情感，并不需要特意打造一个单独的空间。调研发现，一些养老设施通过软装设计手法，将能够引起怀旧情绪的元素巧妙地运用在老年人日常生活的空间环境里，这样既起到装点空间的作用，又具备实际的使用价值，老年人在每天的生活中自然便能看见、触摸和感受这些具有怀旧情感的物品和场景，从而产生温暖的感觉（图 7.2.2）。

▷ 交互的怀旧设计促使怀念的内容转化为现实生活中的期待

一件怀旧的物品可能牵引出一整段回忆的故事，而这些回忆的背后则是老年人过往的兴趣爱好、社交关系，以及曾经拥有过的某种生活特长和能力。如图 7.2.3 所示，工作人员邀请老年人和社区的小孩一起参与制作“小贩车”，孩子们兴高采烈的样子让老年人怀念起久违的街区生活。完工后的大小两台小贩车放置在室外庭院里，像极了记忆中的市井街角的场景；老年人也积极展示自己的手工特长，热烈地参与讨论，为大家共同的“小生意”出谋划策。

TIPS：怀旧心理对老年人的积极意义

当前国内外医学和心理学领域的诸多研究表明，怀旧对于维持与提升人的身心健康有着积极的作用，可以激发正向的情感体验，提升自我评价及自尊水平，建立起过去和现在的连续性，使人们获得生存的意义。

“怀旧疗法”目前已经被应用于针对老年人的孤独、抑郁等情绪问题的干预，并取得了良好的效果。

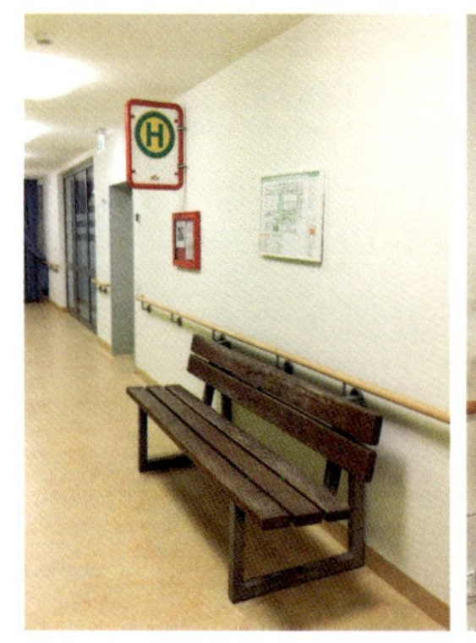

图 7.2.2　走廊中的木质候车座椅、墙壁上的老明星海报透露着怀旧的气息

图 7.2.3　设施的老年人和孩子围着小贩车热烈讨论“小生意”

借助设计巧思给老年人创造惊喜

隐藏的设计带给老年人惊喜

老年人长期居住在养老设施中，会逐渐对设施环境失去新鲜感，内心情感很难再有波澜。为了给设施中的老年人增加生活趣味，日本的一家养老设施在室外庭院中进行了一系列的“隐藏”式设计，利用常见的构筑物和物件，通过巧妙的细节设计制造出了一些意想不到的场景，使老年人能够发现并产生惊喜的感受。这些设计不需要花费巨资，仅需采取一些小而简便的措施即可达到效果。

特制棱镜打造“七彩”凉亭

如图 7.2.4 所示，该养老设施的室外庭院设有一座绿植覆盖的凉亭，平常老年人在庭院散步时偶尔会坐下纳凉。远看这座凉亭并无特别，但走近后不经意地一抬头，便会发现许多漂亮的彩色光斑在木架和地面上若隐若现。原来在凉亭顶架的格栅中安装了一些三棱镜，阳光穿过枝叶、透过三棱镜的折射，便产生了七彩的光斑。随着太阳照射角度的变化，这些光斑的位置也会发生微妙的变化，给老年人带来新的惊喜。

巧借枯井蕴藏“彩色的小世界”

庭院角落有一处形似“枯井”的地方，平常不太引人注意。但当老年人偶尔散步至此时，便可能会注意到地面铺装与平常不同，有许多彩色的石子图案，弯下腰仔细一看原来是孩子们小时候经常玩耍的彩色玻璃弹珠，只不过被工作人员用作装饰镶嵌在地面上（图 7.2.5）；再掀开覆盖在枯井上的竹帘，会惊讶地发现里面游着几尾漂亮的金鱼，这些小小的巧思使得一个不起眼的角落充满了彩色和生命的感动（图 7.2.6）。

图 7.2.4 三棱镜为凉亭带来摇曳闪烁的彩色光斑

图 7.2.5 各色弹珠拼嵌出充满童趣的彩色地面

图 7.2.6 掀开竹帘意外发现池中养着美丽的金鱼

7-2

趣味化设计引起老年人的好奇心

通过趣味化的设计元素促使老年人产生好奇心

老年人的大脑功能随着年龄的增长逐渐退化，对于外界刺激的反应会变得迟缓，在枯燥无味的环境下更加容易产生倦怠感，失去对环境的兴趣和注意力。相关研究表明，采用一些特征明显的设计元素，如特定的形状、醒目的颜色等，有助于吸引老年人的注意，从而激发老年人本能的好奇心理。

TIPS：保持好奇心对老年人的益处

心理学研究认为：好奇是人类的本能，也是人们探求新事物的内在动力。好奇心强（心理学专业称之为社会性好奇或人际性好奇）的人更能够理解社会性的行为，对于人际关系的发展也有益处。对于长期生活在养老设施中的老年人而言，保持好奇心有助于缓解当下的不确定和焦虑感，同时还可能激发他们对事物的兴趣和交往的积极性。

木栅栏上的菱形孔洞吸引花园散步的老年人“一窥究竟”

如图 7.2.7 所示，养老设施的室内泳池和室外庭院之间通过一列矮墙进行空间分隔，四段矮墙以木栅栏相接，墙边设计了可以种植鲜花和瓜果的花池，木栅栏上设计了高低错落的菱形孔洞，当老年人靠近花池进行园艺操作或观赏花卉时，会无意间发现透过孔洞可以窥视到栅栏另一侧的室内泳池，看到里面游泳的人们，从而产生话题和议论（图 7.2.8）。

泳池中的老年人因好奇自己“被观望”而引发有趣的反应

这个设计的有趣之处在于，不仅庭院的老年人会透过孔洞去观望泳池内的情况，泳池里的老年人偶然发现自己被人观望后，也会产生连锁反应：“是谁在看我呢？是不是我的泳衣很漂亮，还是我的泳姿非常棒呢？”“有人在看我游泳，我得努力锻炼了。”如此一来，两个空间的老年人因为相互“好奇”而产生关联，甚至因此而打开交流的“话匣子”，结交上新的朋友，并相互“督促”对方锻炼身体（图 7.2.9）。

图 7.2.7　室内泳池和庭院之间的分段隔墙以木栅栏相接，并在栅栏上设计了可以观望泳池情况的孔洞

图 7.2.8　庭院的老年人靠近花池时发现木栅栏上的菱形孔洞

图 7.2.9　室内泳池内游泳的老年人也好奇地望向庭院

▷ 红色的大门吸引老年人每天前往“打卡”

日本广岛市某认知症组团护理中心与社区的活动中心毗邻设置，通过一扇门进行分隔。设计初期为了两个空间互不影响而设计了带磨砂玻璃的白色隔门，本意是希望认知症老人不要过度关注隔门，以及另一侧的活动。但随着对认知症的病症特征认识不断深入提高，设施的运营方认为应该转变不让认知症老人受到任何外界刺激的观念，并决定通过改变隔断门的颜色和增加视线交往来触发老年人的好奇心，让老年人产生关注外界事物的欲望（图 7.2.10）。

改造中，隔断门的颜色采用了代表当地著名棒球队主色的红色[1]；原本的细长条磨砂玻璃改为两扇大而明亮的透明玻璃，方便老年人清楚地看到对面空间的情况。事实证明，改造后的红色玻璃门取得了不错的效果，这扇红色的大门总是能够吸引老年人前去“打卡”，当老年人透过玻璃“打望”对面的时候，社区居民也会报以温暖的回应。

日本的作业治疗师杉本聪惠认为：
比起通过弱化门的形式去避免老年人产生要回家的想法，不如通过好奇的心理引导老年人去认知并建立与另一侧空间的关系，更有利于老年人接受当下的生活。

将门漆成红色
醒目的红色容易吸引老年人的好奇，老年人每每看见红色大门就忍不住前往观望，并通过玻璃窗打望另一边的情况；另一侧的社区居民和工作人员也经常热情地打招呼，让老年人产生了愉快的体验。

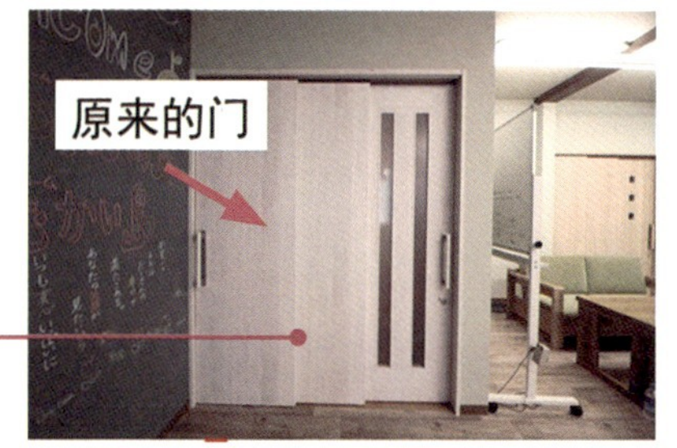

改造前的白色隔门
设施的原白色隔门是为了避免老年人注意到对面空间而设置。

增加两扇透明大玻璃
改造中，在门上增设两扇通透明亮的玻璃，使老年人能够清楚看到对面空间的情况。

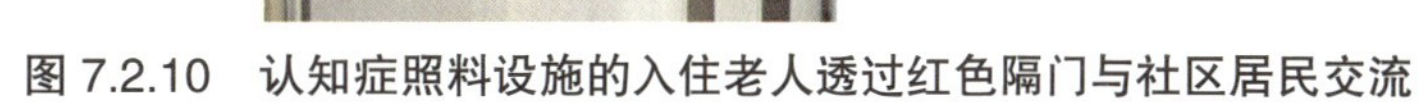

图 7.2.10　认知症照料设施的入住老人透过红色隔门与社区居民交流

1　红色是广岛东洋鲤鱼棒球队的代表色，该棒球队是日本职业棒球联赛球队之一，深受当地居民的喜爱。

通过多元化途径激发老年人的进取心

引入多元化的设计元素，引发老年人的内在动力，激励其积极参与户外活动

适当的户外活动对于老年人非常有益。然而随着身体行动能力的逐渐衰退，一些老年人出于对自身身体状况的担心或不自信，对户外活动产生抵触或畏惧心理。调研发现，许多养老设施的室外场地的利用率并不高，除了老年人身心层面的原因之外，环境设计的单调、无趣也是难以吸引老年人外出运动的原因之一。

图 7.2.11 的案例中，室外环境的设计从老人们对于事物关注点不同这一特点出发，针对有的老人重视行为结果、有的老人更关注过程感受的特征，采用了两种不同的设计策略，顺应了差异化的心理诉求，激励老人们开展户外活动。

▷ 标识米数的步道设计激励老人的锻炼挑战欲

日本某养老设施的屋顶花园中规划了一条健康步道。为了鼓励老人树立锻炼目标，设计师在步道地面上标明了一圈长度数值，并且设计了起点位置。同时，考虑到老年人的运动能力不同，途中设有多处休息座椅，以便老年人根据身体情况调整步行目标（图 7.2.11a）。

▷ 景观小品的地藏石像设计吸引老人步行前往参拜

对于不喜欢参加锻炼的老人，设计师采用了情感鼓励的方式。考虑到地藏信仰是日本民间比较盛行的佛教文化，地藏石像在城市街道和山林小路里随处可见，且造型大多呆萌可爱，深受女性和孩子的喜爱。因此，设计师在花园深处设置了一尊地藏菩萨的石像，成功地吸引了许多老人前去参拜，以此激励老人在花园散步锻炼的行为（图 7.2.11b）。

“地藏菩萨！
我今天又来
看您啦！”

（a）老人在运动途中相遇，相互鼓励锻炼身体　（b）老人推着助行器去参拜花园深处的“地藏菩萨”

图 7.2.11　根据不同的思维特征差异，采取了不同的设计策略鼓励老年人进行户外活动

体贴设计让老年人重拾生活动力

细腻体贴的设计，使老年人产生被重视的幸福感

在养老设施中，运营方通常会配套一些智能化的设备和产品来展示设施的品质，这些产品对辅助老年人的行动和生活也起到了一定程度的作用，但仅具备功能性的产品往往很难让老年人获得精神层面的满足感和幸福感。而每天都可以看见和接触的细部设计所带来的体贴入微的感受，会更加深入内心。老年人会因此而感受到设施的用心，产生被人重视的幸福感，重新鼓起生活的勇气。

为女性而作的设计唤醒爱美之心

在日本，由于入住设施的老年人以女性为多数，设计空间时也十分注重女性的需求和体验。图 7.2.12 所示的养老设施的装饰设计便触发了人们想要观察自己外表的欲望，重视自己在别人眼中的样子是老年人保持年轻的秘诀。

设计师特意在女性卫生间增设了化妆室，并通过灯具和高窗增加化妆室的光照。同时，洗手池台面瓷砖的花纹、镜面的形状，以及灯具的样式都流露出浓厚的复古淑女风，突显女性风格特色。在这样的氛围中，该设施的入住老人更加重视自我形象，几乎没有老年人穿着睡衣出来走动。相比起员工每天督促和帮助老年人洗漱、更衣的工作量，以及选用昂贵的智能化产品所产生的成本，提高老年人的内心积极性带来的护理性价比显然更高。

图 7.2.12　充满复古淑女风的女性卫生间和化妆室空间

兼容的空间设计丰富老年人的就餐体验

一日三餐是老年人每天最重要的事情，餐厅的设计和餐具的选择体现了养老设施对用餐体验的重视程度。在餐厅的设计当中，应充分考虑空间的灵活性，以及家具收纳的便利性，以便根据需要腾挪和转换出有效空间，举办各式活动。图 7.2.13 所示设施的运营方邀请了餐厅的厨师们“上门摆摊儿”，为入住老人提供美观、丰富的和风料理。新颖的菜式、精美的餐具、讲究的摆盘等多样化元素，给老年人带来丰富的就餐感受，有助于提升老年人的生活满足感。

图 7.2.13　养老设施邀请餐厅厨师“上门摆摊儿”

第 3 节

促进老年人与社会融合

7-3 促进老年人与社会融合的设计理念

▶ 促进老年人与社会融合的重要性

▷ 与社会隔离的养老居住模式存在诸多弊端

许多国家在老龄化发展初期，都曾出现将养老设施建设在远离城市的郊区，以集中解决老年人养老居住问题的做法（图 7.3.1）。这一方面是因为早期的养老设施作为收容体弱多病、孤寡或穷困老人的场所，主要目的是解决基本生存问题，并没有重视他们与外部社会的关系。另一方面，许多项目建设在郊外是因为土地更容易获取且地价更为便宜，同时还具有风景优美、自然环境宜人的优势，与一些老年人希望退休后远离城市喧嚣、贴近自然生活的想法契合。

然而随着社会的发展，以及养老观念和制度的变革，人们逐渐注意到这种“与世隔绝”的居住模式存在着诸多弊端。一些研究发现，在早期的养老设施中，老年人日复一日除了接受流程化的生活安排，其他时间只能待在设施里无所事事。由于与外部社会隔离，老年人脱离了原先熟悉的生活环境，其自由出行及外出活动条件受限，生活方式和情境也较为单一。虽然养老设施能满足老年人的日常生活需要，但他们却常常感觉孤独、无助、无聊、丧失尊严。

▷ 维持社会关系对老年人有积极作用

在老龄化的进程中，老年人除了面临身心机能衰退，往往还面临着社会关系的萎缩。现代心理学、医学和社会学研究表明，为了实现幸福养老，老年人需要与社会保持紧密的接触。让老年人保持积极的社会参与是延缓认知老化的重要因素之一。一项对2387 名中国台湾老年人的研究发现，三年间，与没有参与任何社会活动的个体相比，参与一两项社会活动的老年人认知功能缺陷发生率降低了 13%，参加三项以上的社会活动降低了 33%。由此可见，积极地维持社会联系，对于避免社会关系萎缩，维持身心健康具有积极作用（图 7.3.2）。

图 7.3.1　早期欧洲的养老院多建于城市远郊，与社会环境隔绝

图 7.3.2　让老年人保持与社会接触、维持良好社会关系具有重要意义

养老设施的设计理念向“融合而非隔离”转变

如前所述，随着社会的进步及对老龄化认识程度的加深，人们开始反思“孤岛”一般的养老设施所带来的老年人与社会隔离的问题，并逐渐认识到老年人的养老生活更需要的不是“好山好水好孤独”的优越环境，而是一份不与社会脱节的“人间烟火气”。伴随“原居安老”(Aging in Place) 思想的形成，让养老设施回归城市、回归社区已成为发达国家应对老年人养老居住问题的共识性策略。营造“融合而非隔离”的养老居住环境，给予老年人接触社会的机会，帮助其维系良好的社会关系，成为各国养老设施建设的新目标。

促进老年人与社会融合的设计新尝试

近年来，日本、美国、欧洲等发达国家和地区的养老设施围绕“促进老年人与社会融合”这一理念进行了很多尝试。本节选取了一些具有代表性的设计做法，并结合实际案例加以分析 (图 7.3.3)。这些设计目标及手法涵盖了养老设施的选址布局、功能配置、空间形式、界面设计等多个方面。许多环节不仅是依靠建筑设计层面的工作，更需要养老设施运营方以及其他社会群体 (如周边居民、房屋业主等) 的共同努力，从而实现养老设施与社会环境的真正“融合”。

① 选址临近老年人原居和配套成熟地区

选址布局

② 与周边居民共享活动交往空间

功能配置

③ 创造老年人与其他年龄群体的交往机会

功能配置

④ 为引入城市活动创造条件

空间形式

⑤ 营造开放友好的对外界面

界面设计

图 7.3.3　促进老年人与社会融合的设计做法

选址临近老人原居和配套成熟地区

设施选址重心转向城区，注重让老年人“原居安老”

随着“原居安老”思想的不断推广，在郊区兴建大型养老设施不再是国外养老项目的常见做法。为了避免老年人脱离原有的人际关系网络和居住环境，将养老设施选址在老龄化程度高、老年人数量多的成熟社区和老旧城区中，越来越成为主流趋势。

许多国家在制度及规划层面也都做出了相应的调整和应对。以日本为例，早年间日本大部分养老设施倾向于选址在城市远郊及外围地区；而从 21 世纪初开始，基于“在地老化”理念，日本依托介护保险制度，逐渐将设施建设重心转向城区地带（图 7.3.4），致力于发展“社区统合照料体系”，将设施配置向社区内渗透，把多元化的服务提供到老年人身边，从而让老年人在住惯了的地区持续地生活下去。

设施选址在交通便利、配套完善的地区

将设施选址在交通和配套条件优越的地区是当前的常见做法。这样的好处是能够让老年人更轻松、便捷地享受城市生活的便利性，从而保持与社会环境的紧密联系，不至于与设施外的世界“脱节”。

日本目前有很多养老设施选址在城市轨道交通车站附近，老年人步行 5~10 分钟即可到达，十分方便自理老人出行和亲友探望（图 7.3.5）。这些车站周边通常配有相对完善的生活服务设施，例如超市、邮局、药店、公园等。老年人可随时走出养老设施，到附近逛街、购物，或去公园散步、健身（图 7.3.6）。

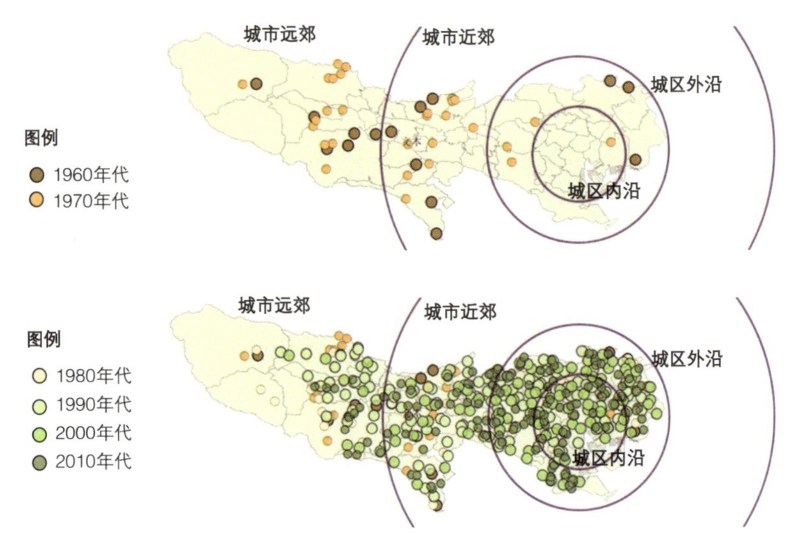

图 7.3.4　日本东京养老设施（特别养护老人院）配置重心逐渐从城郊向城区转移

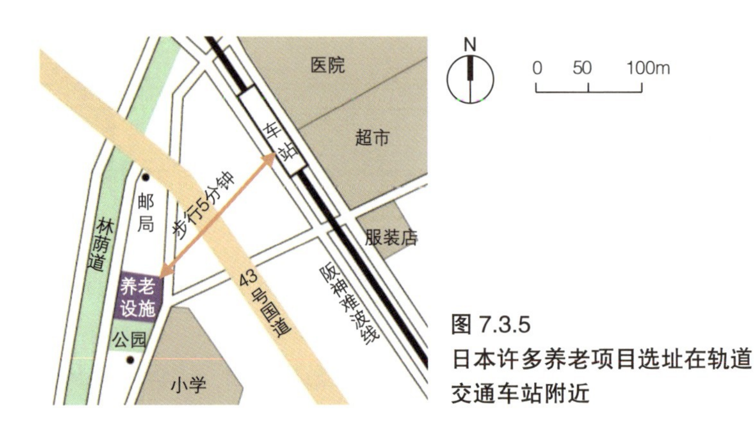

图 7.3.5
日本许多养老项目选址在轨道交通车站附近

图 7.3.6　设施周边有公园、邮局、超市等配套设施

与周边居民共享活动交往空间

养老设施兼作“社区活动据点”，聚拢人气与生机

将养老设施中的一些空间对外开放，供老年人和社区居民共享使用，也是近年来的设计趋势。在调研日本、欧洲的养老项目时，笔者团队注意到有些养老设施在设计之初便考虑将一些公共活动空间（如餐厅、多功能厅、活动室、内庭院等）向社区开放。这种空间共享的方式可以促进社区居民与老年人之间的互动交流，既能够提升养老设施的人气，同时也为社区创造了一个热闹欢乐的聚集场所。

例如，日本结缘厚泽部养老设施将用地中部空间作为社区共享配套，设置了对周边居民开放的活动厅和食堂，如此一来，与两侧的老年人居住空间既有适当的分隔，又保持着近便的联系（图 7.3.7）。活动厅既可用于举办社区展览和社区活动，也是附近小学生学习活动的场所，学生们放学后能直接从设施南侧朝向小学的入口进入活动厅。食堂主要供老年人和周边居民就餐使用，既可与活动厅合并连通，也能向室外区域拓展，用于举办社区内音乐会、讲座、夏日祭等大型活动。

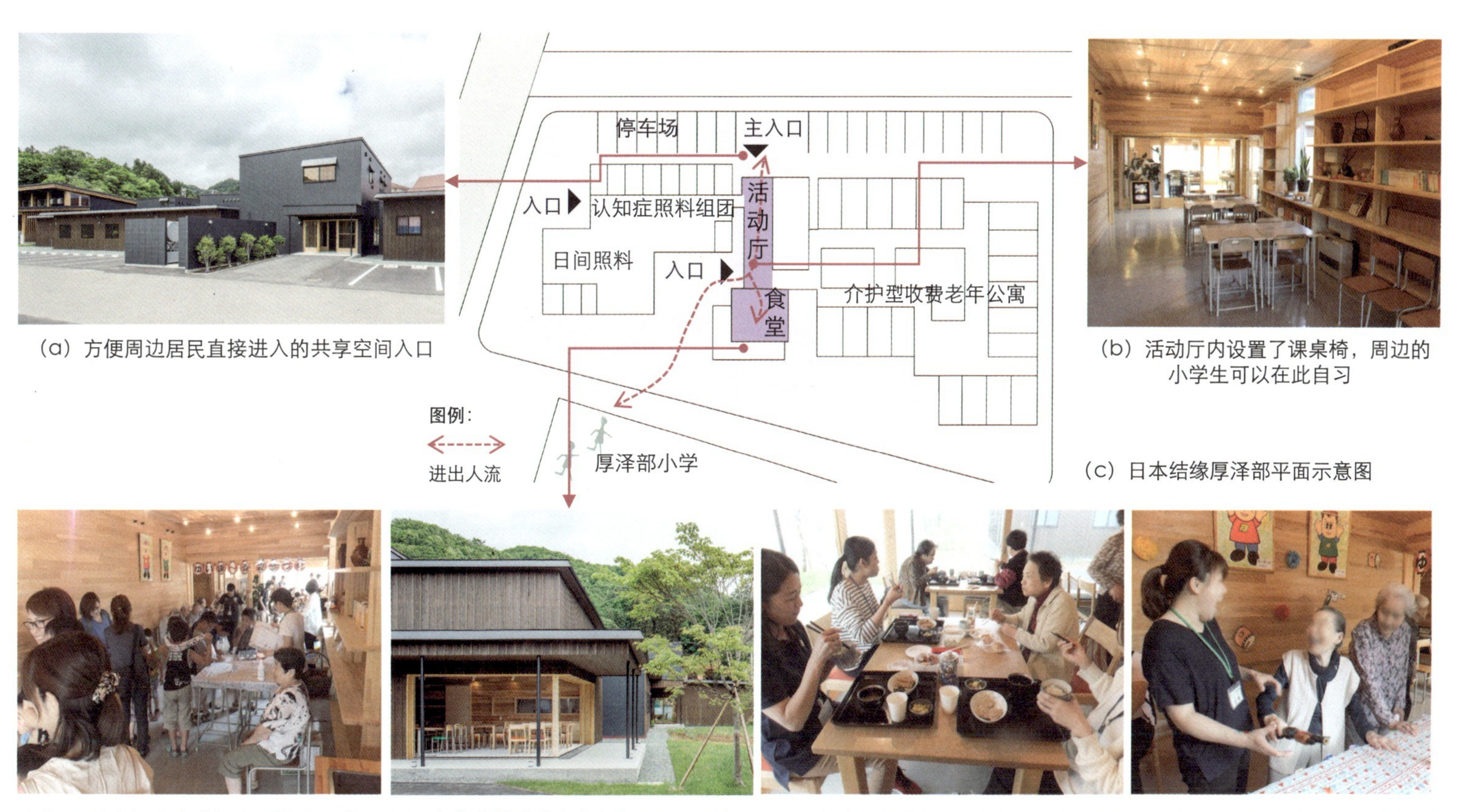

（a）方便周边居民直接进入的共享空间入口

（b）活动厅内设置了课桌椅，周边的小学生可以在此自习

（c）日本结缘厚泽部平面示意图

（d）公共空间中常举行大型社区活动，氛围热闹活跃

（e）食堂落地玻璃窗全部打开后，可与室外平台直接连通，形成开敞的半室外空间，便于开展活动

（f）入住设施的老年人和周边社区居民均可在食堂用餐

（g）社区活动为老年人生活带来了许多欢乐

图 7.3.7　兼作社区活动据点的养老设施设计实例分析

7-3 创造老年人与其他年龄群体的交往机会

养老设施与幼儿园结合设置

有的项目将养老设施和幼儿园合并或毗邻设置，以促进“代际交流”。空间上的临近为老年人与儿童的交流创造了便利的条件。通过老幼之间的沟通和互动，能为老年人提供关心孩子的机会，也能激发起老年人为孩子“树立榜样”的心态，从而增强老年人的自我价值感、减弱孤独感。老年人也可以和儿童一起玩耍、嬉戏，锻炼身体。

例如，日本的幸朋苑特别养护老人院与幼儿园结合而建，建筑共5层，其中一层的部分空间是幼儿园（图7.3.8）。老人院与幼儿园交通近便，能够为老年人和儿童提供丰富的代际交流活动机会。设施常会组织老年人前往幼儿园的公共空间，与儿童一起做手工、玩游戏等（图7.3.9）。从设施的各层露台或走廊还能够俯瞰幼儿园的室外活动区，老年人足不出户就可以听到孩子们的欢声笑语（图7.3.10）。

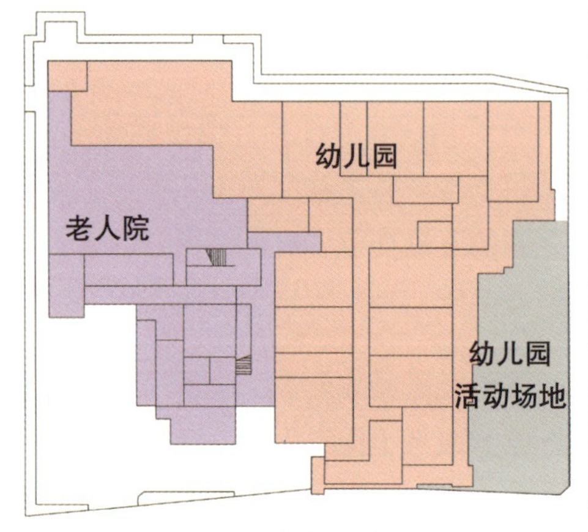

（a）首层平面图

（b）设施外观图

图7.3.8　幼儿园位于养老设施的建筑首层，两者结合而建

图7.3.9　老年人和儿童可以在幼儿园的公共活动空间一起做手工、玩游戏

图7.3.10　养老设施各楼层与一层的儿童活动区域有良好的视线联系，可以看到儿童活动

老年公寓与青年公寓结合设置

近十年来，欧洲各国、日本和中国台湾陆续提出了“青老共居”的理念，即青年人与老年人共同居住、互相帮助。这样的好处是可以增加老年人的社交机会，促进他们与青年人的互动，实现代际交流和代际互助——养老设施为青年人提供廉价住所和一些生活服务，青年人承担老年人的部分生活照料工作、给予老年人陪伴，双方均能从这种居住模式中获益。

目前中国已出现了一些青老共居的养老项目。位于上海的一家养老机构除了设置常规的供老年人使用的空间外，还在中部楼层设置了专门的青年公寓楼层，为青年志愿者提供 14 间公寓住房和公用设施。这样的设计既保证了老年人平日对生活环境安静、安全的需求，也让年轻志愿者们拥有一个近便的住所。

在这样的项目中，志愿者们多为大学生，他们会利用课余和周末的闲暇时间陪伴和照顾老年人，教他们用电脑、玩微信，给他们演奏乐器、表演节目，带他们外出购物、逛公园，活动形式丰富多样，深受老年人喜爱（图 7.3.11）。志愿者参与各项志愿活动均可进行“积分”，用以抵扣他们当月的部分租金。这样的设计使得老人能时常与充满活力的青年群体进行交流互动。

TIPS：青老共居公寓中有趣的设计细节

除了建筑层面的设计，许多项目还设置了一些有趣的细节来促进不同年龄群体之间的沟通，缓解人际交往的尴尬。例如，德国格库－豪斯（Geku-Haus）青老共居公寓在老年人和青年人共同使用的交往厅中使用了特殊设计的杯垫。

饮料杯垫有两面，红色的一面写着“我现在不想聊天”，绿色的一面写着“我对某话题很感兴趣，欢迎找我聊天”，双方只需观察对方杯垫，就知道是否可以上前攀谈，这种方式巧妙地化解了可能出现的打扰和尴尬，为长者和青年人的交流“破冰”。

图 7.3.11　入住设施的志愿者陪伴老年人开展各类活动

为引入城市活动创造条件

设置能够带来“商业气息”的空间

近年来，具有商业氛围的空间被越来越多地融入国外养老设施的设计当中，这种做法可以满足行动不便或不能经常外出的老年人“逛街”的心愿，感受“人间烟火气”。

荷兰霍格韦克认知症社区中的老年人大部分是重度认知症患者，设施创造了一个贴近老年人记忆中的“市集”生活环境。设施内部，林荫大道和内部庭院的周边集中分布着杂货店、咖啡厅、餐厅、理发店、酒馆等各种商业空间，老年人可以在这个“市集”中自由、安全地购物、吃饭、理发、娱乐，感受商业氛围（图 7.3.12 ~ 图 7.3.16）。有顶棚的通廊空间让老年人在冬季和雨雪天也可以享受“逛街”的乐趣。商业空间内的所有工作人员都经过专业护理培训，或是直接由护理人员“扮演”，可以在老年人迷路或者感到困惑时给予及时的帮助。设施还会定期邀请志愿者和周边居民进来和老年人一同活动，氛围十分活跃。

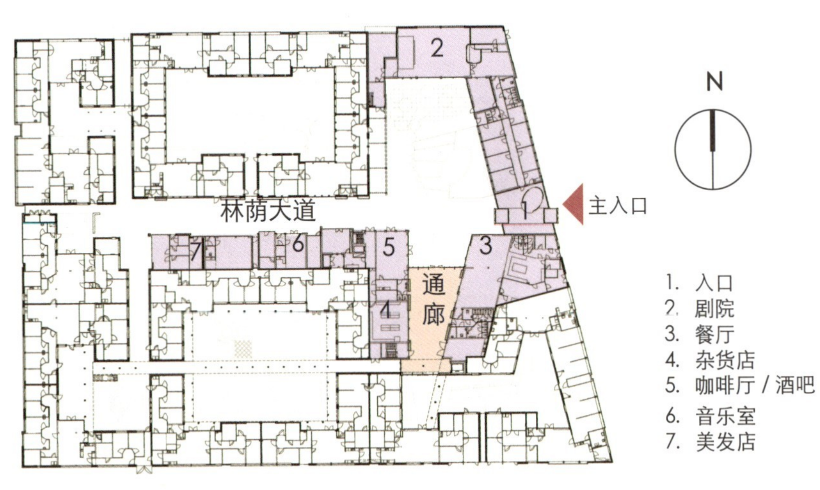

图 7.3.12　荷兰霍格韦克认知症社区平面功能分析

图 7.3.13　内庭院为老年人营造出一处安全的户外环境

图 7.3.14　林荫大道一侧分布着各种商业空间

图 7.3.15　路旁的商业空间：理疗店

图 7.3.16　工作人员陪同老人“逛街”

设置用途多元的“城市客厅”

一些养老设施中设置了可容纳大量人员集会的场所，这样做的好处是可以在设施内部举办一些热闹有趣的大型活动，让老年人不用离开设施，便能享受参与各式各样活动的乐趣。

例如荷兰的生命公寓项目大多设置了多层通高的大中庭（图 7.3.17），老年人和市民都可以前来活动。这些空间通常会定期举办音乐会、竞选、比赛、模拟马戏团表演等 20 余项活动，也会承接一些全市大型公共活动（图 7.3.18）。这些活动大大增加了老年人与外界人士交流的机会，也创造了热烈活跃的氛围（图 7.3.19）。

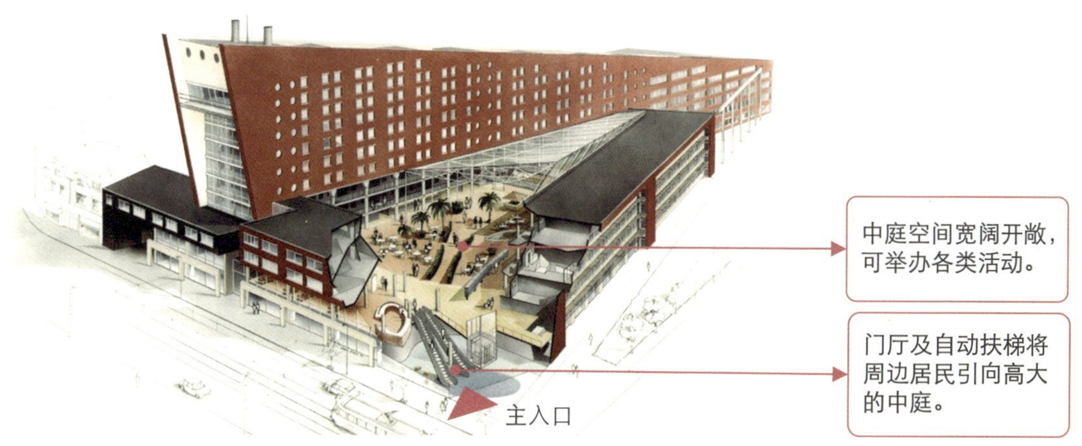

图 7.3.17　荷兰贝赫韦格生命公寓的中庭空间向周边居民开放

图 7.3.18　中庭常用于举办大型公共活动，例如鹿特丹国际象棋俱乐部比赛

图 7.3.19　中庭内可举办游园会、马戏团表演等活动，吸引老年人和市民共同参与

营造开放友好的对外界面

▶ 临街设置公共服务功能空间，以友好的界面吸引市民前来

以往养老设施在设计时出于保证老年人安全、便于管理等方面的考虑，通常会设置相对封闭的围墙，无形中造成了养老设施与外界的隔离。一些发达国家的养老设施在设计时更加注重对外界面的塑造，特别是首层沿街功能空间的设计。希望通过营造一些相对开放的场所，提供对外服务的功能，创造养老设施内外人员相互交流的机会，从而消除养老设施的封闭感。

以日本的快乐之家西风新都养老设施为例，首层临街设置了餐厅、面包店和杂货店等日常生活中常见的商业空间（图 7.3.20）。这些空间面向设施内外均设有出入口，可以同时服务入住老人和社区居民。沿街立面采用较大的玻璃窗，并采用柱廊、雨篷等建筑构件创造了友好、近人的空间界面，行经的人们可以自然地进入这些空间闲逛和消费。在此过程中，老年人可能偶遇好友聊聊近况，也可以和周边居民一起进餐。设施沿路一侧设置了室外桌椅，可供老年人休憩观景、喝茶聊天。

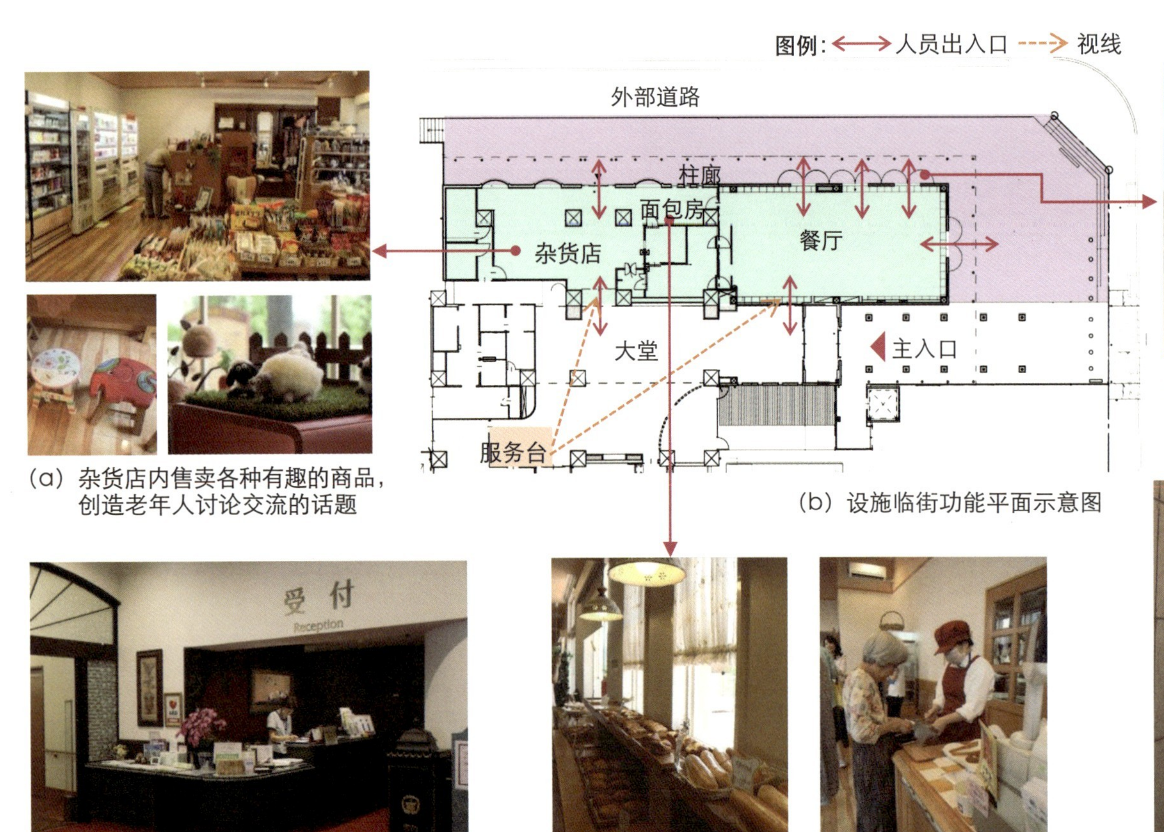

（a）杂货店内售卖各种有趣的商品，创造老年人讨论交流的话题

（b）设施临街功能平面示意图

（c）沿街界面采用柱廊营造半室外空间，并摆放了桌椅，创造亲切的空间氛围

（d）从开敞式的服务台可以观察人员出入情况，便于及时处理外部人员误入只向设施内部人员开放的空间等情况

（e）面包店里烘焙散发出的香味吸引着老年人和周围市民前来购买

（f）市民可以从室外直接进入杂货店、面包房和餐厅

图 7.3.20 沿街设置对外开放功能空间的养老设施设计实例分析

促进老年人与社会融合的设计实例分析
日本东京有栖之森南麻布设施

项目概述

有栖之森南麻布（ありすの杜南麻布）位于日本东京的核心城区都港区。设施建筑为地上6层，地下1层，是一家面向失能老人和认知症老人提供长期护理、短期入住、日间照料等多种服务内容的综合型养老设施（图7.3.21）。

图7.3.21　有栖之森南麻布设施外观

设计理念与特色分析

在设计理念上，设施不仅要成为为老年人提供护理服务的空间，也要成为该地域不同年龄段人群交流的据点，促进老年人和外界社会充分交融互动。为了达到这一目的，设施在项目选址、界面设计、功能布局等方面进行了充分考虑。

▷ 选址在交通便捷、繁华热闹的城区

项目选址在开发成熟的地区，距离最近地铁站仅7分钟步行路程，周边公园、图书馆、杂货店、购物中心等配套完善，护理人员每周会带着老年人一起外出购买食材。此外，大使馆、幼儿园、学校等设施密布，社会人群多元，为设施内老年人带来丰富的交流机会（图7.3.22）。

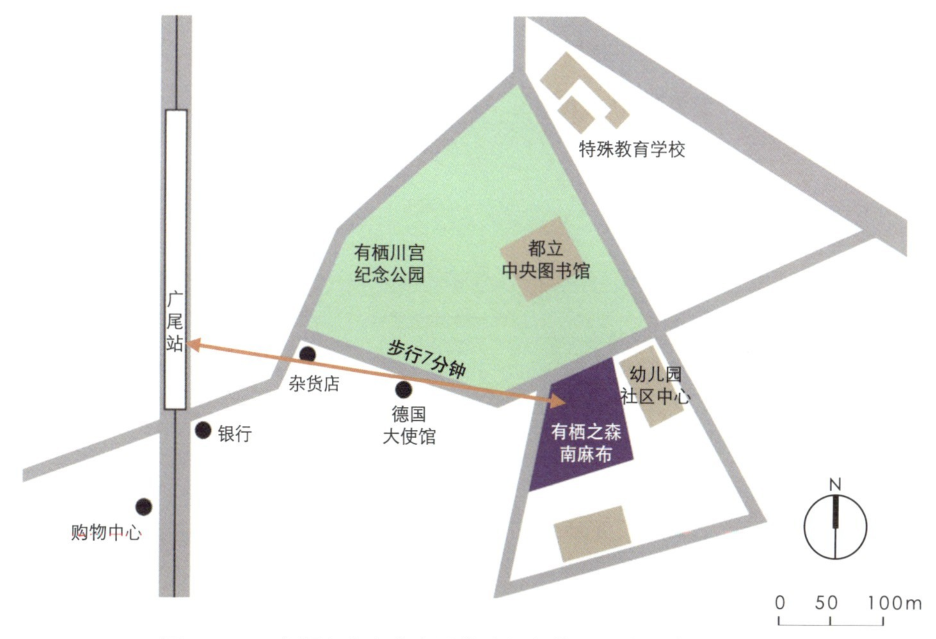

图7.3.22　有栖之森南麻布设施交通便捷，周边配套设施完善

▷ 营造开放友好的对外界面

设施外围没有设置封闭高大的围墙，而是采用绿植、矮墙和活动栅栏与外部进行适当分隔。平日里入口处的活动栅栏通常保持开启，以友好的姿态欢迎路过的市民与周边居民进入设施活动，使用其中的公共空间，创造与老年人交往的契机。

▷ 精心选择公共功能空间位置，组织公共活动流线

为了鼓励市民进入设施，增加与老年人交往的机会，在项目策划阶段，设计团队邀请了居住生活在周边的居民参与投票，选出希望设施设置的对外开放的空间。调研结果显示，当地居民在此处需要的功能是公共卫生间、交流场所、餐厅和便利店。这些需求都得到了充分考虑，并落实在设计中（图 7.3.23）。设施建成后，这些空间运营良好，成为老年人与居民交往的重要场所。

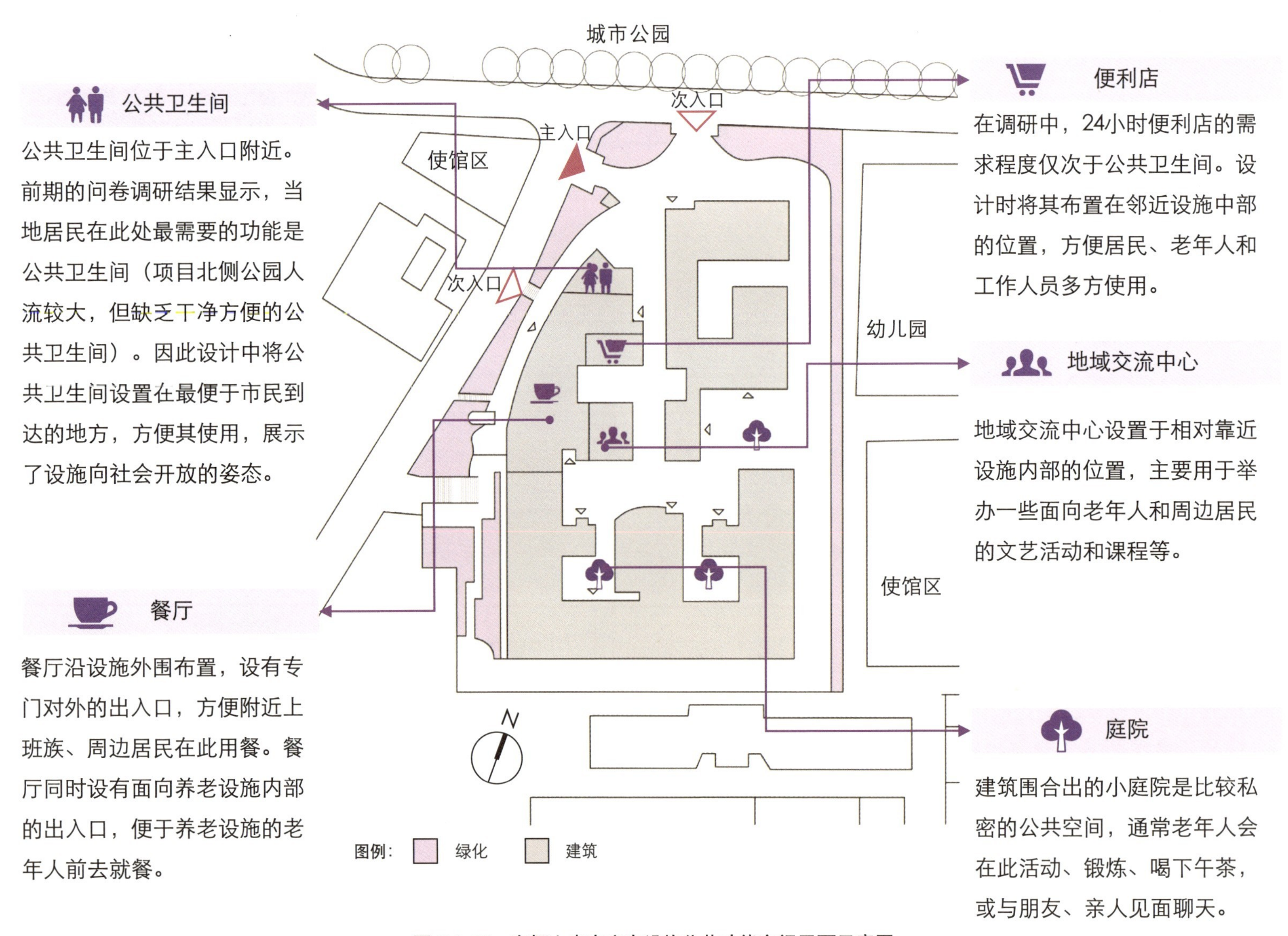

图 7.3.23　有栖之森南麻布设施公共功能空间平面示意图

具体设计细节分析

设施主入口

设施的值班管理室位置并未紧贴设施大门，避免给来访者造成“被监管进出”的感受。入口附近设有指示牌，便于市民了解设施中公共空间的位置并按需使用（图 7.3.24）。

公共卫生间

公共卫生间外墙上写着“welcome（欢迎）”的字样，欢迎过往市民（特别是北侧公园的人群）使用。卫生间外的树池既是景观小品，也可作为坐凳，供老年人、来访者休息和集会使用（图 7.3.25）。

餐厅

餐厅立面使用通透的玻璃吸引外来者进入。玻璃移门可完全打开，使室内外连通成为一个大空间，便于举办露天烧烤及其他大型集体活动（图 7.3.26、图 7.3.27）。调研时注意到，餐厅运营情况良好，吸引了很多周边上班族和居民前来和老年人共同进餐。

图 7.3.24　设施入口空间以欢迎市民的姿态示人

图 7.3.25　公共卫生间及周边空间方便市民使用

图 7.3.26　餐厅视线通透，玻璃门打开后内外空间连为一体

图 7.3.27　露台可与餐厅内部连通，便于举办露天烧烤等集体活动

图片来源

图片编号	图片来源
第四章第 1 节标题图	由北京泰颐春养老中心提供
图 4.1.2	改绘自日本建築学会《建築設計資料集成 2》[物品]
图 4.1.8，图 4.1.9	改绘自德国曼海姆卡里塔斯 - 岑特鲁姆（Caritas-Zentrum）设施提供的平面图
图 4.1.20	改绘自日本介護老人福祉施設さかい幸朋苑提供的平面图
图 4.1.21	改绘自日本倍乐生くらら小田急祖師谷提供的平面图
图 4.1.30	Scewo 电动轮椅产品手册
图 4.1.31	改绘自日本 Panasonic 产品手册相关图片
图 4.3.11	改绘自德国卡尔斯鲁厄圣安娜（St. Anna）养老设施提供的平面图
图 4.4.3（左）	http://www.fuwo.com/zixun/852988.html
图 4.4.10	https://www.legrand.com.cn/ecatalogue/cn/catalog/category/view/id/1032/
图 5.1.12	荷兰 Tante Louise 官方网站：https://www.tantelouise.nl
图 5.1.21	改绘自日本 TiGRAN 公司宣传手册《高齢者向け空間建材：vol.2》：6-7
图 5.1.24，图 5.1.41 a	日本 Panasonic 公司产品手册《高齢者施設おすすめ商品のご紹介（2016 年版）》
图 5.1.43，图 5.1.44	日本 DAIKEN 公司产品手册《2020—21 部位別（分冊版）3：室内ドア》
图 5.2.5	REGNIER V. Housing Design for an Increasingly Older Population: Redefining Assisted Living for the Mentally and Physically Frail[M]. Hoboken, New Jersey: John Wiley & Sons, 2018: 211
图 5.2.18 a	REGNIER V. Housing Design for an Increasingly Older Population: Redefining Assisted Living for the Mentally and Physically Frail[M]. Hoboken, New Jersey: John Wiley & Sons, 2018: 198
图 5.2.34（右）	REGNIER V. Housing Design for an Increasingly Older Population: Redefining Assisted Living for the Mentally and Physically Frail[M]. Hoboken, New Jersey: John Wiley & Sons, 2018: 203
图 5.2.35（右）	由西班牙加泰罗尼亚理工大学尤义斯 · 布拉沃 · 法雷教授提供
图 5.2.37	荷兰罗森比赫生命公寓（Residence Roosenburch）官方网站：https://residence-roosenburch.org/
第五章第 3 节标题图	由丹麦 PRESSALIT 公司提供
图 5.3.1，图 5.3.5，图 5.3.18	改绘自日本 TOTO 公司产品手册《手すりカタログ（イージーオーダー資料集）》
表 5.3.1（a）（c）（e）（f）（g）（i）（k），图 5.3.15，图 5.3.21，图 5.3.28，图 5.3.34	日本 TOTO 公司产品手册《手すりカタログ（イージーオーダー資料集）》
图 5.3.24，图 5.3.25，图 5.3.31	改绘自日本 LIXIL 公司产品手册《ユニバー サルデザイン住まいの UD ガイドフ ' ツク》
图 5.3.2，图 5.3.27	改绘自日本 TOTO 公司产品手册《バリアフリーブック（住まい編 2015）》
图 5.3.30	日本 TOTO 公司产品手册《洗面所カタログ（2016 年）》

图片编号	图片来源
图 6.1.4（左）	改绘自广州市老人院提供的平面图
图 6.1.15（下）	改绘自 https://www.scalabrini.com.au/wp-content/uploads/2018/02/SV_Village-brochure-221017.pdf
图 6.1.16	由日本北九州西野医院院长西野宪史先生提供
图 6.2.2	改绘自德国圣卡罗勒斯豪斯（St.Carolushaus）护理院宣传册
图 6.2.3	改绘自美国奥涅克里克认知症照料设施提供的平面图
表 6.2.2（右上）	改绘自 ANDERZHON J W, FRALEY I L, GREEN M. Design for Aging Post-occupancy Evaluations: Lessons Learned from Senior Living Environments Featured in the AIA's Design for Aging Review[M]. John Wiley & Sons, Inc. 2007: 136
表 6.2.2（右下）	改绘自 REGNIER V. Housing Design for an Increasingly Older Population: Redefining Assisted Living for the Mentally and Physically Frail[M]. Hoboken, New Jersey: John Wiley & Sons, 2018: 190
图 6.2.4	改绘自美国布什克里克 - 森丹斯（Sundance at Bushy Creek）认知症照料设施提供的平面图
图 6.2.5	改绘自澳大利亚古德林花园（Goodhew Gardens）养老设施平面图
图 6.2.6	改绘自美国西尔弗多・锡达公园（Silverado Cedar Park）认知症照料设施提供的平面图
图 6.3.2	REGNIER V. Housing Design for an Increasingly Older Population: Redefining Assisted Living for the Mentally and Physically Frail[M]. Hoboken, New Jersey: John Wiley & Sons, 2018: 185-186
图 6.3.3（左）	改绘自 EASTMAN P. Excellence in Design: Optimal Living Space for People With Alzheimer's Disease and Related Dementias[R/OL].(2014-06-18)[2020-07-22]. https://alzfdn.org/documents/Excellence in Design_Report.pdf
图 6.3.3（右）	EASTMAN P. Excellence in Design: Optimal Living Space for People With Alzheimer's Disease and Related Dementias[R/OL].(2014-06-18)[2020-07-22]. https://alzfdn.org/documents/Excellence in Design_Report.pdf
图 6.3.20	改绘自 https://www.osumai-soudan.jp/soudanin/osakahonbu/wp-content/uploads/sites/3/2015/07/4bcc6253b0770e29c48403a3592fc8de.gif
图 6.3.22	丹麦 Pressalit 公司产品手册《机构养老卫浴解决方案 - PLUS》
图 6.3.46（左）	改绘自 Scalabrini Village. The Village of Scalabrini[EB/OL]. [2020-10-28]. https://www.scalabrini.com.au/wp-content/uploads/2018/02/SV_Village-brochure-221017.pdf
图 6.4.6	由诚和敬适老化团队提供
图 6.4.17~ 图 6.4.19，图 6.4.23	由光大汇晨北京科丰老年公寓提供
图 6.4.38	由北京泰颐春养老中心提供
图 6.5.3	改绘自泰康燕园养老社区提供的图纸
图 6.5.11	改绘自美国炉石・沃伯恩（Hearthstone Woburn）养老设施提供的图纸
图 6.5.19	改绘自美国炉石・马尔伯勒（Hearthstone Marlborough）养老设施提供的图纸
图 6.6.1，图 6.6.7，图 6.6.12	改绘自荷兰 Inbo 建筑设计事务所提供的图纸
图 6.6.2	由荷兰 Inbo 建筑设计事务所提供

图片编号	图片来源
图 6.7.1，图 6.7.16	改绘自美国奥涅克里克认知症照料设施提供的平面图
第六章第 8 节标题图	长友养老服务集团官方网站：http://www.aging-friendly.com/cyhw.html
图 6.8.1，图 6.8.4~6.8.7，图 6.8.9~ 图 6.8.12，图 6.8.14~ 图 6.8.22	由长友养老服务集团提供
图 6.9.1	由康语轩孙河老年公寓提供
图 6.9.2，图 6.9.3，图 6.9.5，图 6.9.17	改绘自康语轩孙河老年公寓提供的图纸
图 7.1.4（左 1）	由知学学院梓航提供
图 7.1.4（右 1）	REGNIER V. Housing Design for an Increasingly Older Population: Redefining Assisted Living for the Mentally and Physically Frail[M]. Hoboken, New Jersey: John Wiley & Sons, 2018: 94
图 7.1.5	REGNIER V. Housing Design for an Increasingly Older Population: Redefining Assisted Living for the Mentally and Physically Frail[M]. Hoboken, New Jersey: John Wiley & Sons, 2018: 193
图 7.1.13	日本特别養護老人ホーム真寿園视频宣传资料
图 7.2.3，图 7.2.7~ 图 7.2.11	由日本 EN+ 株式会社社长杉本聡惠女士提供
第七章第 3 节标题图	REGNIER V. Housing Design for an Increasingly Older Population: Redefining Assisted Living for the Mentally and Physically Frail[M]. Hoboken, New Jersey: John Wiley & Sons, 2018: 179
图 7.3.1	FIERZ P. Innovation, Anspruch und Abgrenzung - Ursprung Und Wandel des Werkbundgedankens[EB/OL]. [2020-10-28]. https://www.deutscher-werkbund.de/wp-content/uploads/2018/06/7_Fierz_DWB_Tagung_2018.pdf
图 7.3.3 ①	FEDDERSEN E, LÜDTKE I. Lost in Space: Architecture and Dementia: Walter de Gruyter GmbH, 2014: 178
图 7.3.3 ②	日本ゆいま～る多摩平の森宣传资料
图 7.3.3 ③	Community Net Inc. ゆいま～るライブラリー開設記念「絵本とクツキー」緊張とわくわくの当日編 [EB/OL].(2017-06-10)[2020-10-28]. https://yui-marl.jp/blog/archives/13030
图 7.3.4	伊藤增辉 . 日本的地区统合照料体系下养老设施配置及发展状况研究 [D]. 北京：清华大学，2019
图 7.3.5	改绘自 Community Net Inc. ゆいま～る福へようこそ [EB/OL].(2020-06-19)[2020-10-28]. https://yui-marl.jp/blog/archives/31880
图 7.3.7a，图 7.3.7e	由株式会社プラスニューオフィス一近藤創順提供
图 7.3.7c	改绘自 Community Net Inc. ゆいま～る厚沢部の魅力 [EB/OL]. [2020-10-28]. https://yui-marl.jp/assabu
图 7.3.7d	Community Net Inc. 第 1 回「ゆいま～る夏まつり」開催 [EB/OL].(2016-09-06)[2020-10-28]. https://yui-marl.jp/blog/archives/721
图 7.3.7f	Community Net Inc.「ゆいま～る食堂サロン」開催しています [EB/OL].(2019-06-07)[2020-10-28]. https://yui-marl.jp/blog/archives/23050

图片编号	图片来源
图 7.3.7g	Community Net Inc.「ゆいま～る夏まつり」開催しました [EB/OL].(2017-09-12)[2020-12-22]. https://yui-marl.jp/blog/archives/14897
图 7.3.8a	改绘自日本介護老人福祉施設さかい幸朋苑提供的平面图
图 7.3.8 b，图 7.3.9（左），图 7.3.10（右）	由日本介護老人福祉施設さかい幸朋苑提供
图 7.3.9（右）	森雅志 . コンパクトシティ戦略による富山型都市経営の構 [EB/OL]. [2020-10-28].https://www.soumu.go.jp/main_content/000166767.pdf
图 7.3.11	由张咏、冀光坤提供
图 7.3.13	改绘自 FEDDERSEN E, LÜDTKE I. Lost in Space: Architecture and Dementia: Walter de Gruyter GmbH, 2014: 179
图 7.3.14	FEDDERSEN E, LÜDTKE I. Lüdtke. Lost in Space: Architecture and Dementia: Walter de Gruyter GmbH, 2014: 177
图 7.3.15	REGNIER V. Housing Design for an Increasingly Older Population: Redefining Assisted Living for the Mentally and Physically Frail[M]. Hoboken, New Jersey: John Wiley & Sons, 2018: xxix
图 7.3.16	REGNIER V. Housing Design for an Increasingly Older Population: Redefining Assisted Living for the Mentally and Physically Frail[M]. Hoboken, New Jersey: John Wiley & Sons, 2018: 177
图 7.3.17	REGNIER V. Housing Design for an Increasingly Older Population: Redefining Assisted Living for the Mentally and Physically Frail[M]. Hoboken, New Jersey: John Wiley & Sons, 2018: 96
图 7.3.18	REGNIER V. Housing Design for an Increasingly Older Population: Redefining Assisted Living for the Mentally and Physically Frail[M]. Hoboken, New Jersey: John Wiley & Sons, 2018: 120
图 7.3.19	SO Rotterdam. Denksportdag Rotterdam[EB/OL]. (2015-08-05)[2020-10-28]. http://sorotterdam.nl/2015/08/05/denksportdag-rotterdam-zaterdag-19-sept-2015/
图 7.3.20（左 1）	REGNIER V. Housing Design for an Increasingly Older Population: Redefining Assisted Living for the Mentally and Physically Frail[M]. Hoboken, New Jersey: John Wiley & Sons, 2018: 63
图 7.3.20（左 2）	REGNIER V. Housing Design for an Increasingly Older Population: Redefining Assisted Living for the Mentally and Physically Frail[M]. Hoboken, New Jersey: John Wiley & Sons, 2018: 105
图 7.3.20（右 1）	贝克 . 第二人生的智慧：养老之父贝克教授“生命公寓”以人为本的乐老哲学 [M]. 滕威林，编译 . 乐老先生出版社 , 2014
图 7.3.21 b	改绘自日本八千代会メリィハウス西風新都养老设施提供的图纸
图 7.3.22，图 7.3.23	改绘自日本ありすの杜南麻布设施的宣传资料

除以上注明来源的图片外，书中其余图片均为周燕珉工作室拍摄、绘制，如需引用请注明来源。

参考文献

[1] ANSI. Lighting and the visual environment for seniors and the low vision population：ANSI/IES RP-28-16[S]. New York：Illuminating Engineering Society of North America，2016.

[2] BRAWLEY E C. Bathing environments：How to improve the bathing experience[J]. Alzheimer's Care Today, 2002, 3(1)：38-41.

[3] FIGUEIRO M G. Lighting the way：a key to independence[EB/OL].[2020-09-07].https：//www.lrc.rpi.edu/programs/lightHealth/AARP/index.asp.

[4] GLEI D A，LANDAU D A，GOLDMAN N，et al. Participating in social activities helps preserve cognitive function：an analysis of a longitudinal，population-based study of the elderly[J]. International Journal of Epidemiology，2005，34(4)：864-871.

[5] LAWTON M P，WEISMAN G D，SLOANE P，et al. Professional environmental assessment procedure for special care units for elders with dementing illness and its relationship to the therapeutic environment screening schedule[J]. Alzheimer Disease & Associated Disorders，2000，14(1)：28-38.

[6] NAMAZI K. A design for enhancing independence despite Alzheimer's disease[J]. Nursing Homes Long Term Care Management，1993，42(7)：14-18.

[7] REGNIER V A. Housing design for an increasingly older population：redefining assisted living for the mentally and physically frail [M]. New Jersey：John Wiley & Sons，Inc，2018.

[8] REISBERG B，FERRIS S H，de LEON M J，et al. The global deterioration scale for assessment of primary degenerative dementia[J]. The American Journal of Psychiatry，1982.

[9] The Facility Guidelines Institute. Guidelines for design and construction of residential health，care，and support facilities(2018 edition)[M]. St. Louis，Mo：FGI，2018.

[10] VERBEEK H，ZWAKHALEN S M G，VAN ROSSUM E，et al. Dementia care redesigned：effects of small-scale living facilities on residents，their family caregivers，and staff[J]. Journal of the American Medical Directors Association，2010，11(9)：662-670.

[11] ZEISEL J. Creating a therapeutic garden that works for people living with Alzheimer's[J].Journal of Housing For the Elderly，2007，21(1-2)：13-33.

[12] ZEISEL J. I'm still here：a breakthrough approach to understanding someone living with Alzheimer's[M]. Penguin，2009.

[13] ZEISEL J, TYSON M. Alzheimer's treatment gardens[M]//Marcus C C, Barnes M. Healing gardens: Therapeutic benefits and design recommendations. New York: John Wiley & Sons, 1999: 437-504.

[14] 佩雷戈里诺，穆埃里克，巫智健．从隔离到更好地融入城市：法国养老院的发展历程 [J]. 中国医院建筑与装备，2017，18(09)：21-23.

[15] 陈星．养老设施火灾应对设计研究 [D]. 北京：清华大学，2016.

[16] 李佳婧．失智养老设施的类型体系与空间模式研究 [J]. 新建筑，2017(1)：76-81.

[17] 李佳婧，周燕珉．失智特殊护理单元公共空间设计对老人行为的影响：以北京市两所养老设施为例 [J]. 南方建筑，2016(06)：10-18.

[18] 李佳婧．失智老人养老设施空间环境现状问题 [J]. 建筑知识，2016，36(09)：39-41.

[19] 李佳婧 . 支持认知症老人自主性的照料设施空间环境研究 [D]. 北京：清华大学，2020.

[20] 李天然，俞国良 . 人类为什么会好奇？人际好奇的概念、功能及理论解释 [J]. 心理科学进展，2015，23(01)：132-141.

[21] 日本建筑学会 . 建筑设计资料集成：福利医疗篇 [M]. 重庆大学建筑城规学院，译 . 天津：天津大学出版社，2017.

[22] 杉本聪惠，邱婷 . 适老环境中的“情动设计”[J]. 建设科技，2019(13)：27-32.

[23] 杉本聪惠，司马蕾 . 环境情感化设计：日本养老设施环境的先锋思想与实践 [J]. 世界建筑，2015(11)：30-34.

[24] 王春彧，周燕珉 . 养老设施智能化系统的现存问题与设计要点 [J]. 建筑技艺，2020，26(08)：112-114.

[25] 王勤 . 日常生活情感建筑理论及在老年建筑循证设计中的应用 [J]. 建筑学报，2016(10)：108-113.

[26] 雷尼尔 . 老龄化时代的居住环境设计：协助生活设施的创新实践 [M]. 秦岭，陈瑜，郑远伟，译 . 北京：中国建筑工业出版社，2019.

[27] 许嘉，李佳婧 . 国外失智老人养老设施设计理念 [J]. 建筑知识，2016，36(09)：42-45.

[28] 姚栋 . 历史视野中的老年人居住建筑 [J]. 时代建筑，2012(06)：15-19.

[29] 姚栋 . 大城市“原居安老”的空间措施研究 [J]. 城市规划学刊，2015(04)：83-90.

[30] 伊藤增辉 . 日本的地区统合照料体系下养老设施配置及发展状况研究 [D]. 北京：清华大学，2019.

[31] 张夏梦，张先庚，刘林峰，等 . 养老机构老年人衰弱、抑郁现状及相关性分析 [J]. 护理研究，2020，34(02)：322-324.

[32] 周燕珉，等 . 养老设施建筑设计详解 1[M]. 北京：中国建筑工业出版社，2018.

[33] 周燕珉，等 . 养老设施建筑设计详解 2[M]. 北京：中国建筑工业出版社，2018.

[34] 周燕珉，陈星 .《建筑设计防火规范》GB 50016—2014(2018 年版) 修订内容解读 [J]. 工程建设标准化，2018(05)：48-51.

[35] 周燕珉，李佳婧 . 失智老人护理机构疗愈性空间环境设计研究 [J]. 建筑学报，2018(02)：67-73.

[36] 周燕珉，秦岭 . 日本养老设施的设计经验总结 [J]. 世界建筑导报，2015，30(03)：30-33.

[37] 老年人照料设施建筑设计标准：JGJ 450—2018[S]. 北京：中国建筑工业出版社，2018.

[38] 建筑设计防火规范：GB 50016—2014：2018 年版 [S]. 北京：中国计划出版社，2018.

[39] 养老服务智能化系统技术标准：JGJ/T 484—2019[S]. 北京：中国建筑工业出版社，2019.

[40] 无障碍设计规范：GB 50763—2012[S]. 北京：中国建筑工业出版社，2012.

[41] 居住建筑门窗工程技术规范：DB 11/1028—2013[S/OL].(2014-02-18). http://zjw.beijing.gov.cn/Portals/0/files/kjyczjsc/%E5%B1%85%E4%BD%8F%E5%BB%BA%E7%AD%91%E9%97%A8%E7%AA%97%E5%B7%A5%E7%A8%8B%E6%8A%80%E6%9C%AF%E8%A7%84%E8%8C%83%E5%B0%81%E9%9D%A2.pdf.

致 谢

《养老设施建筑设计详解》第3卷的写作和出版得到了各界的大力支持，值此书出版之际，我们心里更多的是感谢。

首先要感谢参与本书编写工作的三十余名团队成员，包括清华大学建筑学院周燕珉工作室的博士后、博士生、硕士生，以及长期从事养老设施建筑设计研究与实践的建筑师。其中，秦岭和林婧怡承担了全书的统筹工作，在图书内容策划、团队人员组织、编写进度控制、稿件质量管理、出版工作对接等方面付出了巨大的努力。李佳婧、陈瑜、李广龙、王春彧、郑远伟、邱婷分别担任各章负责人，积极联络、协调和帮助各章作者推进编写工作。同时，我们还邀请了陈星、袁方和赵亚娇几位具有丰富设计实践经验的建筑师参与了本书部分章节的编写工作。参与各章节编写工作的人员还包括王元明、方芳、丁剑书、陆静、张纬伟、唐大雾、王墨涵、曾卓颖、梁效绯、张昕艺、范子琪等。此外，还有很多学界、业界同仁，以及周燕珉工作室的其他工作人员和在读学生参与了本书的资料收集、技术咨询、内容审查、出版校对等工作，通过各自不同的方式为本书编写提供了大力支持和无私帮助，由于篇幅所限，不能一一感谢。本书是编写团队全体成员集体智慧的结晶，在长达两年多的编写过程当中，为确保本书如期付梓，编写团队全体成员始终保持着极大的热忱，付出了艰辛的努力，本书的出版面世是对他们最大的肯定。

感谢赵良羚老师、乌丹星老师、赵晓征老师、关晓立老师等行业专家。长期以来，几位老师一直是我们了解养老行业、走近养老设施项目设计实践与运营一线的引路人，经常通过参观调研、讲座授课、座谈研讨等形式，向我们传授养老设施建筑设计与运营管理的知识和经验。特别是在本书的编写过程当中，针对编写团队存在的知识盲区和认识误区，几位老师给予了耐心地讲解，并为我们开展更加深入的研究创造了宝贵的调研机会，为我们高质量完成本书的编写工作提供了重要的支持。

感谢美国南加州大学维克托·雷尼尔教授（Prof. Victor Regnier）、西班牙加泰罗尼亚理工大学尤义斯·布拉沃·法雷教授（Prof. Luis Bravo Farré）、德国德累斯顿大学海因茨·施密克教授（Prof. Heinzpeter Schmieg）、荷兰生命公寓创始人汉斯·贝克教授（Prof. Hans Becker）、荷兰坦特路易丝（Tante Louise）养老服务公司首席执行官科尼·赫尔德女士（Conny Helder）、日本老年事业与街区营造专家（日本CN株式会社原社长）高桥英与先生以及日本EN+株式会社社长、环境情感化设计专家杉本聪惠女士等外国专家和有关机构为我们创造出国考察交流的机会，他们所传达的先进理念，对本书的编写以及后续的研究与实践产生了深远的影响。

感谢北京天华北方建筑设计有限公司、北京港源建筑装饰设计研究院有限公司、上海志贺建筑设计咨询有限公司、深圳市杰恩创意设计股份有限公司为本书编写提供技术和经费支持，特别感谢天华医养副总经理闫锋先生、港源设计总裁丁春亚先生、志贺设计执行董事金清源先生、J&A杰恩设计总设计师姜峰先生对本书编写给予的宝贵意见。

感谢北京泰颐春养老中心、长友养老服务集团、江苏澳洋优居壹佰养老产业公司、广意集团乐善居颐养院、有颐居中央党校养老照料中心、南京银城君颐东方国际康养社区、首开寸草养老服务公司、乐成养老恭和苑、康语轩老年公寓、泰康之家养老社区、英智康复医院、光大汇晨养老、广州市老人院、杭州朗和国际医养中心、朗诗常青藤养老等养老服务机构及企业为我们提供深入调研的机会，其中许多设施为我们开展长时间的蹲点观察及跟踪调研提供了有力支持。同时，更要感谢我们接触的所有工作在养老设施服务一线的院长和工作人员，在与他们交流的过程当中，我们收获的不仅是宝贵的知识和经验，更多的是感受到他们对于养老事业无私的付出与奉献。

感谢华润置地、蓝城集团天使小镇、中信颐养北京公司、太平洋保险养老产业投资管理有限责任公司、北京首厚康健永安养老有限公司、南京东方颐年健康产业发展有限公司、鑫远集团太湖健康城、广西嘉和置业集团有限公司、今朝装饰、广意医疗科技有限公司乐善居、龙湖集团、中海地产、首开地产、富力地产、碧桂园集团、中天城投集团、北京市民政工业总公司、北京安馨养老产业投资有限公司、新华人寿保险股份有限公司、海尔智家股份有限公司、安康市博元实业有限公司、海南雅居乐房地产开发有限公司、徐州瑞熙养老产业有限公司、徐州东佳置业有限公司、广州市和丰实业投资有限公司，以及重庆市人社局等对笔者团队的信任，通过养老项目的合作，我们得到了宝贵的研究和实践机会，并使工作成果能够落地生根、回馈社会。此外，一并感谢滙张思建筑设计咨询（上海）有限公司、北京弘石嘉业建筑设计有限公司、北京意柏园林设计有限公司、北京同衡能源环境科学研究院有限公司在一些专业设计问题方面与编写团队展开的共同探讨。

感谢民政部养老服务司、住房和城乡建设部标准定额司、中国老龄科学研究中心、北京市民政局、北京市老龄协会、中国老年学和老年医学学会总会和标准化委员会、中国建筑学会适老性建筑学术委员会、北京市朝阳区养老服务行业协会等政府部门和社会团体的大力支持，在百忙之中为编写团队创造难得的会议交流、参观考察和深度访谈机会，与我们无私分享宝贵经验，使我们得以进一步加深对养老设施建筑设计的认知与理解。

另外，本书中的一些图纸和照片来自于与编写团队保持长期合作关系的企业和个人（详见文末“图片来源”），在此一并表示衷心的感谢！

本书的出版得到了国家科学技术学术著作出版基金的资助，以及中国建筑工业出版社长期以来的大力支持。感谢费海玲、焦阳两位责任编辑在基金申请、图书出版等工作方面的辛勤付出。

最后，还要感谢一直关注和支持我们的读者，你们的期待让我们更加明确和相信出版这套图书的意义和价值，成为我们写作的不竭动力。我们一定不负读者的期待，继续努力创作更多更好的作品，回馈给大家。

编写团队全体成员

2020 年于清华园